编委会名单

主　编：姚　玉　洪　华

编　委：奚衍罡　邱雁强　洪学平　王江锋　黄　雷

　　　　刘　可　马宜腾　李云华　汪文珍　李吉光

　　　　姚吉豪　沈文宝　谷建华

中国芯片制造系列

The Third Generation of Semiconductor
Technology and Application

第三代半导体
技术与应用

姚 玉 洪 华 ◎主编

暨南大学出版社
JINAN UNIVERSITY PRESS

中国·广州

图书在版编目（CIP）数据

第三代半导体技术与应用/姚玉，洪华主编.—广州：暨南大学出版社，2021. 12
（2022. 10 重印）
（中国芯片制造系列）
ISBN 978 – 7 – 5668 – 3238 – 2

Ⅰ.①第…　Ⅱ.①姚…②洪…　Ⅲ.①半导体技术　Ⅳ.①TN3

中国版本图书馆 CIP 数据核字（2021）第 184356 号

第三代半导体技术与应用
DI-SANDAI BANDAOTI JISHU YU YINGYONG
主　编：姚　玉　洪　华
....

出 版 人：张晋升
策划编辑：晏礼庆　黄文科
责任编辑：李倬吟　傅　迪
责任校对：林　琼　孙劭贤
责任印制：周一丹　郑玉婷

出版发行：暨南大学出版社（511443）
电　　话：总编室（8620）37332601
　　　　　营销部（8620）37332680　37332681　37332682　37332683
传　　真：（8620）37332660（办公室）　37332684（营销部）
网　　址：http：//www. jnupress. com
排　　版：广州尚文数码科技有限公司
印　　刷：深圳市新联美术印刷有限公司
开　　本：787mm × 1092mm　1/16
印　　张：21. 5
字　　数：320 千
版　　次：2021 年 12 月第 1 版
印　　次：2022 年 10 月第 2 次
定　　价：128. 00 元

序　言

　　各位读者，我和大家一样，也是一位幸运的读者！很荣幸读到以姚玉博士为代表的团队编写的第二本关于半导体制造的图书，也很开心看到一群在我国半导体产业发展道路上敢于挑战和钻研的青年，我倍感欣慰！

　　第三代半导体领域所涵盖的材料技术、制造工艺技术、电子器件技术等，都是微电子产业的重要发展方向，也是国际上最前沿、应用前景最广阔的技术之一。第三代半导体材料基于其特有的禁带宽度大、击穿场强高、热导率大等材料性能，在半导体技术、光电子技术、电力电子技术、微波射频技术、声波滤波器运用等诸多科研和应用领域都展现出巨大的发展空间与潜力，对于我国半导体产业科技的进步和发展越来越重要。

　　国内针对第三代半导体领域的探究目前有较大进展。国内导电型的SiC，6英寸以及6英寸以下的材料几乎可以达到与国外相同的水准，GaN以及AlN也有长足的进步，尽管工艺方面还有一些差距，但是制造分立器件品质可以达标。至于在满足国内巨大的市场需求方面，还有很大的发展空间。目前最先进的关键技术，有许多还掌握在国外企业手中，国内企业和研究人员都在探索属于自己的技术方向，但国内缺乏这种能够结合产学经验的参考书籍及国际前沿技术发展的风向标。本书的及时出版，恰恰给业界同人带来了第三代半导体的技术路线参考。

　　这本书详细地梳理了第三代半导体材料产业链的相关技术和应用，编者通过科学的体例对第三代半导体的发展历史、物理特性、晶体生长技术、外延生长技术、加工工艺、封装工艺、应用前景和发展趋势等内容进行了详尽的汇编整理，深入浅出地将整个产业的技术概貌呈现在广大读者眼前。

最后，期望业界同人共同努力，为我国第三代半导体事业的发展做出贡献。

张汝京

2021 年 11 月

★ 张汝京，芯恩（青岛）集成电路有限公司创始人。

前　言

　　根据"十四五"规划，国家发改委对于"新基建"范围的明确定义中，大数据与5G、特高压、城际轨道交通、新能源、人工智能、工业互联网等构成了新基建的核心领域，半导体材料在这些应用领域中起到了举足轻重的作用。相较于功率损耗大、电能转换效率低的传统功率半导体材料、技术和产品，第三代半导体势必将在"新基建"的核心领域得到更广泛的应用并发挥更重要的作用。

　　我国高度重视第三代半导体产业的发展，从2004年开始部署并启动了一系列重大研究项目。2016年2月，科技部正式发布《关于发布国家重点研发计划高性能计算等重点专项2016年度项目申报指南的通知》，其中重点专项三为"战略性先进电子材料"；2021年3月表决通过的《中华人民共和国国民经济和社会发展第十四个五年规划和2035年远景目标纲要》在"专栏2　科技前沿领域攻关"的"集成电路"领域中特别提出碳化硅、氮化镓等宽禁带半导体也就是第三代半导体要取得发展；在《中国制造2025》中提到，2025年要实现在5G通信、高效能源管理中"国产化"率达到50%，在新能源汽车、消费电子中实现规模应用，这些目标的顺利实现都离不开第三代半导体技术的发展和支撑。

　　以硅（Si）、锗（Ge）为代表的第一代半导体材料及以砷化镓（GaAs）、磷化铟（InP）为代表的第二代半导体材料，由于自身的物理性能局限越来越无法满足部分特定领域的科技发展需求。而以碳化硅（SiC）、氮化镓（GaN）、氧化锌（ZnO）、氮化铝（AlN）、金刚石（C）为代表的第三代半导体材料因具有大禁带宽度、高电导率、高热导率、高抗辐射能力等显著优点，有望突破前两代半导体材料的应用瓶颈，更适合在高压、高频、高功率、高温以及高可靠性领域中应用，例如射频通信、雷达、电源管理、汽车电子、电力电子等。我国虽已具备一定的第三代半导体产业发展基础，而且具有世界上最大的器件市场，这一方面给国内第三代半导体产业链的完善和发展提供了绝佳的发展机遇与平台，可以支撑我国第三代半导体产业的高速发展。但是，另一方面我们也看到了碳化硅和氮化镓等第三代半导体材料仍有很多需要产业链协同发展与解决的问题，比如单晶生长时间长、技术门槛高、成本高、良率低等。针对这些困难和问题予以科学研究并将部分工艺技术及成果编撰成册，恰恰就是我们编写此书的初心所在。

第三代半导体材料是我国新基建的核心基础，也是我国实现产业弯道超车的重要组成部分。材料的产业链在早期的发展阶段有赖于国家、投资机构和企业相互协作，特别是让材料产业在发展的初期就能够获得相应的资源以及资金的支持，实现快速破局以及后续的高速成长，使国家这一关键板块的基础材料产业实现快速发展。

近年来，无论是在学术界还是在产业界，第三代半导体发展都十分迅速，越来越多的公司致力于碳化硅晶圆及器件的研发和生产，也有越来越多的工程师及研发人员投身于碳化硅的技术开发。而在该领域兼具时效性和范围涵盖广泛性，以及系统地阐述碳化硅制造的同类书籍相对有限。鉴于此，本书主要从碳化硅着手，从材料到器件再到应用层面全景式地介绍了碳化硅及其相关技术和应用，涉及的内容包括碳化硅的发展历史、物理特性、晶体生长技术、外延生长技术、加工工艺、封装工艺、应用前景和发展趋势等。本书每个章节的内容都涵盖了碳化硅的基本概念和最新发展现状，在编写过程中也加入了大量的研究实例，并配有大量图表数据和精美图例，以便于读者快速、全面地了解碳化硅的技术原理和发展应用前景。所以，本书可以作为从事碳化硅材料、功率器件及其应用等方面技术人员的参考书，也可以供高等院校半导体、微电子学、固体物理学等相关专业的学生学习参考，对集成电路产业链上下游实体企业的工程技术、经营管理人员以及该领域的投资人员也具有参考价值。我们更希望本书能为第三代半导体产业的发展与创新，借以行业内的技术互通、交流和分享共同提升产业的科创能力而抛砖引玉。

　　本书是我们在编著《芯片先进封装制造》后推出的又一本集成电路产业技术类书籍，希望能为读者的学习和工作提供一定的帮助，同时对于书中存在的不妥及疏漏之处，热忱欢迎广大读者给予指正。

　　最后，特别感谢南通罡丰科技有限公司、深圳市创智成功科技有限公司、江苏矽智半导体科技有限公司（南通）、珠海市创智芯科技有限公司同人的技术支持，将他们宝贵的工艺技术经验融汇于本书中；特别感谢暨南大学出版社以敏锐的创新意识、突出的专业能力，快速地将本书展现在读者面前。

编委会

2021 年 7 月

目 录
CONTENTS

5　碳化硅衬底上的氮化镓生长

6　碳化硅加工工艺

7 >>> 碳化硅封装工艺

8 >>> 碳化硅应用前景及发展趋势

9 ▶▶▶ **结语**

1 概述

1.1 ▶▶▶ 碳化硅的历史和性质

能源紧缺是 21 世纪人类面临的最严峻的问题之一。在所有的能源中，电力作为使用及传输最为广泛的能源，几乎可以由其他能源（如蒸汽、煤炭及太阳能等）通过不同的转换过程产生。除此之外，电力还具有长距离传输且不会损耗过多的特点。由于电能用于特定目的之前都需要进行功率调节和转换，因此，想要提高电力使用效率，关键在于提高功率调节和转换的效率。

通常来讲，效率主要由功率调节和转换系统中使用的半导体器件性能所决定。功率半导体器件主要用于电力设备的电能转换和电路控制，是进行电能（功率）处理的核心器件，也是弱电控制与强电运行之间的桥梁。典型的功率处理功能包括变频、变压、变流、功率放大和功率管理，除保证设备正常运行以外，功率器件还能起到有效节能的作用。功率器件极其广泛地应用于电子制造业，而中国占据全球功率器件 40% 的市场份额，多领域的应用以及新兴领域发展的驱动持续支撑着需求的上涨。碳化硅（SiC）和氮化镓（GaN）是下一代功率半导体基础材料的核心技术方向。碳化硅器件的效率、功率密度等性能远远高于当前市场的主流产品，因此受到了广泛关注。

美国通用公司研制出世界上第一个工业用普通晶闸管，标志着电力电子技术的诞生。电力电子器件是从镉和硅材料开始发展的，而硅（Si）是目前最常用的功率器件半导体材料。由于硅含量丰富，并且能以较低的经济成本生产出高质量的大型单晶体，这使其在电子工业半导体包括功率器件的基础材料中占据了主导地位。在过去的 30 年中，随着电力电子技术的理论不断完善，通过开发功率金属氧化物半导体场效应晶体管（Metal-Oxide-Semiconductor Field-Effect Transistor，MOSFET）和绝缘栅双极晶体管

（Insulated Gate Bipolar Transistor，IGBT），硅基功率开关器件的性能得到了显著改善。但近年来，硅固有的材料特性使其在某些电力电子应用领域几乎达到了其性能的理论极限，例如，高阻断电压（>600 V）功率器件的应用难题，即使在硅基功率器件技术已经相对成熟的今天，利用这种材料在功率半导体器件中实现创新与突破也不容易，由此可见，硅材料的固有特性也即将成为制约未来电力电子技术进一步发展的瓶颈之一。而随着新能源汽车、智能电网、5G 通信等新型领域的发展，电力电子器件在突破能耗和温度极限等方面的需求迫在眉睫，因此，研制各方面具有更高理论极限的新材料将成为全球性的重要课题。

20 世纪 90 年代开始，人们对新型功率半导体基础材料如碳化硅和氮化镓寄予厚望。碳化硅、氮化镓是替代硅和砷化镓制作高频高压电力电子器件的理想材料。同时，宽禁带碳化硅和氮化镓功率半导体器件技术在民用领域（如汽车、电子等）和军事领域（如航空航天、军事装备等）都有着重要的应用价值和发展前景，是一项战略性的高新技术。

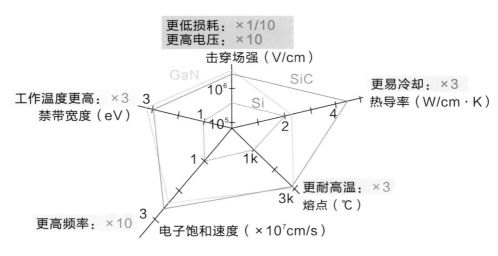

图 1-1　第三代化合物半导体与硅基半导体的性能对比

近年来，在第三代化合物半导体材料中，碳化硅已从高电压的宽带隙半导体领域应用迅速发展成为整个电力电子领域公认的不可或缺的材料。

碳化硅材料在电力电子器件开发中的技术潜力源于其出色的物理和电子性能。[1]碳化硅的宽禁带特性（约为硅的 3 倍）可以使器件在更高的温度下工作，同时拥有更低的泄漏电流，如在 873 K 条件下工作的晶体管。碳化硅在击穿之前可以承受比硅大 10 倍的强电场，还可以承受更高的电流密度。碳化硅较大的电子饱和漂移速度能够使其在高频下产生高功率。除此之外，碳化硅还具有出色的导热性能，在室温下其导热性大于铜，尤为适用于大功率条件下的操作。对于在恶劣环境下运行的传感器（如在航空航天领域和汽车行业中），其强大的化学稳定性也有显著的应用优势。

如上文所述，碳化硅出色的物理性能使其成为电子器件和系统级节能应用中必不可少的材料。除了碳化硅，其他宽带隙半导体材料如氮化镓、金刚石（C）和近期比较热门的氧化镓（β-Ga_2O_3），也越来越受到关注。但相比之下，只有碳化硅已经具有较成熟的工艺技术，并且与硅基材料的加工工艺具有极大的兼容性。碳化硅功率器件比硅器件具有更低的导通电阻和更高的切换速度，并具有高耐压、低损耗、高热导率的优异性能，可有效实现电子电力系统的高效率、小型化和轻量化。碳化硅功率器件的能量损耗只有硅功率器件的 50%，发热量也只有硅功率器件的 50%，并且具有更高的电流密度。以最开始实现商用的 4H-SiC 肖特基二极管（Schottky Barrier Diode，SBD）为例，其导通电阻比同类硅器件低两个数量级。在相同功率等级下，碳化硅功率模块的体积明显小于硅功率模块。以智能功率模块（Intelligent Power Module，IPM）为例，利用碳化硅功率器件，其模块体积可缩小至硅功率模块的 1/3 ~ 2/3。功率半导体的应用范围已从传统的开关电源等工业控制领域和 4C 产业（计算机、通信、消费类电子产品和汽车）的低压应用领域扩展到新能源、轨道交通、互联网、智能电网等新领域。在低功率领域（1 W ~ 10 kW）中，多用于诸如笔记本电脑、冰箱、洗衣机、空调等各种家用电器、服务器设备的开关电源，提升电能利用效率；在中功率领域（10 kW ~ 10 MW）中，多用于电气传动、新能源发电等，如用于新能源汽车（EV/HEV）提高单次充电续航里程，用于太阳能的光伏（PV）逆变器提高电源的转换效率，也可用于重型工业设备的高频电源转换器，带来大功率、高频率的优势；在大功率领域（高达 10 GW）中，多用于高压直流输电系统等。

在自然界中，碳化硅（又称金刚砂）存在于岩石中。它作为晶体材料的人工合成可以追溯到 Acheson 的研究工作。Acheson 于 1892 年通过碳和二氧化硅在约 1 950 ℃ 的高温下进行的放热反应制得了碳化硅，由于受铝成分污染，制得的碳化硅纯度很低，仅仅适用于机械材料，如磨料等。Acheson 工艺经调整优化，可以合成纯度较高的碳化硅，用于晶体生长。

1907 年，美国的电子工程师 Round 第一个发现碳化硅在电子器件中具有应用前景，他观察到用于确定材料电性能的电接点周围有蓝光发射并发布了相关报告。Zheludev 和 Pust 等人在两篇评论文章中指出，这一发现对于现在发光二极管领域的发展至关重要。电子级碳化硅晶体生长的早期系统性研究可以追溯到飞利浦实验室 Lely 的研究工作，他于 1955 年发明了一种气相生长方法，该方法后以发明人的名字被命名为"Lely 工艺"。[2] Lely 的方法基于籽晶的自身生长，Tairov 和 Tsvetkov 在 1978 年取得了关于碳化硅晶体生长的另一项重大成就，他们开发了迄今为止仍被广泛使用的籽晶升华生长技术（Seeded Sublimation Technique，SST）。[3] 此法在 Lely 工艺的基础上发展改良，可在 2 000℃ 以上的高温条件下生长较大的碳化硅晶体，这项工艺技术是碳化硅生长技术发展的又一里程碑，这一发现使碳化硅材料及器件的研究又获得了新的发展机遇。在早期，Ziegler 等人也为这种新的生长方法做出了重要贡献，该方法现在被称为物理气相传输（Physical Vapor Transport，PVT）方法。[4] PVT 方法与 Lely 工艺的区别在于增加了籽晶，能够避免多晶的成核并且能够实现对单晶生长更好的控制。值得注意的是，在整个碳化硅生长技术的发展过程中，蓝色发光二极管的技术发展功不可没，其不断地推动着碳化硅晶体生长技术的改良与进步，而电力电子技术也从中受益匪浅。1991 年，美国科锐（CREE）公司向市场推出了 6H-SiC 单晶碳化硅并于三年后推出了 4H-SiC，这一突破也掀起了产业关于碳化硅器件及相关技术研究的热潮。从 20 世纪 80 年代中期到现在，逐步发展到了直径为 150～200 mm 的碳化硅晶体的生长。

目前，碳化硅材料进一步的商业化发展仍然受到以下几个方面的制约：首先，碳化硅单晶材料技术研发门槛高，技术受到垄断，价格非常昂贵。其次，碳化硅单晶材料虽然在改善缺陷密度方面取得了一定的技术进展，但是在位错等其他缺陷方面仍亟须改进以避免对器件特性及可靠性造成影响。最后，如何通过封装技术解决大电流、大功率碳化硅器件模块的散热问题和可靠性问题有待进一步突破。为了使碳化硅功率器件能够进一步渗透到市场中，并增强其对各种功率电子系统的适应性，产业技术攻关的重点在于如何以低成本制造大尺寸、高质量的碳化硅晶体。

1.2 　碳化硅的应用及材料要求

　　和硅基器件的发展历程相似，对于碳化硅的应用来说，增大晶体直径对碳化硅功率器件制造成本的降低至关重要，同时还可通过兼容使用成熟的硅基器件生产线来达到降低成本的目标。但是，由于缺乏生长高质量的大直径单晶晶体的成熟方法，各种技术问题都会随着晶体直径的增加而更加凸显，通常随着晶体生长直径的增大，晶体质量会趋于下降。到目前为止，碳化硅晶体的最大生长直径可达 200 mm。

　　在过去 10 年里，数值模拟技术和其他过程优化技术已被应用于碳化硅的单晶生长，特别是晶体生长的数值模拟仿真技术。在生长过程中进行实时监控也是优化生长的重要手段，但是由于碳化硅的生长温度非常高（＞2 273 K），因此在生长期间进行实时监控非常困难。

　　碳化硅晶体生长的另一个障碍是晶体缺陷密度的问题，尤其是位错和层错等缺陷。在过去 20 年里，碳化硅的生产工艺在降低成品缺陷方面取得了重大进展。现在，已经可以在市场上获得低缺陷密度的碳化硅衬底。

　　商用直径为 100 mm 的 4H-SiC 衬底中的位错密度已经从每平方厘米上万个降低到了几千个，在一些研发用的衬底上甚至可以控制到更低。这个缺陷密度水平的碳化硅已经可以用于制备碳化硅肖特基二极管，但是要用于高良率的碳化硅功率 MOSFET 的制造仍然需要进行多项改进。减少缺陷仍然是碳化硅晶体生长技术中最关键的问题。

　　此外，碳化硅晶体生长中还要解决的问题有掺杂的控制和碳化硅晶体电阻率的控制。从衬底的角度来看，高性能碳化硅器件的制造需要各种不同电性能的衬底。在这一要求下，碳化硅与氮化镓、氧化镓和金刚石等其他宽带隙半导体相比具有多个优势。例如，可以在碳化硅中进行双极性掺杂，即可以进行 N 型和 P 型的掺杂，且因其电阻率范围广，通过选择合适的掺杂物进行掺杂可以实现碳化硅获得 $10^3 \sim 10^{10}$ $\Omega \cdot$ cm 的大范围电阻。对于碳化硅晶体的功率器件应用，要使碳化硅具有足够低且分布均匀的电阻率，以防止不必要的衬底电阻对器件性能产生负面的影响，同时也能保证极低的欧姆接触电阻。碳化硅晶体的 N 型掺杂和 P 型掺杂最常见的掺杂剂是氮（N）和铝（Al），它们的最高掺杂浓度达 10^{20} cm^{-3}。目前碳化硅晶体的掺杂技术在一些生产过程中仍有需要攻克的问题，如掺杂的精准控制以及电阻率的调节等，有待进一步的实践与研究。

1.3 ▶▶ 碳化硅材料在应用中的注意事项

在较为苛刻的使用环境下，采用碳化硅制造微电子系统是非常有优势的，因为所有系统组件都可以由碳化硅制成。就目前的发展状况而言，能够胜任半导体领域应用的碳化硅材料已经实现商用，可广泛应用于电子器件的制造。微机电系统（Micro Electro Mechanical System，MEMS）结构也可以使用单晶、多晶或非晶碳化硅制成。同样地，微机电系统和其他电子产品的封装也可以使用各种形态的碳化硅完成。以下将简要介绍两种微电子系统中的每个组件选用特定材料时需要考虑的注意事项。

1.3.1 ▶▶ 电子器件

在已有的 200 多种碳化硅晶型中，3C-SiC、4H-SiC 和 6H-SiC 在目前最为常见。不同的碳化硅晶型由于其堆叠顺序不同，进而表现出不同的电学、光学和热学特性。3C-SiC、4H-SiC 和 6H-SiC 的一些关键电气参数如表1－1所示。

表 1－1　不同碳化硅晶型的关键电气参数

性能	4H-SiC	6H-SiC	3C-SiC
禁带宽度（eV）	3.2	3.0	2.3
固有载流子浓度（cm^{-3}）	10^{-7}	10^{-5}	10
电子迁移率 [cm^2/（V·s）]	‖ c-axis：800 ⊥ c-axis：800	‖ c-axis：60 ⊥ c-axis：400	750
空穴迁移率 N_D，$\times 10^{16}$ [cm^2/（V·s）]	115	90	40
施主（氮）掺杂电离能（MeV）	45	85	40

由表 1－1 可以看出，不同的晶型之间，碳化硅的电气特性有着巨大的

差异，因此电子器件的制造必须使用一种晶型（单晶）进行制作。因为 3C-SiC 衬底尚未实现商用，所以目前 4H-SiC 和 6H-SiC 是衬底的首选。与传统的硅功率器件不同，由于缺乏半导体器件级质量的衬底，目前还不能直接在碳化硅单晶材料上制作线路，加上实现表面掺杂的扩散技术难度非常大，以及在衬底上直接注入离子会导致电气特性较差等多种情况，直接使用不同晶型的碳化硅晶圆制作电子器件的进展一直比较缓慢。所以，目前的工艺是在导通型的单晶衬底上额外生长高质量的外延层，以达到制造各类器件的要求。正因如此，目前商用的碳化硅电子器件的制造主要集中在生长于这些衬底表面的外延层上。由此可见外延层对于器件性能的影响是非常大的，而外延层的质量又受到晶体和衬底加工质量的影响，处于产业链的中间环节，起着非常关键的作用。

迄今为止，具有高质量的不同厚度和掺杂的 4H-SiC 和 6H-SiC 同质外延层已经可以实现规模化的生产。3C-SiC 因其可以在各种衬底材料上实现异质外延生长的特点而引起了人们的广泛关注。近年来，器件级的3C-SiC 外延层的生长方面也取得了很多进展。3C-SiC 如果要取代 4H-SiC 和 6H-SiC，需要进一步减少外延层的晶体结构缺陷以满足应用的需求。

衬底和外延层的缺陷水平的降低、掺杂的精准控制及掺杂的均匀性对碳化硅器件的应用至关重要。不同的器件类型需要不同类型的衬底，例如，功率器件需要低电阻率的衬底，因为它们可以减少由寄生电感和接触电阻引起的功率损耗；对于微波频率的器件，必须用半绝缘的衬底才能达到降低介电损耗和减少器件寄生电感效应的目的。对于不同电压档级的器件，外延的厚度和掺杂浓度也会有所不同。一般来说，电压越高，所需外延层的厚度也越厚，制备难度也越大，尤其是在高压领域，对于高质量的外延层，缺陷控制仍然是业界的巨大挑战。当前大多数基于碳化硅的电子器件的制作都是使用 4H-SiC 或 6H-SiC。相较于 6H-SiC，4H-SiC 具有更高的载流子迁移率、更低的掺杂电离能和载流子浓度。因此，对于大功率、高频和高温器件应用，4H-SiC 是最有利的晶型。在垂直结构的功率器件方面，

4H-SiC 没有电子迁移率的各向异性。因此，在 4H-SiC 技术越来越成熟的情况下，许多碳化硅器件的制造更青睐于选择 4H-SiC 晶型。

1.3.2 微机电系统

碳化硅微机电系统（MEMS）使用单晶衬底和碳化硅薄膜制造。使用单晶衬底制造微机电系统结构时，可以使用整体微机械加工（bulk micromachining）技术直接制造器件。这种直接在衬底材料上制作微机电系统具有非常大的先天优势，因为材料的机械性能和电气性能一致，可以不需要对微机电系统进行额外的材料优化加工，避免了额外的应力和应力梯度优化。但是从器件结构的角度来看，整体微机械加工技术能够实际制造的器件结构是非常有限的，整个器件结构的设计、制造也会受到很大的限制。因此，大多数碳化硅器件不能使用该技术，而需要使用表面微加工技术进行制造。

在表面微加工技术中，碳化硅结构层通常沉积在不同的材料层（如牺牲层或隔离层）上，该中间层的引入会使沉积层与材料层在电气和机械性能上出现差异。就目前的技术成熟度来说，还不能通过将单晶碳化硅沉积在广泛应用的牺牲层或隔离层（如多晶硅、二氧化硅和氮化硅）上使其达到适用于 MEMS 器件的理想的电学和机械性能要求。

但幸运的是，许多微机电系统器件并不需要满足特别严格的电气性能指标，这使电气性能稍差但机械等性能合格的器件可以在某些应用下实现。例如，多晶碳化硅（poly-SiC）的弹性刚度可与单晶碳化硅相当，而且其电气性能可以满足微机电系统的应用，所以目前大多数碳化硅微机电系统器件都可以使用多晶碳化硅制造。非晶碳化硅（amorphous SiC，a-SiC）虽然大部分是绝缘的，但目前已经应用在微机电系统的隔膜组件中以及封装领域等。

应用非晶碳化硅薄膜和多晶碳化硅薄膜的关键技术问题是如何解决沉积薄膜上的残余应力与应力梯度。薄膜中的残余应力可能来源于多个方面。

首先，薄膜沉积的温度明显高于环境温度，薄膜和直接接触的下层材料之间由于热膨胀系数的差异，会在温度变化的过程中产生应力。除此之外，晶体缺陷、掺杂、晶粒生长和取向也是薄膜应力的成因。机械微观结构制作好后，结构层中的残余应力释放，就会使结构弯曲变形。在一些极端情况下，附着在衬底或下层材料上的薄膜还可能会破裂。此外，薄膜中的残余应力由于厚度不同，会存在应力梯度变化，这在各类微机电系统应用中会导致很多问题。即使薄膜的平均残余应力接近0，内部的应力梯度也可能会导致独立的微结构发生很大的弯曲。

微机电系统需要的薄膜通常比制造电子器件所需的薄膜厚得多，这使制造低残余应力和低应力梯度的薄膜变得更加复杂。由于沉积过程中晶粒尺寸会发生变化，整个薄膜的应力水平也会发生改变，因此，微机械传感器的制造需要能够精确控制沉积薄膜机械特性的工艺。

1.4 ▶▶ 碳化硅的主要生长方法

1.4.1 ▶ 籽晶升华生长

1978 年，Tairov 和 Tsvetkov 提出了基于 Lely 工艺的改良方法，通常称为物理气相传输或籽晶升华生长技术。其基本原理是将碳化硅粉料在高温和低压下升华产生的主要气相物质（Si、Si_2C、SiC_2），随着温度梯度的下降沉积在温度稍低的籽晶上，并在其上结晶。这种定位生长与 Lely 工艺最大的差别在于避免了结晶过程发生在生长腔内部的石墨壁上而导致无序自发成核的生长，该法通过籽晶及温度场的分布设计将晶体的生长变得有序可控。该过程如图 1−2 所示。

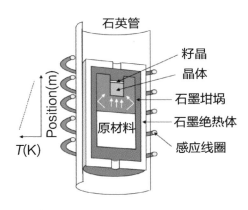

图 1−2 籽晶升华生长过程示意图

籽晶升华生长是在准封闭的高密度石墨坩埚中进行的，主要技术挑战是控制温度的分布设计及实现（传热）和不同种类气体的浓度分布。一般使用适当的石墨进行绝缘和射频（RF）感应进行加热，温度通常为 2 573 K。该过程有三个基本要素：

（1）碳化硅原材料的非均匀汽化。

（2）碳化硅原材料与籽晶之间的质量转移，即含硅和碳的气体在籽晶上结晶。

（3）碳化硅原材料和籽晶之间的温度梯度，一般小于 100 K/cm（通常为 10 ~ 50 K/cm）。

通常采用高纯氩气或氦气作惰性保护气体，压力为 133 ~ 6 650 Pa。籽晶升华生长是目前业界广泛应用的标准工艺，美国、日本、中国、俄罗斯、韩国、瑞典和德国的十几家公司都使用该工艺进行碳化硅衬底的生产制造。虽然物理气相传输方法有许多优点，但是石墨坩埚的温度分布设计及气体浓度控制必须做到非常精准，才能实现对碳化硅生长过程中晶型的控制，这也是决定碳化硅单晶质量的重要因素。

1.4.2 高温化学气相沉积

物理气相传输技术在当今的碳化硅衬底生产中占主导地位，后来业界开发了高温化学气相沉积（High Temperature Chemical Vapor Deposition，HTCVD）技术，该生长系统基于一个立式的反应器，在反应腔体内把反应前体（如 SiH_4 和 C_2H_4）在载气中稀释，然后通过加热区向上送入籽晶容器。该技术的主要优点如下：

（1）可以持续供应原材料，从而允许长晶锭的生长。

（2）可以直接控制 C/Si 比。

（3）可以对高纯度半绝缘晶体、N 型或 P 型掺杂晶体的掺杂量进行精准控制。

HTCVD 的特殊化学过程需要将含硅和碳前体的入口分开，以避免硅和碳的过早反应，并获得合适的温度分布，目的是通过均质成核来控制碳化硅团簇云的形成，该均质成核可作为升华步骤的碳化硅固体源。

1.4.3 卤化物化学气相沉积

卤化物化学气相沉积（Halide Chemical Vapor Deposition，HCVD）从经典的化学气相沉积发展而来，是在高温下生成碳化硅的工艺，用于薄层和厚层的沉积，如图1-3（c）所示。该工艺采用氯化物前体，用于避免在靠近籽晶表面的气相中发生均质成核现象。这个过程是纯化学气相沉积技术，与上面讨论的高温化学气相沉积方法不同。该工艺最初在增长率、本征晶体纯度和N型掺杂方面展示出了很大的潜力，但后续未得到进一步的发展。

1.4.4 改良版的物理气相传输

对于改良版的物理气相传输（Modified Physical Vapor Transport，M-PVT）装置，需要另外安装一根进气管用于微调常规物理气相传输反应器中的气相组成，如图1-3（d）所示。例如，可以添加硅烷和丙烷来调节晶体生长中的C/Si比。从技术上讲，此装置的重要性在于其提供了一种连续进料掺杂的可能性，并且可以改善掺杂均匀性，也就是使在轴向和径向的掺杂物均匀分布。例如，在碳化硅晶锭材料体中使用铝蒸汽已经实现了P型掺杂，使用磷化氢气体实现了N型掺杂，但是该工艺尚未有进一步的进展。

1.4.5 连续进料物理气相传输

连续进料物理气相传输（Continuous Feed Physical Vapor Transport，CF-PVT）的优势是结合了单晶生长的物理气相传输和高温化学气相沉积的连续相，可以连续提供高纯度多晶碳化硅源，如图1-3（e）所示。该工艺由三个不同的反应区组成：

（1）进料区：碳化硅多晶源由稀释在载体中的气态前体形成。

（2）转移区：由高度多孔的石墨泡沫组成，可支撑化学气相沉积并允许碳化硅转移到升华区域。

（3）升华区：单晶生长的区域，此区域的设计与在物理气相传输方案中相同。

由于转移区的高孔隙率（接近95%），物理气相传输区是部分开放的。

因此，进料区中的前体浓度可以有效地充当附加参数，用于简单而精确地控制接近晶体表面的过饱和度，保持压力和热环境的恒定。使用原位 X 射线成像可以证明"连续"生长的概念。[5]但是，此"二合一"过程似乎非常难以优化，也没有进一步发展的报道。不过，值得注意的是，通过 CF-PVT 可以实现特定的过饱和控制，这是生长几毫米厚的"大块"3C-SiC 单晶的唯一工艺。

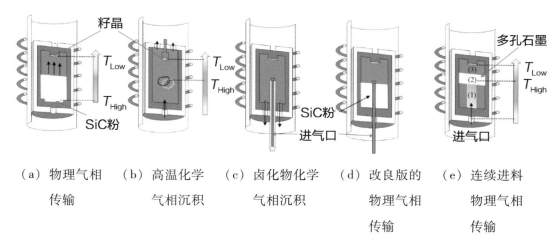

（a）物理气相　　（b）高温化学　　（c）卤化物化　　（d）改良版的　　（e）连续进料
　　传输　　　　　　气相沉积　　　　学气相沉积　　　物理气相　　　　物理气相
　　　　　　　　　　　　　　　　　　　　　　　　　传输　　　　　　传输

图 1-3　碳化硅晶体气相生长工艺示意图

（注：大箭头表示温度沿坩埚对称轴的温度分布，黑色是热区域，白色是热区域冷却。不同的气相过程情况下的温度分布具有不一样的特性）

1.4.6　顶部籽晶液相生长

顶部籽晶液相生长（Top-Seeded Solution Growth，TSSG）是一项晶体生长提拉技术与助溶剂生长方法的重大发展，该技术通常在高温溶液中进行碳化硅的生长，产生的位错密度低于其他方法。TSSG 进行晶体生长的过程是使溶质在坩埚底部高温区溶解于助溶剂中，形成饱和溶液，经扩散和对流到达顶部低温区，达到过饱和，让籽晶接触到液面，使溶液首先在籽晶的末端成核，然后缓慢向上提拉籽晶，并且不断进行温度调节，晶体即从籽晶末端开始，从小到大生长。与气相过程相比，从原理上讲，液相生长所需的过饱和水平较低，因此液相生长一直是碳化硅生长技术研究的重要领域。60 多年前，人们就开始尝试性地应用溶液生长法来生长碳化硅单晶，虽然进行了许多尝试，但直到近期才有了突破性进展，成功生长出真正的碳化硅单晶晶体。[6]

TSSG 的配置采用了如图1－4 所示的结构，并且使用了 Czochralski 型晶体生长拉拔器。用石墨层隔热的高密度石墨坩埚通过感应进行加热。石墨坩埚通常既充当硅基溶剂的容器，又充当该工艺的碳源，可以通过溶解源源不断地实现碳供给。该过程由三个不同的基本步骤组成：

（1） 在坩埚—液体界面处溶解碳。

（2） 溶质从溶解区到结晶区的传输。

（3） 碳化硅在籽晶上结晶，籽晶被黏在石墨轴上。

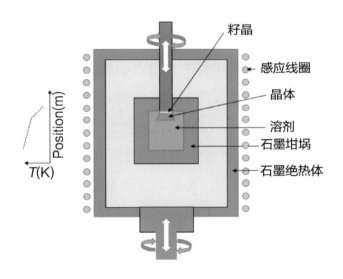

图 1－4　顶部籽晶液相生长过程

（注：右侧为 TSSG 反应腔的示意图；左侧为沿对称轴的温度曲线示意图。典型的生长条件为 2 273 K 和 105 Pa 的氩气氛围）

晶体和坩埚可以平移与旋转运动。该技术的生长温度范围略低于物理气相传输，通常为 2 273 ~ 2 373 K，温度梯度范围也较小。腔体中充满高纯氩气或氦气，压力略高于大气压以降低液体硅的蒸发速率。

在纯硅中，碳化硅的生长速率极慢，不适用于大规模的产业应用。这是由于在一定的温度条件下，碳在硅中的溶解度非常低。为了提高生长速率，可采取两种不同的策略：

其一，提高碳的溶解度。

可以通过提高温度来提高碳的溶解度，如提高到 2 473 ~ 2 575 K。由于硅的蒸汽量很大，因此需要在较高的氩气超压下运行，通常为 1×10^7 ~ 2×10^7 Pa。但是要在高温高压的条件下实现碳化硅的稳定生长是非常困难的，特别是从石墨坩埚中不断溶解参与反应的碳原子数量非常不稳定。因此需要寻找容易实现的其他方法，在可控的温度和压力范围下增加碳的溶解度，例如，采用硅基合金作为溶剂，或者采用多种金属添加剂，目前效果最好的是 Fe、Cr 和 Ti。就生长速率（高达 2 mm/h）、界面形状控制和生长界面稳定性（液态碳化硅界面的光滑度）而言，使用 Cr-Al-Si 基合金是迄今为止报道过的最佳技术方案。但该方案中的溶剂对于晶体的潜在污染仍是未知的，因此也给实际应用带来了潜在的性能隐患。

其二，改善溶解区域和结晶区域之间的碳传输。

与低压下的气相生长不同，溶液的使用使整个控制系统从流体动力学的角度来看变得更加复杂。除了扩散，其他几个不同的对流机制如浮力、强制对流、电磁对流和热毛细对流等，都会对整体对流模式有影响。[7]幸运的是，尽管这些对流使系统更加复杂，但这些对流机制几乎可以单独地得到控制。例如，电磁对流可以通过选择适当的感应频率或通过添加其他电磁场来控制；强制对流可以通过特定的坩埚设计以及晶体或坩埚的适当移动来控制，加速坩埚旋转的技术已经被证明可以有效地提高碳化硅的生长速率。

1.4.7 碳化硅外延层技术的发展

Tairov 和 Tsvetkov 开发的物理气相传输方法为生长大尺寸碳化硅单晶晶体铺平了道路。在这项开创性工作之后，许多实验室开始了该项目领域的研究，碳化硅晶体的直径扩大和质量改善方面已有了很多突破性进展。目前，碳化硅晶体的直径已可达到 200 mm，直径不超过 150 mm 的 4H-SiC 单晶衬底已可大量商购。值得注意的是，与硅或砷化镓衬底相比，近年来碳化硅衬底的直径在稳步增加并略有加速，10 年间衬底直径从 100 mm 扩大到了 200 mm。

在过去的 20 多年中，碳化硅晶体的质量有了很大提高。但无论是单晶碳化硅衬底的制备还是外延层的生长，仍存在各种类型的缺陷，对碳化硅器件的性能和可靠性产生了不同程度的影响。在 4H-SiC 的单晶生长和外延生长中，其物理缺陷主要包括结构缺陷和表面缺陷。结构缺陷主要存在于外延层中，包括微管（Micropipe，MP）、螺旋位错（Threading Screw Dislocation，TSD）和基矢面位错（Basal Plane Dislocation，BPD）；表面缺陷包括三角形凹坑、生长坑和胡萝卜状凹槽。碳化硅中的高密度缺陷主要是螺旋位错、基矢面位错、刃型位错（Threading Edge Dislocation，TED）和堆垛层错（Stacking Fault，SF）等。

微管被认为是碳化硅器件中伤害性最大的缺陷，其位错线位于 <0001> 晶相（c 轴），矢量长度大于或等于 c 轴的 2 倍，因此是一个空核。微管可以沿着生长方向横贯整个外延层。其 KOH 腐蚀形貌特点为：①具有六角形的腐蚀坑；②从坑的边缘到下面有许多台阶；③微管为空心结构。经过十几年的努力，现在市面上生产的碳化硅材料已经能够将微管密度降至 0。

螺旋位错的位错线与微管的方向相同，矢量长度是晶格常数 c 的 2 倍。与微管不同的是其为闭核。螺旋位错的 KOH 腐蚀形貌特点为：①具有大的六角形腐蚀坑；②底部为尖状且偏向一边；③从底部到坑边缘有 6 条暗的纹路。螺旋位错能够一直延伸至外延层中，也会导致一些表面缺陷如胡萝卜缺陷等。由于螺旋位错容易导致器件提前击穿，因此其也是需要重点管控的位错类型。

基矢面位错主要是衬底晶体在生长过程中由于温度分布引起的热弹性应力所产生的基面上的滑移位错，能够从衬底延伸至外延层。基矢面位错的 KOH 腐蚀形貌特点为：①具有椭圆形（贝壳型）腐蚀坑；②底部偏向椭圆长轴一边。

刃型位错的位错线垂直于基矢面，通常分散在衬底中，也可以直接延伸至外延层中。除此之外，外延层中还有一部分刃型位错是由衬底中的基矢面位错转变而来的。总体而言，刃型位错可以被认为是一种良性位错，相较于螺旋位错和基矢面位错，其对器件的伤害较小。刃型位错的 KOH 腐蚀形貌特点为：①具有小的六角形腐蚀坑；②底部为尖状且偏向一边；③从底部到坑边缘有 6 条暗的纹路。

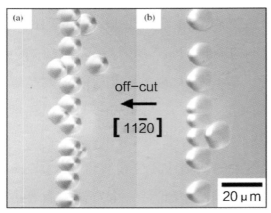 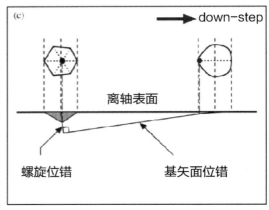

（a）在 10 μm 厚的　　（b）在下面的 N⁺衬底　　（c）在螺旋位错和基矢面位错的偏轴表
　　　低掺杂 N 型外　　　　　表面，外延层/衬　　　　面上的腐蚀坑形状示意图
　　　延层上　　　　　　　　底界面下方 10 μm 处

图 1-5　KOH 蚀刻显示的位错腐蚀形貌

图 1-5 显示了运用选择性蚀刻方法分析的 4H-SiC 晶体化学气相沉积生长期间基矢面位错转换到刃型位错的结果。图 1-5（a）和（b）分别为低掺杂 N 型外延层表面和下面的 N⁺衬底表面上的位错腐蚀坑的显微照片。圆形的六边形腐蚀坑由外延层中的刃型位错引起，如图 1-5（a）所示；椭圆形的腐蚀坑由衬底中存在的基矢面位错引起，如图 1-5（b）所示。图 1-5（c）展示了腐蚀坑形态与位错特征之间的关系，同时也展示了在外延层/衬底界面处基矢面位错转换到刃型位错之前和之后的位错传播特

性。转换的概率取决于基矢面位错的传播方向、伯格斯（Burgers）矢量、源气体的 C/Si 比、表面极性、衬底倾角以及生长速率。[8] 优化这些生长条件后，几乎实现了 100% 的转化率，从而生产出几乎不含基矢面位错的 4H-SiC 外延衬底。决定碳化硅器件能否正常工作的可接受位错密度仍不清楚。当前市场上直径为 100 mm 的 4H-SiC 外延衬底中的位错密度已足够低，可以用于碳化硅器件的商业化生产。不过，仍需要进一步降低位错密度，以获得高产量和高可靠性的碳化硅器件，并且使碳化硅器件在市场中得到进一步应用。

表 1-2 总结了现阶段市场上 4H-SiC 衬底以及最优质的研发衬底中的位错密度状况。碳化硅晶体中的高密度缺陷主要以螺旋位错和基矢面位错对器件的影响最大，因此必须将其密度降低到一定水平以下，以确保碳化硅器件的可靠运行。

表 1-2　市售的 4H-SiC 衬底和优质研发衬底中的位错密度

种类	对器件的负面影响	商业衬底中的密度	研发衬底中的密度
螺旋位错（TSD）	阻断电压，栅氧化物可靠性，外延缺陷	$100 \sim 1\,000$ cm^{-2}（sub）	$1 \sim 100$ cm^{-2}（sub）
刃型位错（TED）	少数载流子寿命	$3\,000 \sim 10\,000$ cm^{-2}（sub）	$100 \sim 1\,000$ cm^{-2}（sub）
基矢面位错（BPD）	导通电阻，栅氧化层可靠性	$200 \sim 2\,000$ cm^{-2}（sub） $0.1 \sim 10$ cm^{-2}（epi）	~ 0 cm^{-2}（epi）

在质量最优的研发用衬底中，螺旋位错密度为 1~100 每平方厘米，而且据报道，最低的螺旋位错密度可达 1.3 每平方厘米。市场上典型的 4H-SiC 衬底中的螺旋位错密度要大得多，一般为 100~1 000 每平方厘米。

如表 1-2 所示，商业衬底和研发衬底之间的基矢面位错的密度有很大差异。其中一个原因是在化学气相沉积过程中，部分基矢面位错转变为刃型位错，大大降低了外延层中的基矢面位错密度。在化学气相沉积过程中，基矢面位错会转化为刃型位错且这一转化过程集中发生在外延层/衬底层界面附近，根据分析，可能是在碳化硅生长及基矢面位错产生的过程中，作用在外延层中的镜像力的结果。

1.5 ▶▶ 新趋势和未来发展

虽然有多种不同的方法可以生长碳化硅晶锭，但是大多数还未能实现工业化规模生产，如 HCVD（卤化物化学气相沉积）、M-PVT（改良版的物理气相传输）和 CF-PVT（连续进料物理气相传输）；诸如 HTCVD（高温化学气相沉积）和 TSSG（顶部籽晶液相生长）的其他工艺则仍处于研发阶段。在众多工艺之中，只有 PVT 工艺已经达到了工业生产阶段。HTCVD 和 TSSG 工艺的最新成果显示，这两项工艺拥有巨大的应用潜力，并且能够给许多产品性能带来大幅度的提升。

从高速率连续生产方面而言，PVT 工艺的主要局限性在于其无法实现连续生产，而在非连续生产过程中每批次之间会存在潜在的性质差异。这是因为在生长过程中，几何参数会发生变化，例如多晶粉末特性和晶锭尺寸的改变。即使温度和物质种类分布的变化很小，坩埚内的这些变化也会导致生长行为的急剧变化。因此，精准控制热学和化学条件的稳定性对维持长晶锭高速率且无缺陷的受控生长至关重要，这也将是业界一个巨大的技术挑战。此外，晶锭的纯度取决于碳化硅粉末的纯度，要实现对纯度的精确控制也具有一定的难度。

正是由于 PVT 技术在这些方面存在局限性，所以商用领域最近重新评估测试了高温气源法（或 HTCVD）用以连续生长碳化硅晶体。在籽晶温度为 2 823 K 时，获得了超过 9 mm/h 的高生长速率。有趣的是，在如此高的速率下（或在高浓度气相下），晶体生长前沿表现出与溶液生长非常相似的状态。高温气源法表现出了和溶液生长相似的形态演变，并形成了台阶聚集，从而在生长的晶体中引起掺杂波动和空隙。目前已经实现了重掺杂氮的 4H-SiC 晶体的生长，其具有稳定光滑的生长前沿，且生长速率为 3 mm/h，并保持了与籽晶中相同的螺旋位错密度。

籽晶生长的早期阶段（或播种阶段）至关重要，因为它会影响整个晶锭的质量。这个播种阶段通常直接影响到晶体的局部变形和位错的产生，因此尤为关键。适当的原位表面处理可以帮助改善生长过程中的问题。在生长之前的回蚀步骤可以显著减少位错和微管的缺陷密度。

防止多晶碳化硅在单晶锭的周围形成寄生是另一个重要的问题，其解决方案在于对生长时间内的整个生长界面的气态成分浓度（即成分通量）分布进行精确的分段控制。这可以通过不同的方式来实现：其一，必须使用诸如保温幕或导管等材料或结构对生长腔进行适当设计；其二，使用碳化钽（TaC）坩埚或涂层，这样可以局部改变热环境和气相组成，并可能降低其上寄生碳化硅的成核概率。

近期，TSSG 的工艺开发也有了许多新的进展。这一工艺在应用过程中最主要的困难是要保持稳定的生长前沿，以避免形成较大的台阶（macrostep），而这通常与溶剂夹杂和晶体降解有关，并受生长前沿（台阶运动）和靠近生长表面的流体运动之间的强烈相互作用影响。通过结合弯月面控制（meniscus control）和凹界面（concave interface）生长的方式，能够帮助解决界面稳定性的难题。除此之外，溶液生长过程从生长原理上提供了减少缺陷密度扩展的可能性，TSSG 很久以前就被证明可以封闭微管，并且还受益于非常有效的缺陷转换机制（即在生长过程中不良缺陷可以转换为良性缺陷）。无论生长过程如何，长期稳定的生长前沿对高质量晶体的生长都是绝对必要的。因此，在不同规模下，界面形态和几何形状的控制至关重要。生长界面必须在纳米级别达到光滑的程度，因为大轴向平台的形成总是受到外来晶型的二维成核作用影响。宏观来说，界面的形状直接影响缺陷的产生和传播。[9]

对于诸如 PVT 之类的工艺过程，多方面的细节和控制节点仍需进一步探索。例如，如何正确描述粉末升华、衬底结晶以及与石墨坩埚相互作用的异质反应，尤其是不同物质种类（Si_2C、SiC_2 和 Si）与碳化硅表面之间是否存在特定的反应路径，化学反应和晶型之间有何联系，对于给定的晶型、晶体中的 Si/C 比与六角形百分比之间有何联系等问题都需要进一步探索。

直观地看，流体（气体或液体）的化学计量比应在晶型选择方面发挥作用。从原理上来讲，富硅浓度的条件增加了获得 3C-SiC（六方性接近 0）的可能性，而富碳浓度的条件则更倾向于生成具有更高六方性的晶型，如 4H-SiC。从工艺的角度来看，二维成核经典理论已与传质结合在一起。在给定的过饱和度下，能够通过计算确定异种晶型可能发生的位置，经过近似方法计算后甚至能够预测晶型，并可与实验结果相当一致。Ariyawong 等人提出的另一种计算方法是在热力学和传质耦合模型中将碳化硅描述为固溶体，通过计算 SiC-C 和 SiC-Si 两相平衡之间碳化硅晶体中的硅与碳的活性，可以首先评估碳化硅晶体的化学性质，其次将 SiC-C 和 SiC-Si 的化学性质与生长过程参数联系起来。结果表明，根据压力、温度和温度梯度，可以计算和调整晶体中硅与碳的活性。例如，发现在 PVT 工艺中增加轴向温度梯度会产生具有较高硅活性和较低碳活性的碳化硅晶体。这种计算方法虽然还不够成熟，但是它为未来实现通过调节工艺条件来控制晶型的形成打下了基础。此外，同样的处理方法也可以应用于其他的生长工艺（TSSG、HTCVD 和外延层生长的化学气相沉积）以及预测模拟点缺陷和掺杂剂。最后，更加优化的计算模拟方法的研发将有利于加快碳化硅晶锭生长工艺的发展。这种趋势在材料科学中普遍存在，最近使用遗传算法优化 PVT 过程就是这种趋势的一个例证。

2 碳化硅材料生长的基本原理

碳化硅材料是一个庞大的家族，所有的成员从化学组成比例的角度上来说都是一样的，即有50%的原子为碳原子，50%的原子为硅原子。但是从晶体结构的角度来说，碳化硅是属于具有层状结构的晶体。与其他层状结构的晶体一样，由于其存在与晶体特定方向相垂直的结构层，当结构层之间的连接方式发生变化时，就构成了晶体结构的多型。因此，碳化硅也呈现出多型的特征，迄今为止被确认的碳化硅晶型有多达250余种。

结构层是用于描述晶体层状结构的一个结晶学的概念，通常用于描述那些结构复杂且多型繁多的晶体。当两个结构层相互连接时，上一层的四面体片与下一层的四面体片可能会发生位移，这两个四面体片之间的位移量被称为堆垛矢量；当堆垛矢量一致，结构层之间以一定角度旋转时便构成了堆垛花样。当结构层与堆垛花样不同时，便构成了不同的多型。

采用结构层来描述碳化硅的多型结构时，若干个碳原子占据同一个平面上各个六方结构格点，构成一个碳原子密排层，而若干个硅原子占据同一个平面上各个六方结构格点，构成一个硅原子密排层。考察任意一个碳原子密排层中的连接情况，其将与最近的四个硅原子相键连，对于硅原子密排层也是相同的道理。这样，两个紧邻的碳原子密排层和硅原子密排层彼此连接，构成了硅碳双原子层（Silicon-carbon bilayer），其中一个面露出碳原子，即称为碳面；另一个面露出硅原子，即称为硅面。碳化硅的晶体结构就是硅碳双原子层，所有的碳化硅晶体都能够通过硅碳双原子层有规则的连接予以描述。

碳化硅晶体的基本结构单元为硅碳配位的四面体（$Si-C_4$）或碳硅配位的四面体（$C-Si_4$）。这是另一种描述碳化硅结构的方式。

在不同的碳化硅晶体多型中，每一个硅碳双原子层需要与相邻的两个硅碳双原子层连接。沿着硅碳双原子层平面法线的方向观察，以指定硅碳双原子层最近邻面的双原子层中硅碳占据的不同格位进行描述，就能够描述出不同的双原子连接。在六方结构中，有且仅有标注为 A、B、C 这三种结晶学不等价的格位，因此，在碳化硅晶体中，硅碳双原子之间的连接有 AB 型、BC 型、AC 型三种形式。多个硅碳双原子层又可以通过这三种连接方式组合进行连接，并作周期性变化，从而构成了许多种多型。如图 2 - 1（a），沿着［0001］方向，2H-SiC 多型中硅碳双原子以 AB-AB 的形式连接，3C-SiC 多型中硅碳双原子以 ABC-ABC 的形式连接，4H-SiC 多型中硅碳双原子以 ABCB-ABCB 的形式连接，6H-SiC 多型中硅碳双原子以 ABCACB-ABCACB 的形式连接，15R-SiC 多型中硅碳双原子以 ABCACBCABACABCB-ABCACBCABACABCB 的形式连接。

目前，碳化硅晶体多型的结构常用一个阿拉伯数字和一个大写英文字母来命名。其中阿拉伯数字表示在晶体的一个晶胞中沿晶体［0001］方向所含有的硅碳双原子层的数目。大写的英文字母则表示该多型所属的晶系，其中立方晶系用 C（Cubic system）来表示，六方晶系用 H（Hexagonal system）来表示，三方晶系用 R（Rhombohedral system）来表示。

碳化硅的许多物理性质和电学性质因晶体类型较多而各不相同（如禁带宽度等），但不同晶型之间禁带宽度的差值非常小，通常认为比测量误差小得多。进行理论研究时，在估算不同晶型之间总禁带宽度差值时遇到了较大的困难，这给碳化硅晶体的生长研究带来了巨大的挑战，因为在极端温度条件下操作时，多种可能的结构中通常只有一种晶型是稳定的。

碳化硅半导体存在多种稳定的晶型，晶型结构因 Si-C 双层堆积顺序的不同而变化，其结构中每个硅原子被 4 个碳原子包围，反之亦然，如图 2 - 1（a）所示。从理论上讲，由于禁带宽度和载流子迁移率 μ 有所不同，如图 2 - 1（b）与表 2 - 1 所示，立方晶型 3C-SiC 的击穿范围略低，伴随生长过程的不稳定性会造成严重的结构缺陷，如微管和堆垛层错。尽管六边形碳化硅具有单轴晶格，但研究发现其仍具有各向同性的热弹性性质，受热量作用时，其各处的体积变化趋势相对一致。这个结论对碳化硅的整体生长特别有意义，因为这表明晶型边缘可能不会引起单晶束周围的张力。

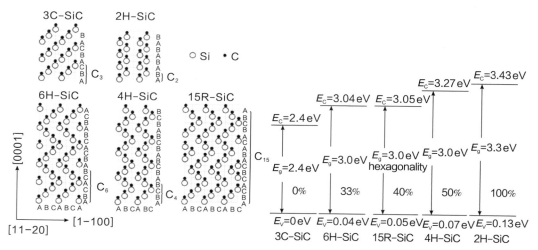

（a）常见碳化硅晶型中 Si-C 双层的堆积序列　　（b）不同晶型碳化硅的禁带宽度

图 2 - 1　碳化硅晶型

表 2 - 1　各种碳化硅晶型的物理性质

物理性质	4H-SiC	6H-SiC	3C-SiC	15R-SiC
禁带宽度 E_g（eV）	3.23	3.98	2.36	2.96
击穿电场 E_B（$\times 10^5 V/cm$）	40	—	25	—
电子迁移率 μ_n［$cm^2/（V \cdot s）$］	400	300	900	800

另外，表 2 - 2 中列出的其他宽禁带半导体也存在各种形态。氮化镓晶体通常是稳定的六方 2H-GaN 结构，但也可能是亚稳态的立方体 3C-GaN 结构。亚稳态的金刚石（sp^3-C）（在环境条件下）和石墨（sp^2-C）可称为结晶碳的不同变化形态。对于 Ga_2O_3，单斜晶系 β 结构是其常见的晶型。

表 2-2　宽禁带半导体与经典半导体材料的物理特性（室温值）比较

物理特性	4H-SiC	GaN	β-Ga₂O₃	C	Si	GaAs
晶格常数（Å）	$a=3.08$	$a=3.19$	$a=12.23$ $b=3.04$ $c=5.80$ $\beta=103.7°$	$a=3.57$	$a=5.43$	$a=5.65$
晶体结构	六边形	六边形	单斜晶系	立方体	立方体	立方体
禁带宽度 E_g (eV)	3.2	3.44	4.8	5.0	1.1	1.4
击穿电场 E_B ($\times 10^5$ V/cm)	40	60	80	100	4	5
热导率 λ [W/ (cm·K)]	3.5	1.3	0.23	20	1.5	0.5
漂移速率 V_s ($\times 10^7$ cm/s)	2.5	2.5	2	2.7	1	2
电子迁移率 μ_n [cm²/ (V·s)]	400	—	—	2 000	1 500	9 000
施主能级 E_D (meV)	60 (N)	22 (Si)	20-30 (Sn)	—	45 (P)	6 (Si)
受主能级 E_A (meV)	250 (Al)	160 (Mg)	—	400 (B)	44 (B)	26 (C)
软化温度 T_S (℃)	2 830	2 500	1 940	3 900	1 420	1 250

相图是在相界面上表示热力学平衡的图形。虽然晶体生长是一种非平衡现象，但相图在晶体生长研究中仍起着重要的作用，它能够用于预测与给定的初始状态相对应的终止状态，给出晶体生长中可测量的物理场的最大偏差，还可以为调节化学组成关系与边界条件提供思路和途径。在不考

虑碳化硅晶型的情况下，常压惰性气氛的碳化硅相图（如图2-2所示）的特征表明，在2 830 ℃时，碳化硅包晶分解为碳和含碳约13%的硅溶液。但一些研究组也报告了碳化硅的包晶分解温度在2 550 ℃左右，碳在硅中的溶解度数据在一定程度上也存在分歧。相图上显示的数据差异可能主要与2 000 ℃~3 200 ℃的极端温度条件有关。在这些实验条件下，除了碳本身以外，没有其他材料可以作为容器以用于硅的溶解。用光学高温计精确测量温度需要格外谨慎以取得准确结果。

　　根据碳化硅相图，碳化硅晶体的生长不能在Si-C熔体中进行，因为约3 100 K时碳化硅的包晶分解会阻止其自然生长过程。在低于或接近大气压的情况下，根据该图可以有两种不同的生长碳化硅的方法：一种是在1 900 ℃~2 400 ℃的温度范围内，通过硅粉和碳粉的升华，以及两者在稍低的温度下重结晶形成碳化硅单晶来进行物理气相传输生长（如图2-2中的绿色指示）。另一种方法是沿着碳在硅中的溶解度曲线进行溶液生长（如图2-2中的红色曲线）。如果压力足够低，液态硅可以达到亚稳态，碳化硅通常可以在2 100 K以上的条件下蒸发。这两种方法的生长过程都需要高温。

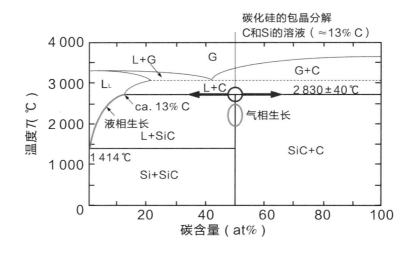

图2-2　碳化硅相图

最近的实验测定表明，接近共晶点（1 686 K）时，液态硅中碳的溶解度要低很多，只有 0.02 mol%，当包晶温度约为 3 100 K 时，液相中碳的摩尔分数为18%。Scace 和 Slack 在 1959 年提出的图表基本上是正确的，特别是在高温方面，能较好地描述高温下碳在液态硅中的溶解度曲线，其溶解焓为（247 ±12）×10³ J/mol。

为了获得合适化学比例的熔体，根据计算预测将需要约 3 500 K 的温度和 109 Pa 的压力条件。

2.2 ▶▶ 表征技术

2.2.1 ▶▶ 生长过程可视化

监控基本生长过程的一个简单但非常有效的措施是使用光学高温温度计在石墨生长腔顶部和底部进行温度测量。为了获得更精确的温度分布，特别是在碳化硅生长界面内部的温度分布，可以对温度场进行数值模拟。但是，这些计算数据的可靠性往往取决于所用石墨的导热系数。在使用这些实验和计算技术研究碳化硅的生长过程时，将晶体缺陷单纯地归因于特定的生长过程环境的做法所起到的作用十分有限。因此，为碳化硅的生长研究提供一种可视化的方法具有重要意义。可以使用 X 射线成像技术进行碳化硅生长的原位 2D 和 3D 监测。

与硅的标准直拉法熔体生长工艺相比，碳化硅物理气相传输生长的一个主要缺点是缺乏对生长界面的可见光学观察渠道。过去，人们引入了一种基于 X 射线的 2D 方法，该法可以看到石墨坩埚内部的情况。除了碳化硅生长界面的可视化（2D 投影）之外，研究人员还监测了碳化硅粉末源的演变过程，即显示出碳化硅针状晶粒形态的再结晶和升华过程。为了追踪碳化硅的升华路径并将其与生长过程的数值模拟联系起来，可将 $Si^{13}C$ 添加到 $Si^{12}C$ 粉末源的底部。

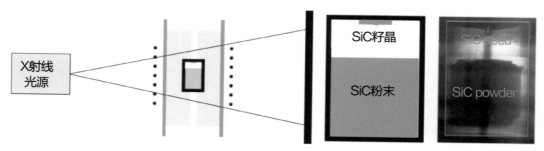

图 2-3 可显示物理气相传输生长腔内部情况的 2D 原位 X 射线成像装置示意图

2D X 射线形貌测量法被推广应用到 3D X 射线计算机断层成像（Computed Tomography，CT）装置。为此，在获取 2D X 射线投影图像时，可使生长单元连续旋转或以多个单步骤旋转，如图 2-4 所示。3D 成像扫描时采用 125 kVp 的直流钨阳极管（光斑尺寸为 70 μm，最大 CW 电流为 350 μA）作为 X 射线源。在 X 射线探测器一侧，使用具有碘化铯闪烁体和 1 496×1 874 像素的有源矩阵以及间距为 127 μm²（3.94 lp/mm）的平板设备。在数据采集期间连续旋转生长腔的情况下，启用飞行测量。为了保证 X 射线辐射的安全性，物理气相传输生长腔需配备最大 6 mm 铅当量的屏蔽盒。典型的图像采集时间为 3～15 min。在标准模式下采集静止状态的 2D X 射线图作为 3D 图形重建的基础图像，然后再通过滤波反投影（filtered back projection）进行图像重建，形成 3D 图像。[10]由于旋转台在光源和检测器中间的位置，因此可应用 1.8 的放大倍数，提供与焦点大小相对应的大约 70 μm 的最小可实现像素。在典型的 200～1 000 μm/h 的生长速率下，图像采集造成的误差小于探测器的空间分辨率。

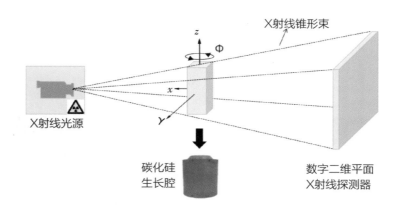

图 2-4　基于 X 射线的计算机断层成像系统的工作原理

CT 扫描结果为在一个 100 mm 的中心区域内产生了一个大约 150 μm 大小的像素。实际上，图像的数量和旋转过程的稳定性限制了 3D 数据的分辨率。通过使用优化的图像处理技术对 CT 进行进一步优化，并应用滤光片来减少噪声和伪影，整个石墨坩埚区域的空间分辨率可低于 100 μm。尽管分辨率不是特别理想，使用 CT 进行表征观察相较于 2D X 射线形貌已经有了显著的成像改进，原材料的生长过程的演变可以用更多的细节来实现可视化。特别是与 2D 形貌相比，在 CT 图像（如图 2-5 所示）中可以更好地再现轴向温度梯度的柱状结构。此外，生长界面的形状，尤其是面的位置和大小已变得可视化（如图 2-6 所示）。CT 为将来的扩大晶体直径的研究提供了新的可能性，因为在气相生长碳化硅的情况下，晶体直径通常与平面边缘的动力学过程有关。

（a）生长后在室温下采集的 CT 测量数据，详细地再现了碳化硅晶体的生长界面和形貌

（b）使用 CT 装置原位拍摄的碳化硅在生长腔（石墨容器）内 2 100 ℃ 左右生长过程中的 3D 形貌

图 2-5　CT 图像

（a）生长腔内部晶体生长界面的 2D 和 3D X 射线 CT 图像

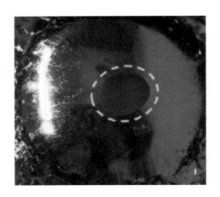

（b）反应腔外部晶体表面的照片

图 2-6　使用 CT 可视化拍摄的碳化硅晶体生长界面

2D 和 3D X 射线原位可视化均具有一些优点，可以在具体应用环境中发挥优势。2D X 射线可视化可以在对 X 射线安全性要求较低的情况下实现，因此，可以应用于生产环境中。此外，新型高效检测器允许短脉冲和低剂量测量。但是在 3D CT 系统中，需要在 1 min 以上的时间内连续进行 X 射线照射，这需要对生长装置进行完全的屏蔽。实际上，CT 扫描应用程序更适用于工艺开发，而不是在线过程控制。CT 对碳化硅粉末具有更高的空间分辨率，特别是在生长过程中可对晶体表面进行全 3D 可视化，这使其成为原位研究生长动力学的有力工具。

2.2.2 晶体表征

半导体晶体材料的表征技术非常多，常见的用于表征碳化硅晶体材料组分、结构、形貌、性质等的技术方法也有多种，诸如光学显微镜、扫描电子显微镜、扫描隧道显微镜、原子力显微镜、高分辨透射电子显微镜、透射光谱、拉曼散射光谱、光致发光谱、高分辨 X 射线衍射、X 射线光电子能谱和紫外光电子能谱、霍尔（Hall）效应测试、偏振光技术、微分干涉相衬法、熔融氢氧化钾腐蚀（KOH etch）等。除了上述用于晶体局部区域表征的技术外，随着科学技术的发展，很多检测设备配备了自动二维控制平台，利用自动二维控制平台可以对晶体样品上任何坐标位置的多个局部点进行表征。如果将样品置于自动二维控制平台，每隔一定距离对样品某个区域内的一个局部点进行表征，就可以获得晶体上这个区域内一系列点的表征结果，再将晶体上该区域内这一系列点的表征结果统一起来，就可得到晶体特定区域的整体表征结果，这种方法可称为面扫描技术。[11] 当然，并不是所有的检测设备都能够配备二维控制平台从而实现对碳化硅晶体样品的面扫描表征。有些表征技术因无法对晶片上不同局部地区分别表征而不能与面扫描技术结合，有些测试设备极其复杂或检测要求需要一些极端条件（比如低温、高压、真空等），客观上增加了配备自动二维控制平台从而实现面扫描表征的难度（比如低温光致发光谱、高分辨透射电子显微镜等）。下面将简要介绍若干常见的晶体局部表征技术和面扫描表征技术。

2.2.2.1 局部表征技术

（1）透射光谱。

紫外—可见光谱可根据碳化硅晶体的吸收或透过特性计算吸收系数，再得到碳化硅晶体的禁带宽度，可由禁带宽度来鉴定碳化硅晶体的晶型。碳化硅晶锭在室温下的透射光谱如图 2 – 7 所示。实线代表 6H-SiC 的光谱，虚线代表 4H-SiC 的光谱。6H-SiC 和 4H-SiC 的透光率分别在 3.2 eV 和 3.5 eV 处接近 0。从吸收边缘看，在室温下 6H-SiC 和 4H-SiC 的带隙估计为 3.0 eV 和 3.3 eV，与已知值非常接近。

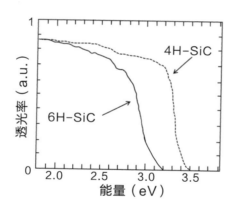

图 2 – 7 4H-SiC 和 6H-SiC 晶锭的透射光谱

（2）反射式高能电子衍射。

反射式高能电子衍射（Reflection High-energy Electron Diffraction, RHEED）是指将单电子束以很低的入射角度射入晶体表面，可以通过粗糙表面产生斑点图样，得到对应于不同晶型的衍射图样。然而，光滑表面的衍射图样特征为细长条纹，很难用于晶型的识别。因此，在进行 RHEED 分析之前，需要用熔融的 KOH 在 600 ℃ 下蚀刻晶体表面 30 s 来增加晶体的表面粗糙度。另外，由于缺陷周围区域存在应力场，缺陷区域表面的化学稳定性将低于其他区域，在一定的条件下经熔融 KOH 腐蚀处理，缺陷区域就会形成腐蚀坑。熔融 KOH 腐蚀可以将缺陷尤其是位错、微管等无法用显微镜和肉眼观察到的缺陷显露出来。6H-SiC 理论和实验的 $[2\bar{1}\bar{1}0]$ 方位角的衍射图案如图 2-8（a）和（c）所示，4H-SiC 理论和实验的 $[2\bar{1}\bar{1}0]$ 方位角的衍射图案如图 2-8（b）和（d）所示。图 2-8（a）和（b）中的闭合圆表示由于特殊的叠加顺序而产生的双衍射点。实验图案与理论图案非常相似，这两种晶型晶锭分别被认定为 6H-SiC 和 4H-SiC 单晶。

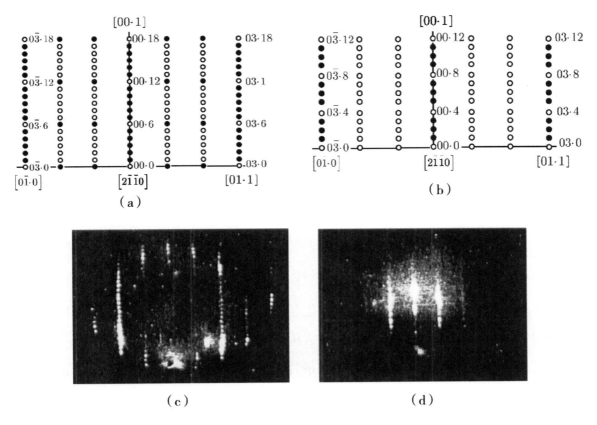

图 2-8　反射式高能电子衍射图案

（3）拉曼散射光谱。

拉曼散射光谱可以检测碳化硅晶体的结构信息，它是无损鉴定碳化硅晶体晶型的技术之一。6H-SiC 和 4H-SiC 晶体的拉曼散射光谱如图 2−9 所示。在所有的 6H-SiC 的拉曼散射光谱中可以观察到 765、788 和 795 cm^{-1} 处的三个横向光学（Transverse Optical，TO）波峰，在所有的 4H-SiC 的拉曼散射光谱中可以观察到 776 和 797 cm^{-1} 处的 TO 波峰。对于其他晶型，TO 波峰的位置会有所偏移，并且不同的峰位置对应于不同的晶型，所测晶体的拉曼散射光谱中没有观察到其他晶型的峰。

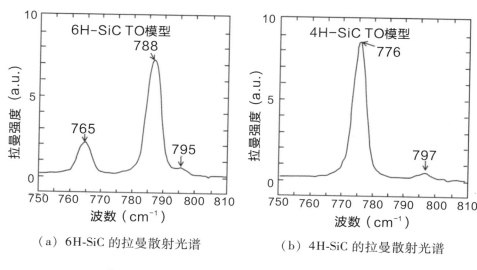

（a）6H-SiC 的拉曼散射光谱　　　　（b）4H-SiC 的拉曼散射光谱

图 2−9　6H-SiC 和 4H-SiC 的拉曼散射光谱

（4）X 射线衍射。

X 射线衍射是半导体单晶材料结构表征最常用的技术之一。X 射线光电子能谱和紫外光电子能谱在分析化学、成分和表面研究等方面都有广泛应用，二者获得的信息是类似的，结构也类似，只不过激发源不同，分别为 X 射线和紫外光。在合适的测试条件下，在每种碳化硅晶型中都可以观察到由其几个晶格平面产生的典型 X 射线衍射。测量时 X 射线的入射角记为 2θ，用于 X 射线辐射的为 $\lambda = 1.545$ Å 的 Cu Kα 线。

图 2−10 显示了由升华法生长的 4H-SiC 晶锭制备的粉末晶体的典型 X 射线衍射。由于在图谱中未观察到其他晶型的衍射峰，但观察到了 4H-SiC 特有的晶体结构的衍射峰，说明升华法成功地生长了 4H-SiC 单晶晶锭。

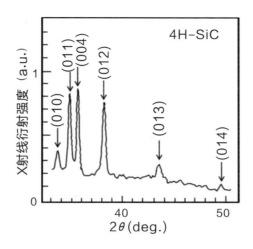

图 2 – 10　由 4H-SiC 晶锭制备的粉末晶体的典型 X 射线衍射图谱

　　用 X 射线双晶衍射摇摆曲线可以表征晶锭的结晶度，如图 2 – 11 所示。衍射平面为 4H-SiC（0004）平面，对应于图 2 – 10 中 $2\theta = 35.6°$ 处的衍射。从该图可以看出，X 射线双晶衍射摇摆曲线的半峰全宽（Fall Width At Half Maxima，FWHM）为 83 弧秒，这是 4H-SiC 晶锭的典型值，该值表示晶锭的结晶度非常好。由于 FWHM 取决于第一衍射晶体的衍射平面，并且考虑到该测试系统中的第一晶体为砷化镓（400），因此，理论上理想的4H-SiC晶体的 FWHM 为 27 弧秒。

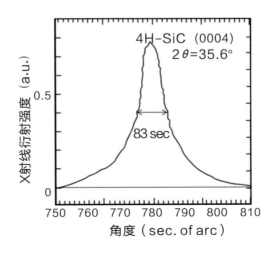

图 2 – 11　4H-SiC 晶锭的典型 X 射线双晶衍射摇摆曲线

（5）光致发光谱。

对于诸如碳化硅的间接带隙半导体，通过杂质水平或激子复合产生的光致发光（Photoluminescence，PL）进行表征是主要的检测方法。低温光致发光谱可以研究半导体电子态、辐射发光物理过程及杂质发光中心的状态和位置，可用来研究碳化硅晶体的结构和缺陷。碳化硅中有许多具有独特带隙的晶型，并且其中的杂质含量也不相同。因此，研究人员已经观察到了多种晶型特有的光致发光现象。长期以来，人们对碳化硅的光致发光进行了大量研究，详细分析研究了氮（施主）和铝、镓或硼（受主）的施主—受主对的发光以及激子相关的光致发光。根据以往的研究，可以从光致发光特性中获得有关晶体中杂质的信息。

PL 测试时可以使用波长为 325 nm（3.815 eV）的 10 mW He-Cd 激光器进行连续激发，以及使用波长为 337 nm（3.680 eV）的 70 μJ N$_2$ 激光器进行脉冲激发。激发的光经过一定过滤，并通过聚光镜直接聚焦到低温恒温器中的样品上。

图 2 – 12 显示了在 11 K 的温度条件下 4H-SiC 晶锭的 PL 光谱。一般来说，光谱由能量在 2.50 eV 和 3.00 eV 左右的两个宽峰组成，在两个宽峰之间还可观察到小的尖峰。虽然不同样品之间峰的强度比率不同，但样品之

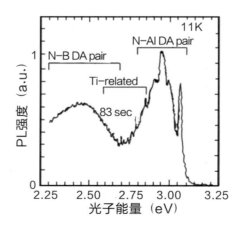

图 2 – 12　4H-SiC 晶锭的典型 PL 光谱

间的峰能量没有显著差异。大约 3.00 eV 处的宽峰由小峰组成，可以解释为氮和铝施主—受主对发射的声子的复制，通过峰值能量对激发强度的依赖性和时间分辨测量，可以详细分析两个宽峰之间的小尖峰。结果显示，小尖峰是 4H-SiC 中钛的发光峰。通过时间分辨测量，可以揭示出低能量区即 2.50 eV 附近的宽峰，起源于与钛相关的激子引起的两种光致发光以及氮和硼的施主—受主对发光。

根据以上详细分析可以发现，即使使用所谓的高纯度碳化硅源粉末，通过升华法生长的 4H-SiC 晶锭中也会含有大量杂质，如氮、铝、钛和硼等。通过相同的升华方法生长的 6H-SiC 中也发现了相同的杂质。为了实现晶体的高纯度生长，肯定需要进一步纯化碳化硅源粉末、石墨坩埚和石墨毡，并优化加热条件。

（6）霍尔效应测试。

霍尔效应测试可用来表征碳化硅晶体的载流子浓度、霍尔迁移率、导电类型等电学性能。用 Van der Pauw 方法可以进行霍尔效应的测量。测量时通过切割晶锭制备切片样品，并用金刚石膏抛光表面，使其成为镜面。升华生长的碳化硅晶体通常为 N 型，因此，采用镍作为欧姆接触材料。在蒸镀镍之前，用三氯乙烯、丙酮、六氯环己烷、王水和氟化氢处理样品表

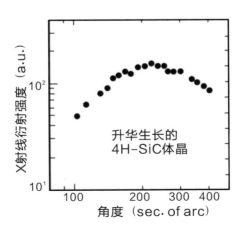

图 2-13　使用高纯碳化硅源粉末生长的 4H-SiC 的电子
迁移率随温度变化的曲线

面，并用去离子水冲洗。镍的蒸镀通过掩模在真空中进行，随后在1 050 ℃的氩气中退火 30 min，以形成良好的欧姆接触。

使用高纯碳化硅源粉末生长的 4H-SiC 的电子迁移率的温度依赖性如图 2-13 所示 [室温下 $\mu = 132$ cm^2/（V·s）]。随着温度的升高，其电子迁移率逐渐增加 [250 K 时达到最大值 150 cm^2/（V·s）]，但由于杂质在低温区的散射，其电子迁移率随后会逐渐下降。较高的载流子浓度（~10^{17} cm^{-3} 量级）表明用高纯碳化硅源粉末生长的 4H-SiC 晶锭中含有大量杂质。

（7）显微成像。

各种显微成像技术都可以将晶体样品中肉眼无法直接分辨的局部区域的信息（表面结构形貌）通过一定技术手段显示出来。如光学显微镜是利用光学原理将肉眼所不能分辨的微观结构形貌放大成像以便观察。扫描电子显微镜是根据电子与物质的相互作用来实现观察样品表面微观结构形貌，它的优点是分辨率高于光学显微镜。扫描隧道显微镜是利用量子隧道效应产生隧道电流的原理制作的显微镜，其分辨率高于扫描电子显微镜，可以达到原子级。原子力显微镜是利用极细探针与受测样品表面原子之间的相互作用力，从而达到检测样品表面形貌的目的，其分辨率也可以达到原子级。高分辨透射电子显微镜是利用电子的波动性来观察样品材料内部和表面的微结构，它的分辨率极高，可以观察到碳化硅晶体中的 C-Si 双原子层的排布。

（8）偏振光技术。

碳化硅晶体中任何缺陷都存在粒子偏离其平衡位置，从而导致点阵畸变和弹性应力场，偏振光技术就是利用偏振光将这种由缺陷导致的点阵畸变和弹性应力场转换成偏振光强的变化而显示出来的。

（9）微分干涉相衬法。

微分干涉相衬法是基于传统的正交偏振光技术发展而来的，它可以通过微分干涉进行反差增强，使得样品中的一些结构细节或缺陷更容易被观察。微分干涉相衬法的效果与样品细节的浮雕像以及色彩都是可以调节的，比偏振光技术更为优越。

2.2.2.2 面扫描表征技术

（1）光学显微面扫描。

光学显微面扫描是光学显微技术和面扫描技术的结合。光学显微技术可以记录碳化硅晶体上某一微区域高精度的衬度像，结合面扫描技术，可以获得碳化硅晶片上任何区域的高分辨率偏振光衬度像。光学显微面扫描技术再结合辅助表征的偏振光技术就成为偏振光显微面扫描技术。如果光学显微面扫描技术结合的辅助表征技术是微分干涉相衬法，则称为微分干涉显微面扫描技术。偏振光显微面扫描技术由于结合了偏振光技术，可以比普通光学显微面扫描技术获得更丰富的信息。微分干涉显微面扫描技术比偏振光显微面扫描技术得到的图像更具有层次感和立体感。

（2）腐蚀像光反射扫描。

腐蚀像光反射扫描是光学显微技术、熔融 KOH 腐蚀技术和面扫描技术的结合，它与偏振显微面扫描技术的不同之处主要是使用熔融 KOH 腐蚀来显现表面缺陷而非使用偏振光。腐蚀像光反射检测方法由 Ⅱ-Ⅵ 公司的 E. Emorhokpor 等人提出建立，已被 Ⅱ-Ⅵ 公司作为常规检测技术。腐蚀像光反射检测方法采用熔融 KOH 腐蚀技术，因此能利用光学显微技术直接观察露头位错、微管道、小角晶界等缺陷。结合面扫描技术它不仅可以定性分析这些缺陷在碳化硅晶片中不同区域的分布情况，还可以定量确定碳化硅晶片不同区域的一些缺陷（比如微管道）的密度。

（3）显微拉曼光谱面扫描。

显微拉曼光谱面扫描是显微拉曼散射光谱技术与面扫描技术的结合。拉曼散射光谱可以有效鉴定碳化硅晶体的晶型结构，而且还能定性确定载流子浓度和迁移率。激光显微拉曼光谱仪采用了激光光源和显微技术，因此可以检测到样品上每一个极小区域（称之为每个局部点）的拉曼信号，具有非常高的空间分辨率，再结合面扫描技术，可以研究碳化硅晶片中的晶型、载流子浓度及迁移率的分布。

（4）低温光致发光谱面扫描。

低温光致发光谱面扫描是低温光致发光谱技术与面扫描技术的结合。低温光致发光谱技术是将能量高于碳化硅晶体禁带宽度的激光（比如325 nm）聚焦在碳化硅晶体样品上，碳化硅晶体样品吸收激发光，将在导带产生电子、价带产生空穴，部分激发产生的电子再以各种方式跃迁回价带以发射光子的形式辐射能量，再使用检测器收集并记录从样品上发出的光信号，就得到了光致发光谱。光致发光谱峰位和碳化硅晶型结构相关，低温光致发光谱面扫描技术也可以分析碳化硅晶体上晶型结构的分布。光致发光谱还可以研究碳化硅晶体中的一些特定缺陷和杂质，如氮掺杂浓度等，因此低温光致发光谱面扫描技术能够获得碳化硅晶体中特定缺陷或杂质的分布情况。相对于显微拉曼散射光谱技术，低温光致发光谱技术更侧重于表征碳化硅晶体中的结构、缺陷和物理性质。

（5）高分辨 X 射线衍射摇摆曲线面扫描。

与普通 X 射线衍射技术相比，高分辨 X 射线衍射技术具有更高的精度和灵敏度，它的入射光具有更高的单色性和平行性，结果分析具有更完整的理论体系，可对实验结果进行运动学和动力学理论拟合计算，不仅可以测量倒易格点的位置，还可用使用三轴衍射分析倒易格点的形状。高分辨 X 射线衍射摇摆曲线是单晶质量鉴定的常规测试方法，是研究材料结构参数最直接有效的工具。高分辨 X 射线衍射摇摆曲线面扫描技术是高分辨 X 射线衍射摇摆曲线测量技术和面扫描技术的结合。通过高分辨 X 射线衍射摇摆曲线面扫描技术可以得到晶体上各个区域的结晶质量信息。

（6）同步辐射白光反射 X 射线衍射形貌技术。

同步辐射白光反射 X 射线衍射形貌技术（Synchrotron White-beam Reflection X-ray Topography，SWBRXT）采用同步辐射光源，由于同步辐射光源具有高准直、高偏振、高纯净、高单色性、高亮度、窄脉冲和波长在很宽范围内连续可调等特点，使同步辐射白光反射 X 射线衍射形貌技术的检测分辨率比高分辨 X 射线衍射摇摆曲线面扫描技术更高，甚至能对碳化硅晶片部分区域位错密度做出半定量的判断。

　　除上述几种表征技术之外，还有一些其他表征技术能实现面扫描表征。随着技术的不断进步，将会有越来越多的表征技术可以搭载自动控制平台，从而实现面扫描甚至整体扫描的表征。

2.3 ▶▶▶ 物理气相传输

2.3.1 ▶▶ 简介及热力学性质

晶体的生长过程可以看成是一个能量转换的过程，即在外部能量的作用下，将在结构上无序的或短程有序的、内部能量更低的物质转变为长程有序的且内部能量更高的晶体。由于晶体具有不同的物理、化学和结晶学性质，因此适用的生长方法也有所不同。在生长方法的选择上，应当综合考虑结晶质量、生产产能、缺陷产生等因素，选择适宜的方法。

简要来说，物理气相传输生长主要包括碳化硅粉体的分解升华、升华物质的运输、表面吸附反应和结晶脱附这几个步骤。通过在准密闭的坩埚系统中采用感应或电阻加热，将作为生长源的固态混合物置于温度较高的坩埚底部，籽晶固定在温度较低的坩埚顶部。在低压高温下，生长源会与籽晶之间存在温度梯度，因而造成压力梯度，这些气态物质被运输到低温的籽晶位置，形成过饱和，碳化硅便在籽晶处开始沉积。

碳化硅的气相生长首先由 Drowart 等人提出，并由 Rocabois 等人进一步完善。可将高温克努森渗出容器（Knudsen effusion cells）与质谱共用，并通过三种组分 [Si（g）、Si_2C（g）和 SiC_2（g）] 来准确描述气相与固体平衡时的现象。对于相平衡状态图 SiC-C（s）和 SiC-Si（l）的两侧以及不同的晶型，每种气体组分的平衡分压与温度的关系可通过计算得出。值得注意的是，用于过程建模的热力学数据的选择会对结果产生重要影响。事实上，目前的一些研究已经提供了一些有益的参考，例如增长率的系数为 2，Si/C 比的系数为 3。也有许多研究集中在气相生长速率、晶体形状和 Si/C 比的变化趋势。从工艺发展的角度来看，这些理论计算数据可能产生的误差都是可以接受的。

碳化硅气化过程中遇到的一个重要问题是蒸汽的不一致性，这主要是与碳化硅原材料石墨化密切相关。这种石墨化增加了蒸发的动力学障碍，建模计算时可以通过使用蒸发系数来考虑。Rocabois 等人使用多个高温克努森渗出容器确定了蒸发系数，他们发现 3 种主要气态物质的蒸发系数相同，在 2 150 K 时都为（5 ± 2）× 10^3，在使用赫茨克努森方程（Hertz-Knudsen equation）计算蒸汽通量时需要用到。

众多研究小组研究了物理气相传输生长过程中固体碳化硅在平衡状态下的气相组成。已有的热力学数据包括气相中的化学反应以及固体碳化硅的生成热值。气相主要由 Si、Si_2C 和 SiC_2 组成，几乎不存在任何碳化硅。碳化硅的物理气相传输生长的驱动力是热的碳化硅源粉和稍冷的碳化硅籽晶之间的轴向温度梯度，如图 2-14 所示。

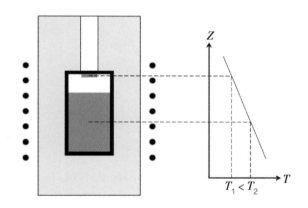

图 2-14　用于碳化硅物理气相传输的生长室示意图

（注：图中所示为线圈位置以及对应的生长腔体内的温度分布示意图，横轴为温度，T_1 为顶部温度，T_2 为腔体内部温度，Z 轴为线圈所在位置。薄膜生长速率与温度梯度、线圈位置和惰性气体压力有关）

碳化硅薄膜生长速率的函数参数包括生长室内部的平均温度、碳化硅源和碳化硅籽晶之间的温度梯度以及可能施加的惰性气体的压力等，这些影响了上述碳化硅相关气体种类的分压。在碳化硅晶体生长的过程中，通常只需要计算温度数据而不需要考虑质量传输。特别是在生长还没有开始，温度和气压已经稳定的情况下。PVT 生长腔内的温度场主要由石墨坩埚的设计以及周围的密闭材料决定。与此同时，Z 轴向的线圈位置也非常重要，因为线圈决定了相距热源的距离以及其欧姆热损失。炉体内顶部和底部的温度是整个系统非常关键的数据，通常能够通过测试获得，然后再依据这些数据计算模拟整个温度场以及晶体生长过程。加热功率以及惰性气体的气压也可以分别通过调节生长温度和生长速度来调控生长过程。下文将在使用石墨作为生长容器及使用碳化硅和碳作为主要生产材料的系统框架中讨论升华过程。如果将已知的能够吸收碳分子的钽（Ta）或碳化钽用作生长容器的材料，则碳化硅和硅的材料系统是气相组成的最佳选择。[12]

由于 Si、Si_2C 和 SiC_2 在气相中占主导地位，因此以下异质化学反应为生长容器中的控制反应：

$$SiC_2(g) + Si(g) \longrightarrow 2SiC(s)$$
$$SiC_2(g) \longrightarrow 2C(s) + Si(g)$$
$$SiC_2(g) + 3Si(g) \longrightarrow 2Si_2C(g) \tag{2.1}$$

由于气态 Si 的分压在低于 2 500 ℃ 的生长状态下显示出最高值，因此，SiC_2 分子的摩尔浓度限制了固态碳化硅的生长速率。

根据质量作用定律，不同种类气体的分压 V（对于 Si、Si_2C、SiC_2，$V = 1$、2、3）通过以下方程式相互关联：

$$P_{SiC_2} P_{Si} = K_1(T)$$
$$P_{SiC_2} = K_2(T) P_{Si}$$
$$P_{SiC_2} P_{Si}^3 = K_3(T) P_{Si_2C}^2 \tag{2.2}$$

平衡常数 K_1、K_2 和 K_3 与温度有关，可从固态和气态物质组分的热力学数据中导出。

如果在升华过程中未显著观察到碳化硅原材料的石墨化，并且在碳化硅的结晶过程中未发现掺入硅液滴或碳夹杂物，则升华和结晶过程均在相同的硅和碳流量下发生。

条件：

$$J_{Si} + 2J_{Si_2C} + J_{SiC_2} = J_{Si_2C} + 2J_{SiC_2} \qquad (2.3)$$

（Jv：来自碳化硅源和朝向碳化硅晶体的气体种类 V 的摩尔通量）

物理气相传输生长容器中存在轴向温度梯度，如果在气体室的侧壁上没有观察到碳化硅的沉积，则朝向石墨侧壁的总的硅成分迁移量为 0：

$$J_{Si} + 2J_{Si_2C} + J_{SiC_2} = 0 \qquad (2.4)$$

（Si 来自生长容器的石墨侧壁）

注：即使在石墨侧壁上未观察到碳化硅的沉积，依然存在以下化学反应：

$$SiC_2(g) \rightleftharpoons 2C(s) + Si(g)$$

经实验证实，气体室和石墨侧壁之间的 C 成分存在交换。

碳化硅源到碳化硅籽晶的气体传输可以使用氩气等惰性气体来控制。设置一个不同的总压，惰性气体的分压可以建立一个能够控制碳化硅晶体生长速率的扩散质量传输机制。为了估算晶体生长速率和分析质量传输机制，可以简化成一维分析方法。根据流量由压力差与扩散速率之比确定的公式，碳化硅晶源和籽晶的迁移（对于 Si、Si_2C 和 SiC_2，$V = 1$、2、3）可以从分压差 ΔP_V（即由温度差 $\Delta T = T_{Source} - T_{Crystal}$ 确定）与物质扩散传质阻力 R_{Diff} 的比率中得出。如果碳化硅在源处升华和在籽晶处结晶的动力不是限制因素，则通过传质阻力 R_{Diff} 所描述的气体室成分的运动（气体成分的扩散常数 D_V）可由惰性气体压力 P_{Inert} 的设定值控制。

$$R_{Diff} = RTd_{SC}/D_v$$
$$D_v \propto 1/P_{Inert} \rightarrow R_{Diff} \propto P_{Inert} \qquad (2.5)$$

R：理想气体常数

T：生长腔内的平均温度，定义为 $T = (T_{Source} + T_{Crystal})/2$

d_{SC}：碳化硅原材料顶部与碳化硅晶体生长界面之间的距离

在只有扩散限制的生长模式下，观察到匀速的生长，晶体长度随生长时间 t 线性增加。

成分元素扩散限制：

$$v_{Growth} = constant$$
$$L_{Crystal}(t) \propto t \tag{2.6}$$

如果结晶热不能通过生长的碳化硅晶体完全消散，则碳化硅晶体表面温度会升高，并且温差 $\Delta T = T_{Source} - T_{Crystal}$（＝传质驱动力）会降低，因此，生长速度也会下降。

散热限制：

$$L_{Crystal}(t) \propto \sqrt{t} \tag{2.7}$$

这个一维生长模型的应用在生长过程的优化中具有一定的作用。

2.3.2 生长过程控制

物理气相传输或籽晶升华工艺是制造碳化硅最重要的晶体生长方法。与从熔体中生长晶体（采用 Czochralski 工艺制备大型硅棒）相比，碳化硅物理气相传输生长期间的工艺可控制性相当有限。在操作层面上，可以调节生长装置内的热功率和惰性气体压力，同时使用坩埚顶部或底部的光学高温计反馈温度参数，如图 2-15 所示。

生长腔内部的温度场主要由坩埚零件的几何设计和坩埚周围的隔热层决定。导热性（导热散热）、表面发射率（辐射散热）和导电性（感应加热能力）等材料特性对生长腔内的温度及温度分布有重大影响，在这种情况下，温度场的数值模拟已成为生长装置必须用到的设计工具，如图 2-15 所示。

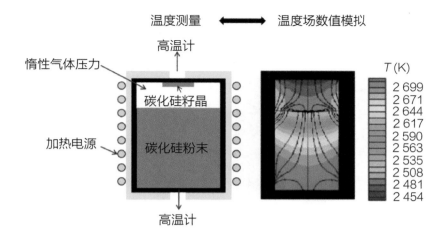

图 2-15　通过设定加热功率和惰性气体压力，以及测量光学高温计和生长过程的数值模拟［即温度场（强制）、质量传输（可选）］来控制物理气相传输生长

　　感应线圈的大小和位置、特定的生长腔设计以及两者的相对轴向位置都会影响碳化硅生长界面前期的温度梯度。据报道，在晶体生长过程中感应线圈位置的自适应调整可以稳定生长条件。对于较短的线圈长度，坩埚的局部加热对轴向位置非常敏感，此时线圈的轴向位置可用于调整生长腔内部的温度场。如果感应线圈较长，例如与坩埚高度相比具有双倍的长度，则线圈的轴向位置对生长腔内温度梯度的影响仅为次级。在这种情况下，如果在整个生长过程中始终保持线圈位置固定，则生长过程可能会具有更高的过程稳定性。生长完成后，在将装置冷却至室温的过程中可以通过线圈位置的变化对温度场进行微调。

　　与 Czochralski 法的硅熔体生长不同，在碳化硅的物理气相传输生长中，由于坩埚被隔离材料包围，因此无法通过光学途径直接观测封闭的石墨坩埚内部。但如上文所述，可以通过使用 X 射线成像在 2D（如图 2-16 所示）和 3D 层面对物理气相传输生长过程进行原位可视化观测。

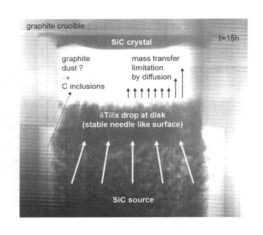

图 2-16 物理气相传输生长过程的 2D 原位 X 射线可视化：碳化硅原料的形态变化、生长晶体的形状和长度

2.3.3 》 碳化硅原料制备

在物理气相传输装置上，可采用三种主要的粉体合成方法制备碳化硅原料：

（1）通过碳与二氧化硅的化学反应，遵循 Acheson 最初的合成方法。原料的纯度决定了碳化硅粉体的纯度。就半导体应用而言，纯度通常不是特别理想，杂质含量大于 10 ppm（氮、硼、铝、过渡金属）。通过热处理等特殊处理，杂质含量可以降低到 1~10 ppm。根据不同的工艺路线，晶粒尺寸可控制在一百或者几百微米。

（2）通过微电子级的硅和高纯度的碳薄片来制备合成高质量的碳化硅粉体。碳原料的纯度是限制因素，通过该法一般可以制备杂质含量小于 1 ppm 的碳化硅粉体。典型的碳化硅晶粒尺寸为 10~100 μm。

（3）使用高纯度的碳化硅粉体进行化学气相沉积（或热喷涂反应），获得最高的碳化硅粉体纯度。采用这种加工工艺可获得杂质含量在 10 ppb 范围内的超高纯度碳化硅粉体。

在碳化硅物理气相传输生长的前期研究中已经指出了碳化硅原材料性能的重要作用。原材料的纯度、晶粒尺寸、形态、堆积密度、升华再结晶行为以及热导率和电导率等属性对确保高质量碳化硅晶体的物理气相传输生长至关重要。

大量研究表明，碳化硅粉体的纯度对物理气相传输生长的碳化硅晶体的缺陷密度具有影响。大于 10 ppm 的低纯度可能会引发结构缺陷，特别是当过渡金属的浓度超过其溶解度极限时，会产生严重的结构缺陷（如晶型转换和微管缺陷）。碳化硅粉体纯度约为 1 ppm 时不会引发严重的缺陷，因此可用于 N 型或 P 型掺杂的碳化硅晶体的生长。如果使用钒（V）作为深度补偿量，则半绝缘材料中的杂质含量应不超过约 100 ppb。对于使用固有深能级进行电补偿的高纯度半绝缘（High Purity Semi-Insulating，HPSI）碳化硅，其原材料的纯度应至少为 10 ppb 级别。

碳化硅粉体的粒度、形貌和封装密度对碳化硅原材料的热导率、电导率以及升华再结晶行为都有影响，另一个较弱的影响因素是晶体生长过程的稳定性。高的封装密度是比较重要的，但是理论上很难预测不同碳化硅粉体的升华再结晶行为。在物理气相传输生长过程中，生长过程的稳定性对于长时间的反应过程非常重要。可以通过使用 2D 投影或更好的 3D 计算机断层扫描进行原位 X 射线可视化来确定特定的属性，如图 2-17 所示。

图 2-17　使用计算机断层扫描技术对物理气相传输生长过程进行三维原位 X 射线可视化：2 200 ℃ 时碳化硅晶体 PVT 生长界面的详细可视化

碳化硅粉体的导热性直接影响生长腔内部的温度场。由于原材料的多孔性和晶粒形貌的多样性，人们几乎不可能精确地预测其热性能。另外，碳化硅粉体在生长过程中会发生剧烈变化。如 Wellmann 等人的研究结果所示，如果在碳化硅源的上方形成了致密的碳化硅盘，则碳化硅粉体内部正在进行的过程可能会被晶体生长界面屏蔽。

除了热导率外，电导率在碳化硅晶体物理气相传输生长过程中也具有特殊的意义。在感应加热的情况下，至少一小部分电磁功率可以耦合到影响整个系统加热的原材料中。

粉体材料的其他性能与材料组成有关。在升华的动态过程中，粉体的尺寸和形态可能会影响生长腔内的 C/Si 比。根据文献报道，碳化硅粉体的晶粒尺寸对升华过程中的 C/Si 比有很大的影响，即大晶粒有利于 C/Si 比的增加。添加硅或钽作为碳的吸收剂可用于气相组成的微调，并且可通过添加氮、硼、铝或钒来掺杂生长中的碳化硅晶锭。

2.3.4 >> 碳化硅籽晶及其安装

大多数关于碳化硅晶锭生长的报道指出，碳化硅籽晶机械地附着在石墨生长腔顶盖的底部。有的研究利用数值模拟讨论了固定的籽晶因其与籽晶支架本身的热膨胀系数不同而受到的机械应力作用，并指出这可能造成位错和宏观缺陷。因此，籽晶应当被相对自由地固定以允许其自由膨胀，从而不会积聚压力。Tymicki 等人使用碳化硅籽晶的开放式背面生长得到了低缺陷密度的 4H-SiC 和 6H-SiC 晶体。

碳化硅籽晶和籽晶支架之间界面的不均匀，可能会导致较大的缺陷的产生，在物理气相传输生长过程中，由于空心核内的局部升华再结晶过程，这些缺陷可能会沿温度梯度方向迁移并贯穿晶体。这一现象在碳化硅的物理气相传输生长文献中已被反复提及，这表明必须要注意完善籽晶的安装工艺。

籽晶表面需要高质量的抛光，在某些情况下，化学机械抛光（Chemical Mechanical Polishing，CMP）可以确保一定的表面形貌质量。表面划痕可能会在物理气相传输生长初期引发外来晶型的成核。一些研究报道了在物理气相传输生长过程开始前，通过感应线圈的移动，使用反向温度场进行籽晶蚀刻的方法。在化学气相沉积碳化硅层的研究中，报道了氢气在物理气相传输生长装置中的应用，指出可以用氢气来改善生长初期碳化硅籽晶的表面。一般来说，在生长初期，籽晶处的成核是一个综合的过程，可能会受到外来碳化硅晶型在宏观台阶处成核的影响。因此，为了保持晶型的稳定性，初始生长阶段非常关键。

2.3.5 晶体形状控制

在惰性气体扩散限制的生长条件下，温度对于晶体生长的影响非常大，质量传输路径受到最高的局部温度梯度影响，晶体形状主要受生长腔内等温线的影响，这是许多实验室采用温度场数值模拟来优化碳化硅物理气相传输生长过程的主要原因之一。

高质量结晶的实现在很大程度上取决于结构缺陷的横向过度生长能力。除了减少缺陷外，还可以通过调整热条件和选择合适的坩埚内部设计来增大单晶直径。在简单的圆柱形气室中，碳化硅晶体会在升华生长过程中向其中延伸，建立凸的生长界面，这样可以引起晶体的横向扩展。Tairov 指出，为了增大单晶直径，碳化硅颗粒周围的多晶碳化硅边缘的生长速率 v_{poly} 应略小于中心单晶的生长速率 $v_{crystal}$，即 $v_{poly}/v_{crystal} \approx 0.95 \sim 0.96$，但要精确控制这些生长速率相当困难。

由于 4H-SiC 和 6H-SiC 的热膨胀系数各向同性，因此，单晶周围的多晶边缘不会对生长晶体造成机械应力。然而，不同碳化硅晶体表面自由能的各向异性导致其生长速率具有各向异性，这本身就会导致多晶向单晶区内生长。

为了进一步改善物理气相传输生长过程中的晶体扩展情况，Bang 等人设计使用一种平台来固定碳化硅籽晶，在这一条件的调节下，能够选择性地偏向于单晶碳化硅的生长而非多晶碳化硅的生长。[13] 在使用圆柱形平台的情况下，他们观察到了单晶区的横向扩展，其扩展角可达 20°；而采用更先进的锥形平台安装碳化硅籽晶时，可以保持横截面上的晶体扩展角达

45°。根据报道，锥形石墨籽晶平台的理想锥角为30°～50°。

2.3.6 晶体应力控制

热应力是碳化硅物理气相传输生长过程中产生位错的主要原因，其中剪切应力是生长晶体中位错密度的重要指标。为了减小晶体上有害的整体应力，温度场的优化必须特别考虑降低径向温度梯度。不与生长晶格侧壁接触的独立颗粒的生长和/或平坦的生长前沿可以使位错密度大大降低（$<10^3$ cm^{-2}）。

自早期的碳化硅物理气相传输生长开始，所谓的镶嵌结构就被认为是一种严重的缺陷结构。基本上，镶嵌表示相邻区域之间的偏移量，通常为0.1°～1°。从晶体学的观点来看，镶嵌在两个区域之间形成了小角晶界。在完整的衬底上，镶嵌会导致形成蜂窝结构或位错网络，其在碳化硅中典型的晶胞尺寸约为1 mm。虽然胞状结构在半导体砷化镓和金属中是常见的，但在碳化硅中目前并没有相关的研究报道。胞状结构的形成意味着位错在晶体中不是均匀分布的，而是受相邻位错的局部力作用而排列分布的。这些局部受力的理论模型及数值模型已经在金属材料中得到了应用[14]，但尚未在半导体材料中被报道。在碳化硅中，通常将基矢面视为位错滑移的主平面。对于高位错密度的情况（$>10^4$ cm^{-2}），此假设可能是成立的。但是在低位错密度的情况下（$<10^3$ cm^{-2}），也需要考虑沿棱柱面和棱锥平面的位错滑移以精确描述实验结果。

2.3.7 气相组成对晶体的影响

气相成分（C/Si比、惰性气体和掺杂物质）的调节是碳化硅升华生长的关键。C/Si比主要受生长腔内温度场的影响，并可由热力学数据确定。生长腔内石墨壁和相关条件对C/Si比的影响可以通过系统边界的相关化学反应来解释。

如果使用钽和/或碳化钽作为坩埚的结构材料，则对C/Si比以及生长条件（如生长速度）有很大影响。众所周知，钽会吸收碳，从而会降低气室中的 C/Si 比。研究表明，低的 C/Si 比有利于生长 3C-SiC 晶型，而 4H-SiC 的生长更倾向于富含碳的气体氛围。

对于碳化硅的故意掺杂，主要要求是要保持碳化硅中掺杂剂的浓度在溶解度极限以内，以防止产生结构缺陷。例如，在 4H-SiC 中，氮掺杂在 $10^{19} cm^{-3}$ 的掺入平衡浓度取决于以下两个前提：①尽可能高地掺杂以确保高的电导率；②足够低地掺杂以抑制由于基矢面位错离解为不全位错而引起堆垛层错。

2.3.8 保证晶型稳定生长的方法

在物理气相传输生长碳化硅的过程中，控制晶型稳定性是生长工艺设计中的一个重要任务，因为无法预测的晶型变化会造成碳化硅具有许多严重的结构缺陷（如位错，特别是微管缺陷等）。近年来，已经确定了许多基于热力学和动力学考虑的生长参数，这些参数会影响生长过程中形成的晶型结构类型，主要包括籽晶极性、生长温度、温度梯度、过饱和度、生长速率、生长界面上与温度梯度有关的 C/Si 比、掺杂以及和惰性气体压力有关的生长界面等。

从实用的角度来看，4H-SiC 在 ($000\bar{1}$) 碳面上的生长在高 C/Si 比时比较有利，而它在 (0001) 硅面上不生长。4H-SiC 在 2 000 ℃ ~ 2 200 ℃ 的较低温度范围内生长更良好，并且氮掺杂可以使其晶型稳定。6H-SiC 在 (0001) 硅面和 ($000\bar{1}$) 碳面上的生长非常稳定，可采用 2 200 ℃ ~ 2 400 ℃ 范围内的较高生长温度。为了与 4H-SiC 实现选择性生长，6H-SiC 可以在 2 300 ℃ 左右的籽晶 (0001) 硅面上稳定生长。15R-SiC 夹杂物生长在 (0001) 硅面和 ($000\bar{1}$) 碳面，其稳定生长条件为在 (0001) 硅的籽晶面上和低 C/Si 比的情况下生长。然而，15R-SiC 在技术方面尚未实现大规模商用。使用籽晶 (0001) 取向的硅面、富含硅的气相和高过饱和度的生长界面，采取升华法生长 [111] 取向的 3C-SiC 晶体的效果最佳。这些实验结果与 Tairov 和 Tsvetkov 的结论一致，即（0001）碳化硅生长界面处的 C/Si 比会影响 Si-C 双层的堆积顺序，进而影响生成的碳化硅晶型。因此，富含碳的气相有利于 4H-SiC 等六边形晶型的生长，不利于 15R-SiC 和 6H-SiC 的生长，而富含硅的气相则与之相反，更利于立方晶型碳化硅的形成。

基于以往研究中获得的各种碳化硅晶型的热力学数据，Kakimoto、Shiramomo 和 Araki 等人利用二维成核理论对碳化硅物理气相传输生长过程中的晶型稳定性进行了分析。他们从 C/Si 比、掺杂和惰性气体施加的总压力以及籽晶极性方面研究了气相组成的影响，从理论上预测了最稳定的碳化硅晶型，且建模结果与碳化硅晶型稳定性的标准实验结果非常吻合。值得注意的是，各种碳化硅晶型的表面自由能以及物理气相传输坩埚内气体成分 Si、Si_2C 和 SiC_2 界面的温度相关分压是建模的主要输入参数。

2.3.9 掺杂

碳化硅掺杂的主要掺杂剂是氮（浅施主）、铝（浅受主）、硼（浅受主）和钒（深施主或受主），但是大规模的碳化硅晶锭生长过程中不使用磷（浅施主）。

可以将氮气注入生长腔，并通过部分多孔的石墨扩散，其在晶体生长界面前的扩散基本不受阻碍。在碳化硅的晶格中，氮占据了碳的位置。在（000$\bar{1}$）碳表面上的掺入要比在（0001）硅表面上的黏着系数高 2~3 倍。在同轴或略偏轴取向的籽晶上生长的晶体切面区域中的掺入更强。在将热区安装到生长装置期间，石墨隔离材料表面上吸附的残留氮可能会在初始生长时间内形成不想要的背景掺杂，进入碳化硅颗粒中。

浅受主铝可以作为固体掺杂剂添加。但是，由于其分压比 Si、Si_2C 和 SiC_2 高得多，因此在大面积物理气相传输生长碳化硅时很难控制其掺杂。基于此，研究者开发了改良版的物理气相传输（M-PVT）方法，该法将掺杂剂利用气体形式通过管道输送到生长腔中。使用 M-PVT 对 4H-SiC 颗粒进行均质铝掺杂后的掺杂浓度高于 10^{20} cm^{-3}，电阻率低至 0.1 Ω·cm。

从技术上讲，受主硼的 P 型掺杂可以简单地通过将掺杂剂添加到碳化硅原料中进行。与铝相比，硼具有更大的电活化能（350 meV vs. 250 meV，低掺杂水平的情况下）。因此，硼主要用于电补偿材料，而铝则用于制备 P 型导电材料。

半绝缘碳化硅的第一次实现是通过钒的深电子能级掺杂完成的，该电子能级表现出三种不同的价态，即 V^{3+}、V^{4+} 和 V^{5+}。碳化硅类施主的 V^{4+} 跃迁至 V^{5+} 的跃迁能约为 1.6 eV，并补偿了硼和铝之类的残留受主，因此能够形成高于 10^{15} Ω·cm 的高电阻率。类受主的 V^{4+} 跃迁至 V^{3+} 的跃迁能约为 0.8 eV，可以补偿低掺杂的 N 型碳化硅，在这种情况下，可形成高达 10^{11} Ω·cm 的电阻率。

值得注意的是，使用硼和氮的化学浓度约为 2×10^{15} cm^{-3}（或更低）的高纯度碳化硅粉体，可以生产无钒的高纯度半绝缘（HPSI）6H-SiC。残余掺杂的补偿是通过碳化硅的固有缺陷实现的，最有可能的是自由的碳空穴，或者可以通过其他杂质的空穴络合物负责掺杂补偿。HPSI 碳化硅的电阻率值通常约为 10^{10} Ω·cm。但是，若在器件加工过程中对碳化硅衬底进行不正确的热处理，可能会改变其固有缺陷的平衡，从而破坏碳化硅材料的半绝缘性能。

2.3.10 ▶▶ 终止生长过程

在晶体生长过程结束时，将晶体冷却至室温是最终的关键步骤。从坩埚中散发出来的热量会产生有害的热应力，在晶体加工过程中可能会产生较大的衬底弯曲甚至导致裂片。解决晶体生长中这一问题的一个简单方法是延长冷却时间。为了加快冷却进程，另一更先进的技术是只对生长体系进行部分加热，使晶体处于较低的温度梯度下。

2.3.11 ▶▶ 通过生长参数定制晶体特性

晶体特性的控制对碳化硅晶体的工业应用至关重要。其中，碳化硅晶体的晶粒直径、晶型和晶体缺陷密度是实现高可靠性、低成本碳化硅半导体器件的重要影响因素。这一部分，将重点讨论碳化硅晶锭生长中的晶体直径增大和晶型控制。

大直径碳化硅衬底的主要作用是可以降低碳化硅器件的成本，成本的降低也可以通过规模经济和使用技术已经成熟的硅或砷化镓器件生产线来实现。这方面，业界在过去十多年中做了大量努力，制造出了直径高达200 mm 的全单晶碳化硅衬底。图 2 - 18 为美国科锐公司制造的直径为200 mm 的 4H-SiC 衬底的照片。由于缺乏在不降低晶体质量的情况下扩大高质量碳化硅晶体直径的有效方法，因此碳化硅晶体的质量通常随着晶体直径的增大而下降。随着晶体直径的增大，高质量碳化硅晶体的生长变得越来越困难，在直径增大的过程中，各种技术问题也越来越明显。

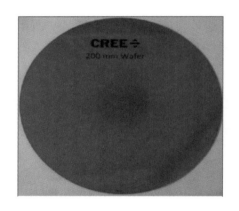

图 2 - 18　直径为 200 mm 的 4H-SiC 衬底的照片

碳化硅生长过程中的温度梯度过大是随晶体直径增大而出现的相关问题的主要成因。在晶体生长过程中，当晶体的中心与边缘的温差较大时，晶体会受到较大的热弹性应力。对生长晶体中的温度分布进行的数值模拟表明，对于直径较小的晶体，例如直径为 50.8 mm 的晶体，其生长过程中的温差相对较小。但是如果直径增加到 150 mm，这种温度差异将高达50～60 K，如此大的温差将会对生长的晶体施加较大的热弹性应力，并经常导致晶体出现裂纹。随着晶体直径的增大，碳化硅衬底的边缘经常出现与生长方向平行的裂纹，这意味着在衬底边缘的切面方向上存在较大的热弹性应力，这种开裂问题严重阻碍了大直径（>100 mm）碳化硅晶体的生长。

大直径碳化硅晶体中存在较大的温差，还会产生另一个问题，即引入晶体中的基矢面位错浓度相对较高。碳化硅晶体的直径越大，基矢面位错的密度越高。这是由于在大直径碳化硅晶体生长过程中，碳化硅晶体的非均匀强化加热会导致较大的温度梯度。基矢面位错是碳化硅器件中最有害的缺陷之一，所以需要从碳化硅晶体中消除。基矢面滑移（$\{0001\}<\overline{1}\overline{1}20>$）是六方碳化硅晶体中观察到的主要滑移，因此4H-SiC晶体中相对容易产生基矢面位错的滑移和倍增。特别是在高温下，4H-SiC晶体基矢面滑移的临界剪切应力（Critical Shear Stress，CSS）显著降低，从而使高温物理气相传输生长过程中的问题更加严重。

为了解决这些问题，需要对晶体生长过程中的短时和连续加热过程进行严格控制。然而，这种生长参数的实验优化往往需要花费大量的精力和时间。因此，可以采用对坩埚内的温度分布进行数值模拟的方法，通过这种方法可以成功地将碳化硅晶体的直径扩大到200 mm而不出现裂纹，并且所生长的直径为200 mm的4H-SiC晶体显示出相对较低的基矢面位错密度。

在碳化硅晶体的液相生长中，大直径晶体的生长基本上采用顶部籽晶液相生长（TSSG）的方法。长期以来，在TSSG法中，当籽晶浸入溶液（溶解有碳的液态硅或硅基液态合金）时，常在籽晶周围寄生沉积多晶碳化硅。寄生沉积不仅阻碍了晶体直径的增大，还大大降低了晶体的结晶质量。为了解决这些问题，日本丰田汽车公司的一个小组提出了一种名为"弯月面控制（meniscus-controlled）"生长的新型籽晶处理技术。在使用该技术生长碳化硅时，生长的碳化硅晶体和熔体之间会形成弯月面桥，如图2-19所示。具体步骤为：将籽晶浸入溶液中，然后从溶液表面向上轻轻拉动，以调整弯月面高度和角度。该技术成功地抑制了多晶碳化硅的寄生沉积，并在用溶液法生长碳化硅的过程中成功地实现了晶体直径的增大。在该技术中，可以通过控制弯月面角度来调整增大的程度，角度可以从 22°（直径收缩）控制到 61°（直径增大）。该技术有效防止了寄生沉积，延长了溶液生长过程，使 4H-SiC 晶体的长度超过了 10 mm。

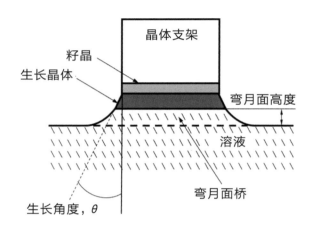

图 2-19　弯月面控制生长技术示意图

碳化硅晶体的一些重要的晶体性质是由不同的碳化硅晶型决定的。由于 4H 晶型在器件应用中具有很多优点，如具有大的带隙、高的电子迁移率以及近似各向同性的性质，因此其比其他晶型引起了更多的关注。然而，从实验上看，4H-SiC 晶体的生长条件比其他晶型（如 3C-SiC 和 6H-SiC）更难获得。碳化硅晶体的晶型被认为是由晶体生长的热力学（能量学）和动力学之间的相互作用决定的。决定碳化硅晶体生长晶型的动力学原理是螺旋生长机制，其中，从生长晶体表面的螺旋位错产生点延伸出来的凸台阶是碳化硅晶型堆叠的来源，其通过台阶流机制驱动生长晶体延续底层晶体的晶型。关于碳化硅晶型成因的理论已有大量文献，研究人员从碳化硅晶体生长的热力学和动力学角度讨论了各种碳化硅晶型的形成。碳化硅的短周期晶型（如 3C、6H、4H 和 15R）的出现主要受碳化硅晶型的生成焓和气相组成等热力学影响，而碳化硅的长周期结构则被认为是由生长动力学决定的，如由螺旋位错引起的螺旋生长。尽管有了这些理论研究，但碳化硅晶锭生长过程中晶型形成的其他方面仍然需要进一步探索。

Knippenberg 根据碳化硅晶体的气相自发成核得到了一些碳化硅晶型的热力学性质，如图 2-20 所示。他研究统计了 Lely 炉中的晶型现象，并指出 4H 晶型是一个平衡相，其生成温度比 6H 晶型的更低，且温度范围更窄。15R 晶型常出现在碳化硅的晶锭生长中，但在碳化硅的物理气相传输和溶液生长的温度范围内，15R 晶型是亚稳晶型，因为 15R 晶型的大晶体仅在 2 723 K 左右的极窄温度范围内稳定，而 3C 晶型在所有温度下都是亚稳状态的。

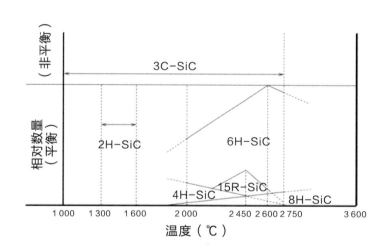

图 2-20 碳化硅晶体结构与每种晶型生成温度之间的关系，其中包括不同六边形和菱形结构中碳化硅的相对含量

在一定的晶体生长条件下，当生长速率从几百 μm/h 到 1 mm/h 的数量级时，热力学和动力学效应对晶型稳定性的相对影响可能并不明显。然而应该指出的是，在物理气相传输生长中，4H 与 6H 晶型的温度依赖性与 Knippenberg 观察到的相似。气相的化学计量比在碳化硅晶体生长中也起着重要的作用，较高的 C/Si 比有利于 4H 晶型的形成，这与六方型增强的结构中硅与碳空位的相对浓度较高有关。在原材料中掺杂一些杂质（如钪、

铈等）也有利于 4H-SiC 的形成，它们在碳化硅中具有溶解度低（10^{16} cm^{-3}）的特点，并被认为是改变原子核表面能的"表面活性剂"。相比之下，氮也可以稳定 4H 晶型，并且可以高度结合在碳化硅晶体中（$>10^{20}$ cm^{-3}）。在生长区注入大量的氮，可以提高生长表面的 C/Si 比，稳定更多的六方晶型（即 4H-SiC）。

籽晶的表面极性在很大程度上也会影响晶型的形成。表 2 - 3 总结了碳化硅物理气相传输生长过程中籽晶表面极性对晶型形成的影响。4H 晶型只生长在（000$\bar{1}$）碳表面，而 6H 和 15R 晶型则主要生长在（0001）硅表面，与籽晶的晶型无关。即使使用 4H 晶型的籽晶，4H-SiC 也不会生长在其（0001）硅表面。相比之下，4H-SiC（000$\bar{1}$）碳籽晶上会优先生长 4H 晶型的碳化硅晶体，因此使用这种籽晶具有很大的优势，可用于获得单晶4H-SiC。这些表面极性效应可由（000$\bar{1}$）碳表面上的 sp^2 杂化键解释，或者正如最近的报道，是由表面能的差异［即（0001）硅与（000$\bar{1}$）碳之间的相互作用］或 4H 与 6H 晶型生成焓的差异造成。

表 2 - 3　不同晶型和表面极性的籽晶上生长的碳化硅晶型

晶型	籽晶表面极性	生长晶体主要晶型
6H	（000$\bar{1}$）C	4H，6H
	（0001）Si	6H（通常混有 15R）
4H	（000$\bar{1}$）C	4H
	（0001）Si	6H（通常混有 15R）

2.4 ▶▶▶ 高温化学气相沉积

2.4.1 ▶▶▶ 化学气相沉积简介

化学气相沉积的方法主要是在一个垂直结构的石墨坩埚中，通入由下向上运输的前体气体和载气，经过一段加热区后到达放置在顶端的籽晶夹具处。在加热区域内部，前体气体完全分解并发生反应，由于分解的气体在气相中高度过饱和，结果就通过均匀相成核形成硅和碳化硅团簇，这些团簇充当了在籽晶上生长碳化硅晶锭过程中实际的原材料。化学气相沉积被广泛用于制备 4H-SiC 外延，典型生长厚度为 10 ~ 100 μm，以满足功率电子器件所需层结构的要求。在 1 500 ℃ ~ 1 700 ℃ 的热壁反应腔中，偏轴取向（例如偏轴 4°）的衬底的生长通常用硅烷（SiH_4）、丙烷（C_3H_8）、氢气（H_2，载气）、氮气（N_2，施主掺杂气体）和三甲基铝［$Al(CH_3)_3$，受主掺杂气体］作为化学前体。卤化物气相沉积可以用于减少寄生沉积和提高生长速率。

用于制备外延碳化硅层的生长反应腔的设计主要包括线性气体流型（如卧式多衬底反应腔）或同心径向气体流型（如行星式多衬底反应腔）的单衬底和多衬底热壁系统。

为了实现外延层的高结晶度，必须使用偏轴取向的（0001）碳化硅衬底，该衬底可提供稳定平滑的台阶流生长模式，并防止六边形籽晶上的无序成核。在适当的生长条件下，台阶流生长模式应避免台阶聚束缺陷，因为它是外延层中各种结构缺陷的主要来源。使用氯化前体气体可能可以显著提高最大生长速率。掺杂均匀性可通过外延反应腔的热设计实现，在整个衬底表面上均可呈现出恒定的生长温度。

一般而言，在化学气相沉积期间，通过在生长表面上等量供给碳和硅，可以限制在同质外延沉积碳化硅期间的生长速率。为了方便起见，将输入生长反应腔的前体气体的 C/Si 比用作描述生长过程的定量值。在碳化硅化学气相沉积生长过程的详细数值模拟中，Nishizawa 等人详细阐述了在生长界面处的碳和硅的数量与输入口的值存在显著差异。因此，需要用碳化硅衬底表面的 C/Si 比来解释其生长特性，而不是用输入口的 C/Si 比来解释，后者主要应用于化学气相沉积同质外延生长过程的数值模拟。

除了生长速率外，气相 C/Si 比的变化对缺陷的生长动态也有很大的影响。低 C/Si 比可能导致线缺陷的横向过度生长，如微管缺陷。微管缺陷源于碳化硅衬底，一旦其进入外延层中会导致器件立即失效。外延生长过程中的另一个重要目标是减少限制碳化硅双极器件寿命的基矢面位错，因为偏轴取向的（0001）碳化硅衬底中的基矢面位错可能会传播到外延层中。

碳化硅外延技术的发展还包括在硅衬底上异质外延立方碳化硅层，用于中压的应用。

2.4.2 高温化学气相沉积简介

高温化学气相沉积（HTCVD）有望成为制备 4H-SiC 晶锭的另一种方法。在此方法中，通过在 1 700 ℃ ~ 2 600 ℃ 的高温下向籽晶提供原料气体来生长碳化硅晶体，其中可单独控制硅和碳气体的流速。高温化学气相沉积是一种有希望通过连续供应原料气体获得较长 4H-SiC 晶锭的方法，据报道，生长的晶体长度可超过 40 mm。该方法也有利于在使用高纯原料气体时实现 4H-SiC 晶锭的高质量生长，减少金属污染。

对于 4H-SiC 垂直功率器件的制备，需要切割出一种低电阻率的 4H-SiC 晶锭用作外延层外延生长的衬底。氮掺杂是提供低电阻率 N 型 4H-SiC 晶体的最常用技术，在物理气相传输和溶液生长的方法中，人们广泛讨论了在不同生长参数下将氮掺入 4H-SiC 晶体的方法，利用高温化学气相沉积也获得了氮浓度为 10^{18} cm^{-3} 的 4H-SiC 导电晶体。

Norihiro Hoshino 的小组研究了用高温化学气相沉积法快速生长 4H-SiC

晶体时的限制因素，讨论了生长速率与晶体质量之间的权衡关系，并且提出了在超过 2 mm/h 的高生长速率下如何平衡提高生长速率与改善晶体质量之间关系的技术。在他们的研究中，提出了氮掺杂效率对生长条件和生长速率的依赖关系，同时证明了通过该法可获得超过 10^{18}cm^{-3} 的高氮掺杂量，而且可以同时获得高生长速率和高晶体质量。

2.4.3 实验装置

高温化学气相沉积实验所用的反应器主要包括位于底部的气体喷射器、中间被圆柱形石墨墙（坩埚）包围的热区（裂化区）和顶部的容纳籽晶的容器，如图 2-21（a）所示。热区由感应线圈加热。通过测得的反应器背面和反应器中部的两个实验温度值，对反应器和晶体内部的热分布进行二维模拟，以估算每个实验中的籽晶温度。该法采用 H_2—SiH_4—C_3H_8—N_2 气体系统进行晶体的生长，每种气体均从气体喷射器中供入，并随着向上的气流流入热区。将物理气相传输生长制备的 4H-SiC（000$\bar{1}$）碳籽晶安装在接收器上，由热分解产生的原料气体随后会在籽晶表面结晶从而生成碳化硅晶体。大多数生长实验使用直径为 50 mm 的籽晶切割截面（约 250 mm^2）进行，接收器转速为 20 rpm。实验中将系统压力固定在 93 kPa，籽晶温度、SiH_4 分压和 C/Si 比分别控制在 2 350 ℃ ~ 2 550 ℃、4.0 ~ 19.6 kPa 和 0.8 ~ 1.0，然后将接收器转速控制在 20 ~ 1 600 rpm 以考察转速对生长速率和晶体质量的影响。通过改变 N_2 或 H_2 的流量可使 N_2 分压在 9 ~ 8 200 Pa 范围内变化。H_2、SiH_4 和 N_2 的输入流量分别控制在 7 ~ 20 slm、0.8 ~ 2.0 slm 和 1 ~ 1 000 sccm。

如图 2-21（b）所示，在籽晶上的生长层具有三层结构。当逐渐增加 SiH_4 和 C_3H_8 的输入流量时，开始形成了第一层（中间层）。从图中可以看出，籽晶被 H_2 蚀刻，在开始第一层生长之前，其外围变得圆滑。第二层（恒定生长层）在固定的气流条件下形成，时间为 10 ~ 20 min。第三层（保护层）的形成是为了使第二层在原料气体停止供应后的冷却期间免受热蚀刻。由于第二层比其他层掺杂了更多的氮，所以可以通过晶体颜色的不同确定其在固定气流条件下的生长。

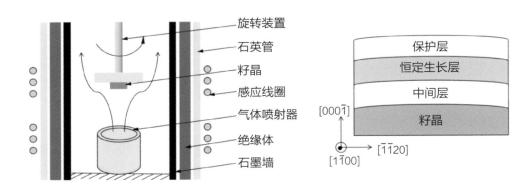

（a）高温化学气相沉积反应器示意图　（b）典型的生长在偏轴4°的籽晶上的晶体结构

图 2 - 21　高温化学气相沉积实验装置

2.4.4 提高生长速率的措施

在使用 H_2—SiH_4—C_3H_8—N_2 气体系统的高温化学气相沉积中，可使用超过 2 500 ℃ 的极高热区温度来实现高生长速率。图 2 - 22（a）为晶体的生长速率与 SiH_4 输入分压的关系图。其中系统压力和籽晶温度分别固定为 93 kPa 和 2 550 ℃。通过控制 SiH_4 和 H_2 的输入流量控制 SiH_4 的输入分压，而将 C_3H_8 的输入流量设置为保持 C/Si 比在 0.9。籽晶转速固定为 20 rpm。碳化硅的生长速率随原料气体 SiH_4 输入分压的增加而线性增加，并在 19.6 kPa 时达到 9.6 mm/h 的极高的生长速率。根据生长速率和 SiH_4 输入分压之间的线性关系 [图 2 - 22（a）中的虚线]，可以推断出当分压为 0 时具有约 - 4 mm/h 的负生长速率，表明 H_2 对 4H-SiC 具有强蚀刻作用，并且蚀刻产物会在 2 550 ℃ 的高温下升华。

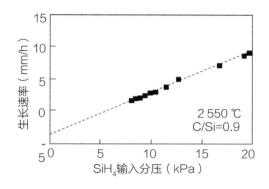

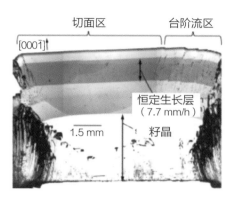

（a）在固定 C/Si 比为 0.9，系统压力为 93 kPa，籽晶温度为 2 550 ℃ 的条件下，生长速率与 SiH$_4$ 分压的关系

（b）以 7.7 mm/h 的生长速率获得的恒定生长层晶体的横截面光学图像

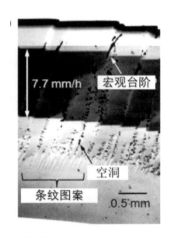

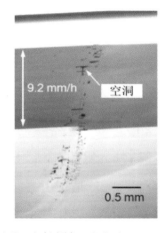

（c）生长层台阶流区（7.7 mm/h）的放大截面光学图像

（d）生长层切面区（9.2 mm/h）的放大截面光学图像

图 2-22　碳化硅晶体生长速率与 SiH$_4$ 输入分压的关系及晶体生长的截面图

生长速率（Gr）与原料气体输入分压的关系可由赫茨克努森方程导出：

$$Gr \propto \frac{P_x - P_e}{RT} \cdot \frac{D}{\delta} \tag{2.8}$$

$$\delta \propto (UP)^{-0.5} \tag{2.9}$$

式中 P_x 为原料气体分压，P_e 为平衡蒸气压，R 为气体常数，T 为籽晶温度，D 为气体组分的扩散系数，δ 是静止衬底上方气体边界层的厚度，U 是气体流速，P 是系统压力。由于 P 和 T 是固定值，因此在本实验中 P_e 和 D 是恒定的。总的气体输入流量（$f_{SiH_4} + f_{C_3H_8}$）在 10～13 slm 范围内变化时对 U 的影响较小，在实验中 δ 的变化保持在 ±7% 范围内，这意味着在理想情况下，生长速率与 P_x 几乎呈线性关系。有人指出，在原料气体的高输入分压下，气相中团簇的均匀成核会限制原料气体成分在生长表面的及时供应并影响生长速率。通过实验验证，在生长速率呈线性增长时，输入的原料气体的分压也能有效地促进热区 P_x 的增强，即使 SiH_4 分压高达 19.6 kPa，也没有因为热区的气相团簇的形成造成任何重大压力损失。热区温度高达 2 700 ℃，比籽晶温度高 100 ℃～150 ℃，即使在较高的原料气体分压条件下也能有效地防止气相团簇的形成，并实现超过 9 mm/h 的超高生长速率。

图 2-22（b）显示了恒定生长层以 7.7 mm/h 的速率生长和氮掺杂浓度为 8.0×10^{18} cm^{-3} 时获得的生长晶体的横截面光学图像。籽晶、中间层、恒定生长层、保护层的氮掺杂浓度分别为 1×10^{17} cm^{-3}、4×10^{18} cm^{-3}、8×10^{18} cm^{-3}、4×10^{18} cm^{-3}，各层的横截面图像对比度反映了不同的氮掺杂浓度。如图 2-22（b）中左侧所示，（0001）切面区呈现较暗的晶体颜色，其在生长晶体的上台阶侧形成并扩展。螺旋生长模式在（0001）切面区域中占主导地位，由螺旋位错提供螺旋台阶，由于使用的是切下的籽晶，在生长晶体的下台阶侧 [图2-22（b）中右侧] 促进了台阶流生长模式。切面区和台阶流区晶体颜色的显著变化表明，不同生长模式的氮掺入效率存在显著差异。

同一晶体台阶流区的放大图像如图 2-22（c）所示。在恒定生长层的顶部可以清楚地观察到向台阶流区 $[1\bar{1}20]$ 方向前进的高度约为 100 μm 的大型宏观台阶，许多空洞形成了一个队列。在生长的晶体中还发现了浅色和深色条纹图案，这表明存在部分掺杂波动。浅色和深色条纹图案分别与宏观台阶的侧壁和（0001）台阶相重合，表明这些图案的形成是由于宏观台阶侧壁与台阶的氮掺杂效率的不同造成的，其中侧壁的氮掺杂效率低于（0001）台阶。较高氮浓度的深色区域对应于生长期间已覆盖（0001）台阶的区域。这些空洞在浅色区域排列，表明它们是在生长过程中在宏观台阶的移动边缘形成的。通过横截面 X 射线形貌分析证明位错产生于空洞开始生成时。仅在以高于 ~2 mm/h 的速率生长的晶体中才能观察到类似的部分掺杂波动和台阶流区的空洞形成，其中宏观台阶聚束随生长速率的增大而增加，这可能是使用切下的籽晶进行碳化硅生长时提高生长速率的一个限制。

相反，在切面区，即使以 7.7 mm/h 的超常生长速率（可能比传统升华法高出约 20 倍）生长碳化硅，也能够获得表面光滑、无空洞形成或部分掺杂波动的高质量晶体，如图 2 – 22（b）所示。螺旋位错促进的螺旋生长形成了向 [1$\bar{1}$00] 方向推进的六边形表面台阶。同时，在切面区中不存在宏观台阶聚束，这可能反映了螺旋台阶的特征，其不同于台阶流区向 [11$\bar{2}$0] 方向前进的台阶。然而，在以超过 9 mm/h 的速率生长的晶体中，观察到了从切面区开始的空洞阵列，如图 2 – 22（d）所示。这意味着即使在螺旋生长模式下，要实现接近 10 mm/h 的极高生长速率，也可能会出现另一个问题，即宏观台阶聚束的大小可能会在不同的台阶密度（或偏角）和台阶方向上变化，因此需要进一步研究螺旋台阶和偏斜台阶中的不同特征。

2.4.5 晶体质量与生长条件分析

平均宏观台阶高度与生长速率之间的关系如图 2 – 23（a）所示。在 C/Si 比值保持在 0.9，籽晶温度为 2 550 ℃，系统压力为 93 kPa 的条件下，生长速率随 SiH$_4$ 和 C$_3$H$_8$ 输入分压的变化而变化。平均宏观台阶高度根据在台阶流区恒定生长层顶部观察到的宏观台阶高度计算得出。当生长速率从 2.9 mm/h 提高到 3.3 mm/h 时，宏观台阶高度从 4.5 μm 急剧增加到 38 μm；当生长速率超过 9 mm/h 时，宏观台阶高度饱和在 ~110 μm 的范围。

原料气体输入分压的增加可能导致气体成分的变化，原料气体种类向生长表面的过度供应会导致宏观台阶聚束以高于 ~3 mm/h 的速率生长。为了区分高生长速率下宏观台阶聚束演化的原因，在相同的气体成分下，仅通过改变籽晶的旋转速度来改变生长速率进行研究。图 2 - 23 （b） 显示了当籽晶温度、C/Si 比、SiH4 分压分别固定在 2 550 ℃、0.9、8 kPa 时，生长速率与籽晶转速关系的模拟和实验结果。在模拟结果中，转速在20 ~ 400 rpm 范围内会保持几乎恒定的生长速率，而当转速超过 400 rpm 时，生长速率会随着转速的增加而显著增加。实验结果与模拟结果一致，转速由20 rpm 提高到 1 600 rpm 时，生长速率由 2.1 mm/h 提高到 3.4 mm/h。根据边界层理论，高速旋转衬底的生长速率 δ 可以表示为以下方程式：

$$\delta \propto (\omega P)^{-0.5} \tag{2.10}$$

$$Gr \propto \frac{P_x - P_e}{RT} \cdot D (\omega P)^{0.5} \propto (\omega)^{0.5} \tag{2.11}$$

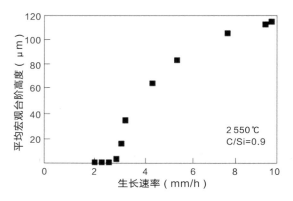

（a） 平均宏观台阶高度与生长速率之间的关系

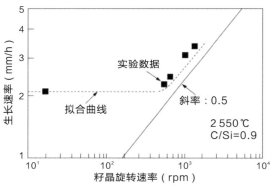

（b） 生长速率与籽晶转速关系的模拟和实验结果

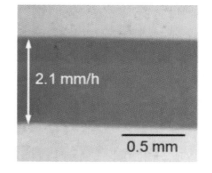

（c） 生长速率为 2.1 mm/h 时的图像

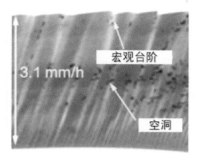

（d） 生长速率为 3.1 mm/h 时的图像

图 2 - 23　不同生长速率下的平均宏观台阶高度及晶体截面图像

其中，ω 是衬底旋转速度，而 Gr 由方程导出。

在固定温度，系统压力和原料气体分压为定值的情况下，生长速率可以简单地与 $\omega^{-0.5}$ 成比例。

转速超过 700 rpm 时生长速率的模拟和实验结果与式（2.11）预期的 0.5 的斜率相一致［图 2 - 23（b）中的实线］。结果表明，边界层厚度的减薄效应在小于 400 rpm 的转速下可以忽略，在高于 700 rpm 转速的条件下变得突出，并且此时的生长速率遵循式（2.10）和（2.11）。

宏观台阶聚束和空洞的形成类似于在 20 rpm 的转速下通过提高原料气体的分压以获得超过 2 mm/h 的生长速率的情况。这意味着提高原料气体的分压使气体成分发生改变并不是导致台阶流区宏观台阶聚束形成的原因，真正原因为初始气种通过边界层向生长表面供气速率的过度增加。当籽晶温度从 2 350 ℃ 升高到 2 550 ℃ 时，需将 SiH_4 分压从 4.0 kPa 增加到 10.1 kPa，用以补偿因温度升高带来的 H_2 对碳化硅的热蚀刻和升华引起的生长速率的下降，以保持 3 mm/h 的生长速率。宏观台阶高度随着籽晶温度从 2 350 ℃ 到 2 550 ℃ 的升高而降低，如图 2 - 24（a）所示。在物理气相传输生长中也报道了类似的趋势，即在升高的温度下会出现明显的台阶聚束，即使在实验中具有更高的生长速率。

平均宏观台阶高度和生长速率对 C/Si 比的依赖关系如图 2 - 24（b）所示。当 C/Si 比值在 0.90 ~ 0.95 范围内，宏观台阶高度最小。当 C/Si 比在 0.80 ~ 0.95 范围内，生长速率随 C/Si 比的增大而增大。当 C/Si 比超过 0.95，生长速率基本不变，这表明在富碳条件下（C/Si > 0.95），硅的供应限制了生长速率的继续提高；而在富硅条件下（C/Si < 0.95），碳和硅原料气体的有效供应在 C/Si = 0.95 时达到平衡。

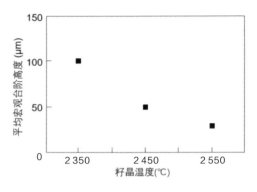

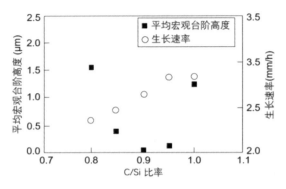

（a）平均宏观台阶高度与籽晶温度的关系　（b）平均宏观台阶高度和生长速率对

C/Si 比的依赖关系

图 2-24　平均宏观台阶高度的影响因素

在高温化学气相沉积中，取决于生长速率和 C/Si 比的宏观台阶的形成趋势与化学气相沉积 4H-SiC 外延生长的实验结果相吻合。Ishida 等人提出了化学气相沉积 4H-SiC 外延生长过程中宏观台阶形成的"团簇效应（the cluster effect）"模型。根据这一模型，宏观台阶的形成是由生长表面上碳或硅的气体过量供应时形成的碳或硅团簇导致，当硅源的供应与碳源的供应达到平衡时，碳或硅团簇的形成最少。该模型还阐述了可以通过提高生长速率，即增大原料气体的输入流量来增强宏观台阶的形成。结合团簇效应模型和研究的实验结果可以发现，在适当的 C/Si 比条件下，如果碳和硅源气体在通过边界层时供给速率过大，则会促进宏观台阶的形成，当过量的碳或硅源气体供给量达到最小化时，宏观台阶的形成就会受到抑制。在高的生长速率下，高温化学气相沉积中宏观台阶聚束的演化与生长表面过多的碳或硅原子/团簇有关。籽晶温度的升高可能导致表面碳或硅团簇形成的减少。

研究人员在氮掺杂浓度为 1.1×10^{19} cm^{-3} 的条件下，以 3.1 mm/h 的高生长速率获得了局部掺杂波动轻微、宏观台阶聚束少和台阶流区无空洞形成的高质量生长层。根据同一晶体的横截面同步辐射白光 X 射线形貌（Synchrotron White-beam X-ray Topography，SWBXT）（g = 0004，如图 2-25 所示），发现螺旋位错从籽晶传播到了生长晶体。在生长层中观察到了一些螺旋位错的偏转，这表明螺旋位错在基矢面上可能暂时转变为了 Frank 型部分位错。在图像的切面区和台阶流区均未发现螺旋位错和宏观缺陷的产生，表明生长的晶体具有较高的质量。生长晶体中的螺旋位错密度（$6.7 \times 10^2 \text{ cm}^{-2}$）与籽晶中的螺旋位错密度几乎相同（$8.2 \times 10^2 \text{ cm}^{-2}$），表明即使在 3.1 mm/h 的高生长速率下，籽晶的螺旋位错密度也是可以稳定的。

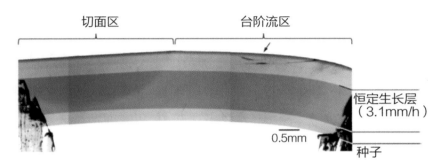

（a）晶体横截面的光学形貌图像

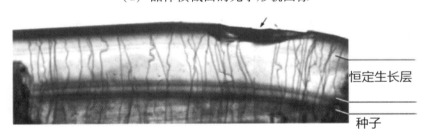

（b）晶体横截面的同步辐射 X 射线形貌图像（$g = 0004$）（其中生长速率：3.1 mm/h；籽晶温度：2 550 ℃；SiH_4 分压：10.1 kpa；C/Si 比：0.90；转速：0 rpm）

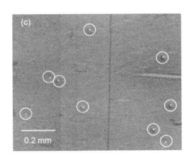

（c）生长晶体表面的同步辐射 X 射线形貌图像（$g = 1128$）

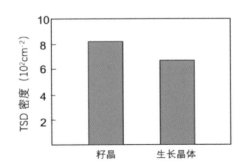

（d）籽晶和生长晶体的螺旋位错密度直方图（25 mm^2 范围内）

图 2 - 25　晶体的形貌表征和螺旋位错密度对比

2.4.6 氮掺杂效率

下面将举例说明氮掺杂工艺中各个参数的影响。氮掺杂浓度和生长速率对 N_2 输入分压的依赖性如图 2-26 所示，因此可通过控制 N_2 的输入流量来改变 N_2 的输入分压，在该例中，籽晶温度为 2 550 ℃，C/Si 比为 0.9，系统压力为 93 kPa，转速为 20 rpm。对恒定生长层的氮掺杂浓度进行评估后发现，切面区的氮浓度比台阶流区的高约 1.7 倍。N_2 输入分压在 0.88 kPa 以下时，氮掺杂浓度随 N_2 输入分压的增大而增大，最大超过 2×10^{19} cm^{-3}。在 4.3 ~ 8.2 kPa 的 N_2 分压范围内，氮的掺入浓度在 5.0×10^{19} cm^{-3} 处饱和。同时，当 N_2 输入分压从 0.18 kPa 增加到 8.2 kPa 时，生长速率从 2.6 mm/h 下降到 0.5 mm/h。在一定的 SiH_4 气体流量下，引入分压为 8.2 kPa 的 N_2 后，SiH_4 分压由 9.8 kPa 下降到 9.0 kPa。根据生长速率与 SiH_4 分压之间的关系，SiH_4 分压的降低预计只会导致生长速率下降约 10%（从 2.6 mm/h 降至 2.3 mm/h）。从计算模拟分析（未显示）预测，将 N_2 分压增加到 8.2 kPa，其对反应腔热区温度分布的影响可以忽略不计。因此，通过分配高的 N_2 分压，可以排除将 SiH_4 分压和温度的变化作为生长速率显著下降的影响因素。

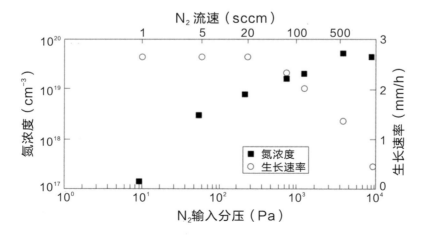

图 2-26　氮掺杂浓度和生长速率与 N_2 输入分压的关系（固定籽晶温度、
转速、C/Si 比和 SiH_4 气体流速）

在 10～1 000 Pa 的 N_2 输入分压范围内，如上文通过热力学分析研究所得结果，导致晶体生长的主要原料气体成分可能为 Si（g）、C_2H_2、Si_2C 和 SiC_2，并且含氮成分主要为 N_2 和 HCN。在 N_2 输入分压超过 1 kPa 的情况下，预计 N_2 和 HCN 的分压将与主要原料气体的分压相当，这与显示出的生长速率显著下降时的 N_2 输入分压范围非常吻合，表明原料气体成分的供应或生长表面硅和碳原子的结合受到大量含氮成分的影响。当 N_2 输入分压从 20 Pa 增加到 1 000 Pa 时，尽管气体中碳原子的总数是恒定的，但是 C_2H_2 的分压会随着 HCN 的形成而降低到原来的 2/3 左右。虽然高的 N_2 输入分压下生长速率下降的机制仍在讨论中，但研究结果表明，N_2 的高分压是限制高温化学气相沉积获得高生长速率的一个重要影响因素。

在固定的籽晶温度、转速、C/Si 比、N_2 和 SiH_4 气体流量下，通过改变 H_2 气体的流量，在高温化学气相沉积中 N_2 的输入分压和 N_2 的浓度也是可控的。当把 H_2 气体的流量从 7 slm 增加到 10 slm 时，生长速率从 3.2 mm/h 下降到 2.3 mm/h。

研究发现，C/Si 比从 0.8 提高到 1.0 后，氮浓度降低到原来的71%。这种趋势可以解释为"竞位效应（site-competition effect）"，并已被用于化学气相沉积外延生长碳化硅。[15] 由于碳化硅晶体中的氮原子取代的是碳的晶格位置，因此富碳的生长条件会降低氮在生长表面的掺入效率。改变 C/Si 比后，在碳面籽晶上高温化学气相沉积所观察到的氮浓度变化比在较低的温度和压力条件下在硅面上进行的化学气相沉积外延生长中观察到的更低。

图 2-27（a）和（b）显示了生长速率为 2.4 mm/h 和氮掺杂浓度为 2.1×10^{19} cm^{-3} 的生长晶体的台阶流区平面图和横截面光学图像。虽然在生长的晶体表面观察到了成束的台阶，但获得了无空洞和部分掺杂波动的高质量生长层，实现了高的生长速率和高的氮掺杂浓度。在直径为 50 mm 的籽晶上生长的 N 型 4H-SiC 晶体的照片如图 2-27（c）所示，其为在氮掺杂浓度为 3.0×10^{19} cm^{-3}、生长速率为 1.6 mm/h 的条件下获得的厚度为 1.6 mm 的晶体。

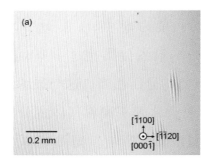

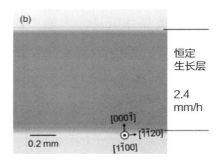

（a）生长晶体的台阶流区拍摄的　　　　　（b）生长晶体的台阶流区拍摄的
　　　平面光学图像　　　　　　　　　　　　　横截面光学图像

（c）生长速率为 1.6 mm/h，电阻率为 9.5 mΩ·cm，氮掺杂浓度为 $3.0 \times$
　　　10^{19} cm^{-3} 的在直径为 50 mm 籽晶上生长的 N 型 4H-SiC 晶体图像

图 2-27　生长晶体的光学图像

2.5 ▶▶▶ 液相生长

在液相生长的过程中，通常在一个石墨坩埚中充满硅基熔体，将籽晶放置在与熔体表面接触处，籽晶的温度略低于熔体温度，以此提供生长的驱动力，让碳化硅晶体在籽晶上沉积。

碳化硅薄膜的生长速率在液相环境下一般为 200 μm/h。对于较小直径的晶体，甚至显示出高达 1 mm/h 的生长速率。因此，与现有的物理气相传输方法相比，液相的生长方式具有明显竞争力。与通过切克劳斯基（Czochralski）方法进行的硅晶锭的生长情况不同，碳化硅晶锭液相生长过程中晶体的增长与物理气相传输生长一样很难获得。

为了增加熔体中碳的溶解度，有时会在碳化硅的溶液生长过程中添加金属添加剂，但金属添加剂会改变半导体衬底的电性能。另外，可以在高达 2 300 ℃ 的温度下使用无金属碳化硅溶液的垂直桥式（Vertical Bridgman，VB）/垂直梯度冻结（Vertical Gradient Freeze，VGF）方法进行生长。

在基于溶液的生长动力学基础研究中，人们已经研究了"气—液—固"生长机理，与标准的顶部籽晶液相生长相比，该溶液在生长界面处显示出更多的碳成分。与物理气相传输生长相比，该溶液的生长更接近热力学平衡，因此，产生的缺陷密度更低。溶液生长的碳化硅除了结构质量更高以外，还可使微管缺陷闭合与消失。可以在实现大型碳化硅晶锭稳定生长条件的基础上，采用有效地重复使用坩埚材料等方法降低成本。

2.6 》》 缺陷

2.6.1 》 缺陷种类

在晶体中，任何偏离晶格严格周期性排列的现象都在晶体缺陷的范畴内。只要是人工制备的晶体，都多多少少会存在缺陷，而追求生长出没有任何缺陷的晶体是晶体生长研究者追求的终极目标。下面将着重介绍与碳化硅晶锭生长有关的缺陷以及缺陷在碳化硅衬底中的影响。如果从物理角度来阐述，会有更多的有关缺陷的来源和性质的信息，但是这超出了本主题有关批量生产技术的范围，因此在此不赘述。缺陷类型将按照其在晶体中原子尺寸的顺序进行讨论。

从碳化硅晶体的工业应用观点来看，对晶体生长的一个主要要求是减少晶体缺陷。碳化硅电子器件的制造始于 2000 年左右，并在半导体器件市场中稳步扩大。然而，由于碳化硅晶体中存在各种缺陷，这在很大程度上阻碍了碳化硅器件的进一步市场化应用。缺陷包括微管（空心管）、位错和小晶界等，它们都在物理气相沉积生长的碳化硅晶体中被观察到。表 2-4 总结了在碳化硅晶体中可观察到的常见的缺陷类型。

表 2-4　碳化硅晶体中常见的缺陷类型

缺陷类型	线方向	滑移面	伯格斯矢量
微管（Micropipe）	<0001>	—	c 轴晶格常数的 n 倍（6H：$n \geq 2$；4H：$n \geq 3$）
贯穿螺形位错（TSD）	<0001>	—	6H：c 轴晶格常数；4H：1~2 倍 c 轴晶格常数
贯穿刃型位错（TED）	<0001>	$(1\bar{1}00)$	$1/3 <11\bar{2}0>$
基矢面位错（BPD）	(0001) 面优先沿着 <11$\bar{2}$0>	(0001)	$1/3 <11\bar{2}0>$
基矢面层错（Frank 型）	$1/n <0001>$ （4H：$n=4$，6H：$n=6$）		
基矢面层错（Shockley 型）	$1/3 <1\bar{1}00>$		

碳化硅晶体中的位错根据其传播方向分为两类：一类是沿晶体生长方向传播的线型位错；另一类是位于（0001）面的基面位错，称为基矢面位错。前一类的位错根据其伯格斯矢量进一步分为螺旋型位错和边缘型位错，它们分别被称为贯穿螺型位错（或螺旋位错，Threading Screw Dislocation，TSD）和贯穿刃型位错（Threading Edge Dislocation，TED）。基矢面层错（Basal Plane Dislocatin，BPD）也是碳化硅晶体中比较常见的延伸缺陷，因为六角形碳化硅晶体中基矢面层错的生成焓比其他半导体材料要小。

2.6.1.1 零维点缺陷

点缺陷可以分为两类：一类是由于晶体中的格位粒子（包括本征粒子和非本征粒子）、空位、极化子之间发生的相互作用而形成的色心，造成对晶格严格周期排布的破坏；另一类是在外场的作用下，粒子从原来的晶格位置运动到新的晶格位置造成的对晶体严格周期性的破坏。在体积增长的情况下，空位在晶体中起到使位错增加的作用。尽管控制位错的产生和传播对碳化硅的整体生长非常重要，但涉及对碳化硅位错动力学的基础研究相对有限。然而在所谓的用于射频的 HPSI 材料中，本征点缺陷起着重要的作用。人们认为，与空位有关的缺陷和缺陷复合物形成了深层的受主和施主水平，可以补偿残留的浅掺杂剂。在非本征点缺陷的情况下，氮（浅施主）、硼（浅受主）和铝（浅受主）以及过渡金属（通常是深电子能级）的非故意掺杂会改变碳化硅半导体器件的电子性能，这些污染物通常来自碳化硅原料和石墨坩埚部件。

2.6.1.2 一维线缺陷

线缺陷是指在晶体中沿着特定的结晶学取向发生的晶格偏离严格周期性排列的现象，常见的包含刃型位错和螺旋位错等。碳化硅中的位错是电子器件老化和故障的主要原因。在六角形碳化硅中，刃型位错和螺旋位错的位错线主要沿 <0001> 方向延伸，并与器件的平面结构垂直。高密度的螺旋位错和刃型位错会改变肖特基二极管与金属氧化物场效应晶体管的器件运作，这与在其他半导体材料的器件中运行的结果一致。

位错线位于（0001）面（或称为基矢面）的基矢面位错在碳化硅中表现出相当特殊的器件失效机制。通常，在（0001）4H-SiC 衬底上生长的外延层中不应存在来自生长籽晶的基矢面位错。但由于衬底在 <11$\bar{2}$0> 方向上存在 4°~8° 的偏轴取向，从而在外延生长期间促进了台阶流模式的生长，因此许多碳化硅衬底的基矢面位错渗透到了沉积的薄膜上面。研究表明，基矢面位错会导致双极器件性能的快速退化。在 PN 结的正向电压运行期间生成的能量可能会导致基矢面位错分裂为部分位错，从而在两者之间形成层错。后者会增强电荷载流子的复合，大大增加器件的故障率。尽管在外延生长过程中基矢面位错可能会转变为其他位错类型，但最好是在晶锭生长过程中就降低其密度。

位错的可视化可以通过氢氧化钾蚀刻实现，通过所研究的碳化硅样品中的位错密度及其横向分布可以确定该缺陷类。更复杂的 X 射线形貌表征方法可用于研究晶体的性质，并可在一定程度上判断位错在整个晶体中的传播趋势。

研究表明，在晶体生长过程中以及随后的冷却过程中产生的热弹性应力是位错产生的主要来源。因此，需要减小生长腔体中的径向温度梯度，同时始终保持凸起的生长界面。另一个动力学的问题是生长速率与生长温度的关系，例如，有研究报道，在 500~1 000 μm/h 范围内的高生长速率会触发位错的形成；Sakwe 等人的研究表明，位错密度可能会在较高的生长温度下得到降低，这是由于该条件下 Si-C 相关气体成分在晶体生长界面处的迁移率得到了增大。

碳化硅中最显著的位错是中空型缺陷，也称微管缺陷，它具有 3~10 倍于 c 轴晶格常数的大伯格斯矢量。微管是螺旋型位错，主要向 <0001> 方向传播，与 <0001> 方向略有偏离表明其具有混合型位错的性质。微管要么是碳化硅籽晶缺陷的延伸，要么源于宏观缺陷（如晶型变化、碳夹杂物、硅液滴），或者与空洞一起出现，如图 2-28 所示。大多数研究认为，在种晶期间和整个生长过程中消除不必要的晶型转变是使碳化硅晶锭达到零微管密度的主要努力方向。[16] 在种晶期间及整个生长过程中减少晶型转变，特别是在种晶期间控制生长的平衡有利于降低微管密度。在升华外延（Sublimation Epitaxy，SE）中可以观察到微管的填充现象。沿 c 轴方向传播的微管产生于在 c 面上生长的过程中，因此，采用倾斜甚至垂直于 c 面的表面进行碳化硅晶体的生长是减少微管的另一种方法。

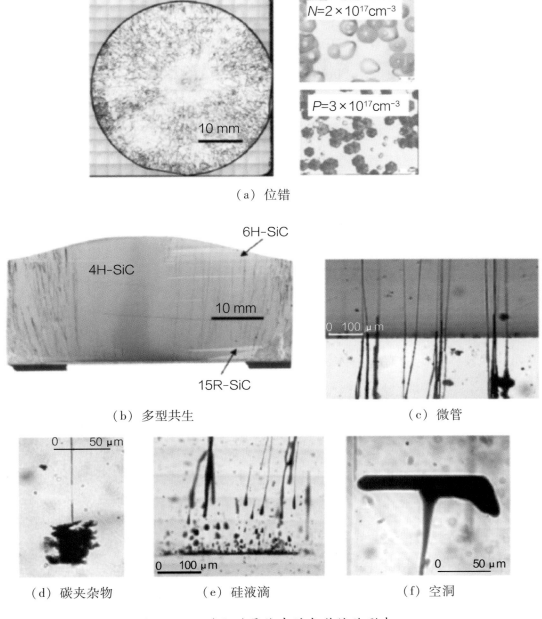

（a）位错

（b）多型共生　　　　　　　　（c）微管

（d）碳夹杂物　　　（e）硅液滴　　　（f）空洞

图 2-28　碳化硅晶体中的各种缺陷形态

2.6.1.3　二维面缺陷

面缺陷是指晶体中沿着特定的非闭合晶面发生的晶格偏离严格周期性排列的现象。碳化硅中最突出的二维缺陷是层错（堆垛层错，Stacking Faults）。已经有相关报道研究了在物理气相沉积生长过程中层错产生的各种原因。Shockley 型缺陷源于完全的基矢面位错熔化为不全位错（部分位错）。[17] 在晶体生长期间，重掺杂氮（$> 10^{19}$ cm^{-3}）会导致碳化硅晶锭中形成向内生长的层错。它们的成因可能与 Shockley 型缺陷产生的机制有关，或者是由碳化硅中低的层错能导致它们可能只在生长表面的台阶面上演化为一种薄的不稳定晶型。在化学气相沉积中，也已经确定了 Frank 型缺陷可能是由于螺旋位错过长而引起的，这些错开的螺距在表面上被分成比 c 方向晶胞更小的部分。在外延生长中，许多研究人员报道了在生长界面处的位错转变，特别是新生长的晶体层中的线能量提供了一种选择规则，位错线将沿该方向进一步传播。[18] 在物理气相沉积生长中，c 轴刃型位错会导致堆垛层错的形成。

2.6.1.4　三维体缺陷

体缺陷是指晶体中沿着特定的闭合晶面发生的晶格偏离严格周期性排列的现象，常见的有包裹体、双晶等。

（1）多型共生缺陷。

多型共生缺陷既包括了在相近条件下得到的偏离"目标晶体"的多型结构，也包括了在同一晶体中生成的多种多型结构。在（0001）面和略微偏轴倾斜的籽晶上进行物理气相沉积生长期间观察到了意外的晶型转变，即形成了多型共生缺陷。其与层错的形成和发生密切相关。在氮掺杂的碳化硅中，晶型的转变会导致不同的可见光吸收特性。在垂直于（0001）碳籽晶取向的纵向切片中［图 2 – 28（b）］，4H-SiC 呈现褐色，而绿色和黄色分别表示 6H-SiC 和 15R-SiC 晶型夹杂物。碳化硅中低的层错能通常被认为是晶型转变的物理原因。从技术上讲，碳化硅在高温物理气相沉积生长期间的晶型变化与不稳定的或错误的生长条件有关。最突出的影响参数有气相组成（高 C/Si 比倾向于生成 4H-SiC）、温度尤其是温度梯度和相关的过饱和度（较高的过饱和度倾向于生成 4H-SiC 与 6H-SiC）、掺杂类型（氮使 4H-SiC 稳定）和籽晶极性 [4H 主要在（000$\bar{1}$）碳面上生长，但不在（0001）硅面上生长]。晶型转变通常会在（0001）生长面的边缘被触发。通常，切面区外部的平滑台阶生长模式或切面区内部的螺旋生长模式都倾向于抑制无意的晶型转变。宏观台阶生长会在显著台阶聚束的情况下形成，特别地，从切面到台阶外部倾斜生长界面的过渡区域是增强台阶聚束产生的关键位置，因此也是无意的晶型转变产生的关键位置。

（2）碳包裹体。

过去许多碳化硅的生长实验室都观察到了碳包裹体 [图 2 - 28（d）]。其主要来源是：

①碳化硅源/粉末的碳颗粒。

②坩埚材料中由于富硅气相组成而被释放的碳颗粒。

从根本上说，碳包裹体的形成是由于物理气相沉积密闭气室中向上的气流将碳颗粒输送到了生长界面，改良版的物理气相沉积生长验证了该理论的正确性，在该生长方法中可以将碳微尘从晶体中心区排出。与此相反，Rost 将碳颗粒的来源与气室中碳浓度的局部急剧增加相联系，例如，硅的损耗可能会导致这种现象的增强。

（3）硅包裹体（硅液滴）。

之前的一些报道描述了碳化硅中硅夹杂物（硅液滴）的观察结果 [图 2 - 28（e）]。[19] 除碳包裹体外，硅包裹体（硅液滴）也会在生长界面处形成，其原因在于气相中的 C/Si 比过低。一般情况下，如果采用致密的石墨材料作为坩埚材料，或者如果气体的化学计量比不对（即用富含硅的碳化硅气原材料），就可能会大量形成富硅气相。

（4）空洞。

自 20 世纪 80 年代出现物理气相沉积生长工艺以来，生长的碳化硅晶体中就出现了空洞［图 2 - 28（f）］和空心缺陷。错误的籽晶安装会导致大小为几微米的空洞在碳化硅籽晶中形成并迁移，而且会进一步进入生长的碳化硅晶锭中。由于中空芯内部存在局部升华—重结晶过程，其移动受温度梯度的控制。

在这些扩展的缺陷中，沿空心管的生长方向贯穿整个晶体的微管对碳化硅器件的危害最大，因为它们会被复制到外延层中，从制造和成品率的角度来看也会成为致命的缺陷。微管是螺旋位错的一种，在位错核心处有一个沿 c 轴延伸的空心管，它们也被称为"超螺旋位错"，因为它们具有平行于 c 轴的巨大伯格斯矢量，其伯格斯矢量的大小范围是 c 轴晶格常数的几倍到十几倍，并且其最小尺寸也为 4H-SiC 的 c 轴晶格常数的 3 倍，这会在位错核心处产生临界应力并稳定中空核心。

2.6.2 缺陷的产生、演化以及减少

如上文所述，在碳化硅晶体的发展中，微管是晶体缺陷中影响最大的一种，因此人们做了很多工作，希望从碳化硅晶体中消除它们。微管产生的原因可分为三类：热力学、动力学和技术性原因。热力学原因包括由于加热不均匀引起的热弹性应力，而动力学原因则与成核过程和表面形态的生长有关。在技术方面，包括籽晶的表面处理和生长系统的污染等。微管的一个重要特点是，尽管它们是在生长过程中产生，但同时在其中也有密度降低的过程，如解离、聚结、重组和转化等。这些过程在很大程度上是由生长动力学而不是平衡热力学控制的。原则上，与具有最小伯格斯矢量 c 的 n 基元位错的分布相比，具有伯格斯矢量 $b_{1/4}nc$ 的位错在能量上是不利的。微管能稳定存在并可在晶体中传播的事实意味着存在较大的动能势垒使碳化硅晶体中与微管相邻的位错成核。

在过去 20 多年中，物理气相沉积生长技术取得了长足的进步。在取得这些进步的过程中，已经有了一种从碳化硅晶体中消除微管的方法。目前，具有极低微管密度（ $< 1 \text{ cm}^{-2}$，甚至为 0）的大直径（ $> 100 \text{ mm}$）的 4H-SiC

衬底已经实现商业化，因此微管不再是碳化硅晶体生长中重点关注的缺陷。

虽然硅晶体中的位错对器件的危害性不如微管那样大，但据报道其也会降低碳化硅器件的一些特性。其中，螺旋位错和基矢面位错受到了最广泛的关注，因为它们对碳化硅功率器件的性能具有很大的负面影响。

螺旋位错会对碳化硅功率器件的关断能力产生负面影响。当器件反向偏置时，它们会引起泄漏电流。导致泄漏电流增加的机理尚待证实，但是结果已经证明当螺旋位错的密度超过临界值时，会给碳化硅功率器件带来较大的反向泄漏电流。长期以来，螺旋位错被认为是纯粹沿 c 轴具有伯格斯矢量的位错。但是，最近的 X 射线形貌和高分辨率透射电镜结果表明，除了平行于 c 轴外，一定数量的螺旋位错（占总数的 1/3）还具有平行于 $[11\bar{2}0]$ 或 $[1\bar{1}00]$ 的伯格斯矢量分量，它们通常被称为 $c+a$ 或 $c+m$ 螺旋位错，双折射显微镜研究也得到了类似的结论。[20] 有人认为，与纯 c 螺旋位错相比，$c+a$ 或 $c+m$ 螺旋位错对碳化硅器件的负面影响更大。在化学气相沉积和物理气相沉积生长过程中，螺旋位错也经常会在碳化硅晶体中转化为或导致产生大量的扩展缺陷，如胡萝卜型缺陷和层错复合体等。

螺旋位错和基矢面位错对碳化硅 MOSFET 栅极氧化物的可靠性有很大危害。它们会触发栅极氧化物的介电击穿，并严重损害碳化硅 MOSFET 的长期可靠性，因此降低位错密度对碳化硅功率 MOSFET 性能的实现至关重要。它们的负面影响机制仍不清楚，但是表面介导效应（surface-mediated effects）可能与之相关。在 Wahab 等人的研究工作之后的 20 多年中，人们一直在努力降低 4H-SiC 晶体中的螺旋位错。在此过程中，揭示了螺旋位错的几个重要方面的机制，特别是它们的形成和传播机制。螺旋位错的主要成因是晶体生长过程中产生的外来晶型夹杂物。不同的晶型沿 c 轴具有不同的堆积顺序，因此当它们含有非基矢面界面时，会导致原子键合中的错配，而通过在界面处形成螺旋位错，可以使这种失序和相关的大局部应变得到缓解。在生长过程中，螺旋位错也可由异物或第二相夹杂物形成。Dudley 等人试图通过考虑异物颗粒或生长表面上第二相沉淀物的横向生长来解释碳化硅晶锭生长过程中螺旋位错的成核。当表面上的颗粒或沉淀物过度生长时，在小应力的影响下，生长前沿可能会错位合并。为了适应这种错位，在晶体中就会产生指向相反的螺旋位错，并且其伯格斯矢量大小等于错位的大小。基于对螺旋位错的观察，通常认为其起源于物理气相沉积生长的碳化硅晶体中的第二相夹杂物。

螺旋位错的另一个主要成因是晶锭生长中的初始生长条件存在问题。Takahashi 等报道通过 X 射线形貌观察到物理气相沉积生长的晶体中存在的相对较大的位错是从籽晶遗传的，并且在晶体生长的初始阶段产生了沿<0001>生长方向延伸的高密度的螺旋位错。Sanchez 等人利用透射电子显微镜、原子力显微镜、X 射线形貌学和缺陷选择性蚀刻技术研究了碳化硅物理气相沉积生长初期的缺陷形成。他们观察到在生长的初始阶段，基矢面层错的形成和密度与螺旋位错的密度有高度的相关性。螺旋位错倾向于成对形成（具有相反的伯格斯矢量），这些结果证实了 Dudley 等人提出的螺旋位错的成对模型。Sanchez 等人也发现，在生长的初始阶段，在成核的层错处会产生成对的边缘位错。如果包围堆垛层错的部分位错是 Shockley 型的，那么产生的螺旋位错将具有边缘特征。Frank 型部分位错也将导致螺旋位错。堆垛层错的形成要归因于籽晶表面上的二维岛的成核，与在偏轴取向籽晶上的生长一样，螺旋位错的密度随生长速率的降低而显著降低。

生长晶体/籽晶界面附近的氮的富集是碳化硅物理气相沉积生长早期阶段位错形成的另一个主要原因。Ohtani 等人发现在生长晶体/籽晶界面附近存在朝生长方向弯曲的凸基面，并认为晶体生长早期残留氮的掺入导致了氮的富集。氮的富集不仅会导致生长层晶体的晶格常数变小，还会导致其热膨胀系数变小。[21]因此，在像物理气相沉积生长温度（约 2 673 K）这样的高温下，籽晶和生长晶体之间的热失配会大大增加。在高温物理气相沉积生长的初始阶段，生长层的较小晶格常数会在生长晶体/籽晶界面附近引起错配位错，该错配位错具有指向生长方向的额外半平面并最终导致凸基面向生长方向弯曲。在生长初期形成的许多错配位错都会转换为沿生长方向传播的螺旋位错。

关于螺旋位错的传播行为，Powell 等人报道了一个相关的实验结果，即在物理气相沉积生长过程中，4H-SiC 中的螺旋位错密度会随着晶体的生长而显著降低。他们沿生长方向测量了螺旋位错的密度，发现 4H-SiC 晶体中的螺旋位错密度从晶体底部（靠近籽晶区域）到生长晶体顶部（靠近生长前沿区域）发生了显著降低。其他小组报道了类似的结果，如 Ellison 等发现在碳化硅晶锭的高温化学气相沉积生长期间，螺旋位错会大量减少并重新分布。图 2 – 29 显示了直径为 30 mm 的 4H-SiC 衬底中与螺旋位错相关的腐蚀坑图，从图中可看出显著的重新分布状态，在籽晶衬底（左）和从生长晶体中切下的最后一个衬底（右）之间的腐蚀坑密度降低了 30%。在晶锭生长过程中，这种螺旋位错减少和重新分布的机理尚不是十分清楚，但是最近对螺旋位错传播行为的 X 射线形貌研究表明，螺旋位错会经常转变为基矢面缺陷（Frank 型堆垛层错），然后在晶体的生长过程中转变回螺旋位错。图 2 – 30 显示了对 4H-SiC 晶体中螺旋位错传播的 X 射线形貌观察实例，其中显示了垂直切片的 4H-SiC 晶体的同步辐射 X 射线传输形貌（$g = 0004$）。在图中，大致沿 c 轴延伸的暗线对应于螺旋位错。该图表明，螺旋位错表现出复杂的传播行为，并且通常会偏转到基矢面方向然后转回到 c 轴方向。螺旋位错的这种复杂过程极大地激活了它们的移动、转变和重组的进程，并且使其能在碳化硅晶锭的生长过程中显著减少并重新分布。

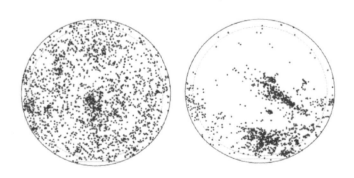

图 2 – 29　直径为 30 mm 的 4H-SiC 衬底中与螺旋位错相关的腐蚀坑图

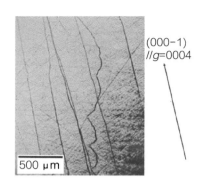

图 2 – 30　4H-SiC 晶体的同步辐射 X 射线传输形貌 [图中的暗线是螺旋
位错，其伯格斯矢量分量平行于（0001̄）]

如上文所述，螺旋位错的产生主要是由于生长过程具有不稳定性，例如，外来晶型和第二相夹杂物。因此，需要采用稳定的生长工艺并结合位错的移动、转化和重组来降低螺旋位错的密度。十几年来，螺旋位错的密度在优化的生长条件下已实现稳步下降。如今，商业生产制造的碳化硅晶体中的螺旋位错密度已低于每平方厘米数百个。

就降低螺旋位错密度而言，碳化硅晶体的溶液生长比物理气相沉积生长具有很大的优势。在溶液生长过程中，所有的或大多数的螺旋位错都会转变成为 Frank 型基矢面层错。在含有高密度（每平方厘米几百个）螺旋位错的物理气相沉积生长的 4H-SiC 籽晶上进行溶液生长时，可以得到螺旋位错密度几乎为 0 的 4H-SiC 晶体。图 2 – 31 显示了溶液生长之前和之后 4H-SiC 晶体（0001）表面相同区域的同步辐射 X 射线形貌（$g = 0004$）。虚线三角形表示衬底的刃型位错，其直接传播至通过溶液法生长的晶体层中。图 2 – 31（a）中的白色圆圈表示存在于籽晶中的螺旋位错，而图 2 – 31（b）中的白色圆圈表示溶液生长之前螺旋位错的原始位置。如图所示，所有与螺旋位错相关的点状对比图像都转换为与向晶体表面延伸的 Frank 型基矢面层错相关的泪滴状对比图像。也有报道称，在化学气相沉积生长的 4H-SiC 中，螺旋位错也会向 Frank 型基矢面层错转化，然而这种现象的发生概率很低。而在碳化硅的溶液生长过程中，这种转化几乎总是产生。在溶液生长和化学气相沉积过程中观察到的螺旋位错转化行为的差异，可能是由它们在生长过程中表面形态的差异导致的。在溶液生长过程中，宏观台阶会在生长表面上发生变化，尽管这种现象的机理有待进一步研究，但这种宏观台阶的形成将显著提高螺旋位错的转化率。

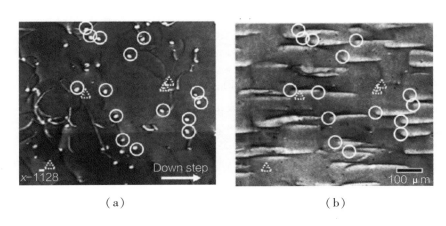

图 2-31　4H-SiC 晶体（0001）表面的同步辐射 X 射线形貌（$g=0004$）

　　[注：图像显示了溶液生长之前（a）和之后（b）相同的区域。虚线三角形表示刃型位错，其直接从籽晶扩散到通过溶液生长的晶体层。（a）中的白色圆圈表示籽晶中的螺旋位错，而（b）中的白色圆圈表示溶液生长之前螺旋位错的原始位置]

　　降低碳化硅晶体中螺旋位错密度的另一种方法是使用垂直于 c 轴的，即 $[1\bar{1}00]$ 和 $[11\bar{2}0]$ 方向的晶体生长方法。平行于 c 轴和垂直于 c 轴的生长动力学和缺陷形成机制显著不同。垂直于 c 轴方向的生长完全抑制了沿 c 轴延伸的刃型位错（包括微管）的形成。在生长的晶体中唯一剩余的缺陷是基矢面缺陷，如基矢面位错和层错。它们沿晶体的生长方向即 $[1\bar{1}00]$ 或 $[11\bar{2}0]$ 传播。在晶体中，具有相同伯格斯矢量的基矢面位错通常沿 c 轴排列，这会在晶体的（0001）基矢面上产生波纹结构。

　　基于垂直于 c 轴生长的这些特征，重复 a 面（Repeated a-face，RAF）的生长过程可以消除晶体生长过程中缺陷的形成。图 2-32 说明了 RAF 的生长过程及其缺陷消除原理。RAF 的生长过程包括在 $[1\bar{1}00]$ 和 $[11\bar{2}0]$ 方向上交替进行的晶体生长，以及随后在 $[0001]$ 方向上的晶体生长。$[1\bar{1}00]$

和[11$\bar{2}$0]方向的生长交替进行几次，在这种晶体生长的重复过程中，将生长的晶体用作籽晶，用于随后的晶体的生长，其生长方向与之前生长过程的方向垂直。[1$\bar{1}$00] 和 [11$\bar{2}$0] 交替生长后，在沿 c 轴的最终生长过程中，引起螺旋位错的基矢面缺陷的密度得以降低。实际上，用于每次生长的籽晶中的缺陷几乎与生长表面平行，因此，随后的晶体生长过程不会从籽晶中继承缺陷。

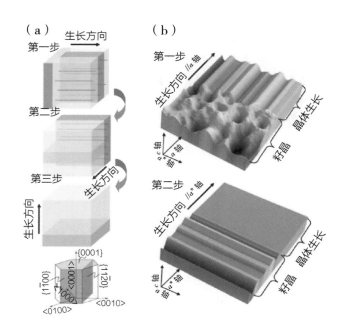

图 2-32 RAF 的生长过程示意图

[注：生长顺序如下：第一步，第一个 a 面生长（籽晶和生长晶体分别显示为深蓝色和浅蓝色）；第二步，垂直于第一个 a 面生长的第二个 a 面（m 面）。从第一个 a 面生长的晶体中切下籽晶，籽晶和生长晶体分别显示为深绿色和浅绿色；第三步，在（0001）籽晶上以几度的偏轴角进行 c 面生长。从第二个 a 面生长的晶体中切下籽晶，籽晶和生长晶体分别显示为深黄色和浅黄色。（a）的底部显示了六方碳化硅晶体的主要晶轴和晶格面，紫色线表示 a 面和 m 面生长的位错特征。（b）顶视图，显示了第一步和第二步之后籽晶和生长晶体的波纹状 {0001} 晶格面]

日本电装公司（Denso Corporation）的一个小组采用 RAF 的生长工艺，

显著降低了 4H-SiC 晶体的螺旋位错密度。位错密度在很大程度上取决于沿 [11$\bar{2}$0] 和 [1$\bar{1}$00] 方向生长的重复次数。他们总共沿 [11$\bar{2}$0] 和 [1$\bar{1}$00] 方向重复生长了 7 次，获得了直径为 25 mm 的 4H-SiC 晶体，其螺旋位错密度为 1.3 cm^{-2}，这是当时获得的最低值。

基矢面位错是碳化硅晶体中的另一个主要缺陷，其不仅可以成为有效的载流子复合中心，而且会造成电子传输的势垒，是导致碳化硅双极器件在正向偏置操作时其导通电阻逐渐增加的一个原因，这对碳化硅双极器件以及某些类型的碳化硅单极器件都是致命的。最近已经证明，在某些类型的碳化硅单极器件中也会发生相同的现象，即在器件工作期间可能会发生双极注入。

基矢面位错主要由晶锭生长过程中的热弹性应力引起。因此，降低热弹性应力对于获得低基矢面位错密度的碳化硅晶体至关重要。在这一方面，碳化硅晶锭生长过程的数值模拟为该问题提供了很好的解决方案。在晶体生长过程中和在冷却阶段施加在生长晶体上的热弹性应力的数值模拟结果与晶体中基矢面位错分布的实验观察结果非常吻合，因此碳化硅晶体生长过程的数值模拟为晶体生产厂商改善其生产工艺提供了有价值的信息。

基矢面位错的另一个重要方面是它们与位错的相互作用。当基矢面位错在碳化硅晶体中滑移时，它们会遇到螺旋位错簇并与其相互作用，由于螺旋位错具有平行于 c 轴的相对较大的伯格斯矢量，这会在基矢面位错中产生超微动（superjogs）。超微动是固定的，并且充当使基矢面位错围绕螺旋位错旋转的轴心点。这会导致已知的 Frank-Read 型位错数量增加，使碳化硅晶体中的基矢面位错密度升高。Ohtani 等人通过计算螺旋位错和基矢面位错引起的腐蚀坑，对 30 多个 4H-SiC 衬底的表面进行了螺旋位错和基矢面位错的密度测量。图 2-33 显示了物理气相沉积生长的 4H-SiC 晶体中基矢面位错密度和螺旋位错密度之间的关系，两者之间存在正向相关性，这意味着包含更多螺旋位错的碳化硅晶体通常也具有更大的基矢面位错密度，表明降低螺旋位错密度与降低基矢面位错密度具有相关性。

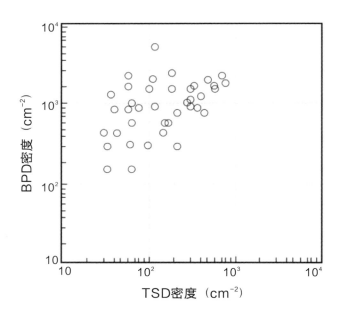

图 2 - 33　物理气相沉积生长的 4H-SiC 晶体中基矢面位错（BPD）密度和
螺旋位错（TSD）密度之间的相关性

　　同样，刃型位错（TED）也是基矢面位错的来源之一，并且会促进其
在生长过程中的增长。在晶体生长过程中，刃型位错通过交叉滑移机制转
化为基矢面位错，反之亦然。这种转换的机理尚待进一步研究，但很可能
是由动力学原因产生的。在生长或者冷却过程中，由于热弹性应力很大，
生长的晶体中会发生刃型位错的滑移（柱面滑移）。在这种滑移中，刃型位
错被迫在 {1100} 棱柱平面上滑移，使基矢面位错的两端在尾流中大致呈
螺旋方向。刃型位错的上述转换和柱面滑移过程导致了基矢面位错在末端
处固着刃型位错，使基矢面位错围绕刃型位错部分旋转而导致了 Frank-
Read 型位错的增加。如我们所见，基矢面位错与其他类型位错的相互作用
和转化在其密度增长中起着重要作用，因此，需要进一步研究位错的相互
作用和转化过程，以生长具有较低基矢面位错密度的碳化硅晶体。
　　下面将叙述重掺杂氮的 4H-SiC 晶体中自发形成的层错。重掺杂氮的
4H-SiC 晶体在超过 1 273 K 温度的高温处理过程中会发生结构变化。这种

结构变化归因于 4H 到 3C 晶型的转变，这是由高温退火期间双层 Shockley 型层错（Double-layer Shockley-type Stacking Faults，DSSFs）的形成和扩展引起的。基矢面层错的这种自发形成是由量子阱效应（Quantum Well Action，QWA）驱动的，量子阱效应使重掺杂氮的 4H-SiC 中的电子进入层错形成的量子阱中，从而降低了系统能量。近来，关于重掺杂氮的 4H-SiC 晶体中形成 DSSFs 有了一系列新发现。Straubinger 等人的报道指出，4H-SiC 晶体在 1 423 K 的温度下退火，整体电阻率呈各向异性的增长，当退火温度继续升高，达到 2 073 K 的温度时，增加的电阻率可以部分恢复，即部分下降。图 2 - 34 说明了重掺杂氮的 4H-SiC 晶体的退火实验结果。他们检查了沿生长方向轴向切片的氮掺杂 4H-SiC 晶体，并进行了涡流电阻率测量和使用熔融氢氧化钾对晶体进行了缺陷选择性蚀刻，发现电阻率的提高是由层错的形成引起的，电阻率恢复后，层错得到修复（收缩）。对于在正向偏置操作期间，4H-SiC PIN 二极管中形成的单层 Shockley 型层错（Single Shockley-type Stacking Faults，SSSFs）退火引起的层错收缩，也已有报道。其中二极管的 SSSFs 通过低温（483 ~ 873 K）退火反而逆向生长，与在重掺杂氮的材料中观察到的结果相似，SSSFs 的收缩也与电阻率的恢复有关。

另一个关于重掺杂氮的 4H-SiC 晶体中形成 DSSFs 的发现是铝受主与重掺杂氮的 4H-SiC 晶体的共掺杂效应。Kojima 等人通过化学气相沉积生长了 4H-SiC 外延薄膜，该薄膜中掺有氮或铝，过量的氮使薄膜保持为 N 型。他们观察到在化学气相沉积生长期间在仅掺杂有氮（$N_d > 8 \times 10^{19}$ cm^{-3}）的薄膜中 DSSFs 的形成，当 Al/N 的掺杂率（$N_a : N_d$）达到 10% 时，铝受主的共掺杂倾向于降低重掺杂氮的 4H-SiC 晶体中 DSSFs 的密度。随着 $N_a : N_d$ 比例的增加，重掺杂氮的 4H-SiC 中的 DSSFs 密度进一步降低，并且当 $N_a : N_d$ 比例超过 40% 时，DSSFs 几乎被完全抑制。在物理气相沉积生长的 4H-SiC 晶体中也证实了铝受主的这种共掺杂效应。此外，硼受主的共掺杂也会抑制重掺杂氮的 4H-SiC 晶体中 DSSFs 的形成，表明该效应是电子驱动的而不是化学诱导的。

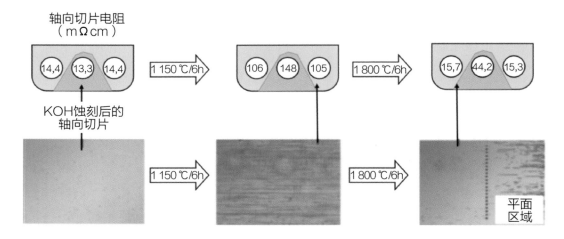

图 2 - 34　4H-SiC 晶体在不同退火条件下的轴向切片电阻及熔融 KOH 蚀刻后的
　　　　　形貌

［注：上图：刚生长的晶体（左）在 1 423 K 退火（中）并在 2 073 K 进一步退火
（右）后，重掺杂氮的 4H-SiC 晶体的电阻率的变化。电阻率是在晶体的轴向切片的衬底
中测量的，该衬底包含在（0001）晶面上生长的晶体部分（示意图中的颜色略深）。下
图：通过在轴向切片的衬底上进行熔融氢氧化钾蚀刻后显示的晶体中的层错，这取决于
退火条件］

　　Taniguch 等人证实了氮掺杂 4H-SiC 晶体中层错形成背后的相关物理现
象，并成功地解释了上述所有实验结果。在他们对层错形成的理论研究中，
研究了几个重要的物理和电子参数，这些参数影响了 4H-SiC 晶体中
Shockley 型基矢面层错的稳定性。图 2 - 35 为计算出的在重掺杂氮（3.5×10^{19} cm^{-3}）的 4H-SiC 晶体中引入 DSSFs 时的相关电子能量增益与温度的相
关性结果，考虑了与 DSSFs 相邻的耗尽区中的载流子分布（非耗尽层近
似）。为了进行比较，还绘制了耗尽层近似（虚线）的结果，其中忽略了
耗尽区中的载流子分布。

　　图 2 - 35 表明，即使在氮浓度为 3.5×10^{19} cm^{-3} 的情况下，高温下的电
子能量增益也会随温度的升高而降低，并且变得小于 DSSFs 的结构形成能
［图 2 - 35（a）中的实线］。而在 1 400 ~ 2 100 K 的温度范围内，电子能量

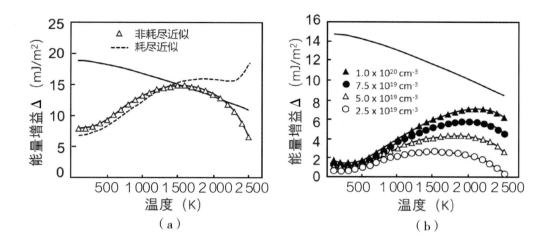

图 2 - 35　不同氮掺杂浓度下 4H-SiC 中 DSSFs 和 SSSFs 产生的电子能量增益及其
结构形成能与温度的相关性

［注：（a）由 Taniguchi 等人计算出的由于形成 DSSFs 而产生的电子能量增益与温度
的相关性，重掺杂氮的 4H-SiC 晶体的氮浓度为 3.5×10^{19} cm^{-3}。显示了非耗尽层近似
（空心三角形）和耗尽层近似（虚线）的结果。（b）在 2.5×10^{19} 到 1.0×10^{20} cm^{-3} 的氮
浓度下的非耗尽层近似结果得出的 SSSFs 的能量增益与温度的相关性。（a）和（b）中
的实线分别表示在 4H-SiC 中 DSSFs 和 SSSFs 的结构形成能与温度的相关性］

增益仍超过结构形成能。[22] 图 2 - 35（b）显示了将 SSSFs 引入重掺杂氮的
4H-SiC 晶体中时电子能量增益随温度变化的结果，其中实线表示 4H-SiC 中
SSSFs 的结构形成能随温度变化的曲线。即使在氮浓度为 1.0×10^{20} cm^{-3} 的
情况下，引入 SSSFs 后的电子能量增益也不会超过整个温度范围内的结构
形成能，这与实验结果一致。

　　决定该现象的基本物理特性是存在于晶体和层错中的电子驻留维度。
由于晶体与层错（起量子阱作用）之间的状态密度存在差异，两个体系维
度的不同导致了 4H-SiC 晶体中基矢面堆垛层错的高温稳定性。晶体中的状
态密度与能量呈平方根相关性，而被俘获在层错中的电子的状态密度是能
量恒定的，因为它们被限制在量子阱中（层错）并形成了二维电子气。在
低温下，堆垛层错中的有效态密度较大，因此，在具有堆垛层错的系统中，

导带电子的总能量较大。相反，在高温下，晶体中的有效态密度较大。因此，在没有堆垛层错的情况下，系统中导带电子的总能量也较大，这就是在重掺杂氮的 4H-SiC 晶体中，DSSFs 能够在高温下稳定的原因。

总而言之，在碳化硅晶体的生长过程中，为了优化生长条件，提高晶体结晶的均匀性和完整性，需要充分认识到各种缺陷的形成、演化及运动的规律。晶体结晶缺陷的属性以及产生原因与选择的生长工艺也密切相关，这是晶体结晶缺陷多样性来源的原因之一。对于熔体坩埚下降法生长的晶体来说，包裹体是主要的结晶缺陷，其中的杂质粒子包裹体和其他被包裹物质在高温下升华会留下空洞。对于熔体籽晶提拉法生长的晶体来说，包裹体则不是主要的缺陷种类，取而代之的是螺旋位错、刃型位错、晶界等。对于水热法生长的晶体来说，几乎难以观察到微管缺陷和孔道缺陷，而这类缺陷在 PVT 法生长的晶体中却十分频繁。因此，在研究晶体缺陷的过程中，应充分考虑其工艺以及缺陷本身之间转换的可能性，结合工艺与检验手段进行综合评估。

2.7 >>> 掺杂

2.7.1 >>> 掺杂问题

就掺杂和电阻率控制而言，碳化硅与其他宽带隙半导体材料相比具有很大的优势。碳化硅可以实现双极性掺杂，并且对于 P 型和 N 型掺杂都可以实现大范围的电阻率控制。氮是碳化硅晶体最重要的浅施主杂质，它取代的是碳化硅晶体中碳原子的位置，在使用定量氮气流的物理气相沉积生长过程中可以很容易地将其引入晶体中。数个研究小组通过生长条件优化，制造出了仅有 $1 \times 10^{-3} \sim 3 \times 10^{-3}$ $\Omega \cdot cm$ 超低电阻率的 4H-SiC 衬底。

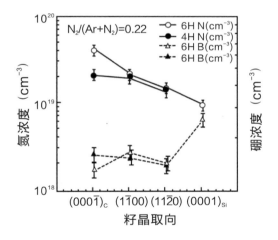

图 2-36　在 6H-SiC 和 4H-SiC 物理气相沉积生长过程中，杂质掺入与籽晶表面取向的相关性

根据生长晶体的晶型、生长方向、源气体中的氮分压和生长温度，可以进行碳化硅物理气相沉积生长的氮掺杂动力学分析。表面极性和晶体生长方向对施主和受主掺杂剂的结合动力学有重要影响。图 2-36 显示了 6H-

SiC 和 4H-SiC 物理气相沉积生长过程中的杂质掺入与籽晶表面取向的相关性。氮施主优先结合在（000$\bar{1}$）碳表面，而受主原子如硼和铝则在（0001）硅表面表现出优先配位。在诸如（1$\bar{1}$00）和（11$\bar{2}$0）的非极性表面上的杂质掺入介于（000$\bar{1}$）碳和（0001）硅表面之间。氮施主掺入的容易性遵循该平面顺序：（0001）$_{Si}$ < （11$\bar{2}$0）< （1$\bar{1}$00）< （000$\bar{1}$）$_C$。硼受主的掺入顺序有所变化，平面顺序为（0001）$_{Si}$ < （1$\bar{1}$00）< （11$\bar{2}$0）< （000$\bar{1}$）$_C$。在非极性表面中，（1$\bar{1}$00）因其表面结构而最有利于杂质的掺入，与（11$\bar{2}$0）相比，其单位面积悬空键的数量更多。

在杂质掺入机制中，垂直于（0001）表面上的杂质掺入的晶型相关性令人关注，因为在生长表面上充分体现了堆叠顺序的差异。然而，在（1$\bar{1}$00）和（11$\bar{2}$0）表面生长时，未观察到 4H-SiC 和 6H-SiC 之间氮和硼掺入的晶型相关性。杂质原子均匀地掺入碳化硅晶体的不同晶格位点（立方和六边形位点）的事实证明了该结果。对于在（000$\bar{1}$）碳生长表面上的杂质掺入，生长晶体晶型的影响仍有争议。Ohtani 等人报道 6H-SiC 比 4H-SiC 可以掺入更多的氮和更少的硼，然而，Tsavdaris 等人报道了相反的相关性。这些看似矛盾的发现需要用更多的研究来加深我们对于杂质掺入与晶型之间关系的理解，以及弄清这些现象背后的原理。

众所周知，在碳化硅晶体的（0001）小平面（facet）上，氮的掺入可以得到增强。在晶锭生长期间，（0001）小平面会伴随着小平面外部的非小平面区域在碳化硅晶锭的生长前沿生长延伸。小平面是一个平坦的平面，上面覆盖了位于小平面中心的生长螺旋产生的表面台阶。通常认为，碳化硅晶体（0001）小平面的生长依照 Burton-Cabrera-Frank 型生长动力学模型，使其实现稳定生长并保持原有的晶型。Rost 等人发表了在 4H-SiC 晶体的（000$\bar{1}$）碳小平面上的氮掺入比非小平面区域上的更高的结论。在非故意掺杂的晶体中（[N] $= 10^{17} cm^{-3}$），（000$\bar{1}$）碳小平面和非小平面区域之间的掺入比率接近2。在故意掺杂的晶体中，随着氮掺杂量的增加，掺入比率迅速降低。在大于

10^{19} cm^{-3} 的氮浓度下为 1.2，即在生长环境中添加 15% 以上的氮气时，在（000$\bar{1}$）碳小平面（［N］$>10^{19}$ cm^{-3}）上生长的晶体中的氮掺杂浓度比在非小平面区域生长的晶体中的高约 20%。这种现象的机制目前仍不清楚，但应该与小平面区域和非小平面区域之间的台阶结构差异有关。

氮掺入时的温度是控制掺杂的另一个重要因素。结果表明，在低的生长温度下，碳化硅晶体的物理气相沉积生长会增强与氮的结合。生长温度越低，生长晶体中掺入的氮就越多。可以通过碳化硅（0001）表面上氮的吸附/脱附动力学来解释氮结合的温度相关性。用 Langmuir 等人所提出的温线类型方程可以很好地描述氮在（0001）表面的吸附。观察到的氮掺入的温线类型相关性表明，物理气相沉积生长过程中（0001）表面上的吸附/脱附动力学实际上处于热平衡状态，在这种"准平衡"状态下，生长表面上氮原子的吸附速率实际上等于脱附速率，与撞击到生长表面并从表面上脱附的氮原子相比，掺入生长晶体中的氮原子数量可以忽略不计。这一假设得到了以下事例的充分支持：0.41~1.1 mm/h 的生长速率几乎不会影响氮的掺杂浓度（该生长速率条件是很典型的碳化硅物理气相沉积生长条件），表明氮的掺入不受动力学的限制，并且在每个氮气分压下，在生长过程中始终建立了吸附氮的平衡表面覆盖率。这些结果说明掺入生长晶体中的氮含量由吸附在生长的（0001）表面上的氮含量确定。因此，在低温下氮的掺入能力更强，此时生长在（0001）表面上的氮的吸附量受表面上的吸附/脱附动力学控制，且生长温度越低，脱附寿命越长。由氮掺入温度引起的脱附活化能为 $150 \times 10^3 \sim 220 \times 10^3$ J/mol，与（000$\bar{1}$）碳表面上氮气分子的 2 倍吸附能的理论估算值非常吻合（144×10^3 J/mol），这为脱附极限动力学模型提供了支持，该模型适用于碳化硅晶体中温度相关的氮掺入的数值模拟。

在溶液的生长气氛（通常为氩气）中添加氮气，也可以轻松地实现碳化硅晶体溶液生长中的氮掺杂。有研究者在 4H-SiC 的顶部籽晶液相生长中使用优化的生长条件生长出氮浓度为 1.1×10^{20} cm^{-3} 且电阻率为 3 ×

$10^3 \ \Omega \cdot cm$ 的 4H-SiC 晶体，即在 2 213 K 的温度下使用硅—钛溶剂，并在常压下使用氦和氮的混合气体进行氮掺杂，其中混合气体中的氮含量为0.17~0.5 vol%。溶液生长过程中的氮掺入机制仍需要进一步研究，但是据报道，N_2 气体溶解在硅或硅—钛溶剂中会限制氮在顶部籽晶液相生长的 4H-SiC 晶体中的掺入。另外，双极碳化硅器件的制造需要使用低电阻率的 P 型碳化硅晶体，这些晶体对于制造 N 型沟道碳化硅 IGBT 是必不可少的，但因很难获得低电阻率的 P 型晶体，因此仍然没有实现商用。早期研究使用高纯度的金属铝作为铝掺杂的前体，并在 P 型碳化硅晶体的物理气相沉积生长期间，通过金属铝的蒸发将铝提供到生长的表面。该过程的主要缺点是铝原材料的快速耗尽，导致沿生长方向的掺杂明显不均匀。此外，有人指出，金属铝的高蒸气压会导致物理气相沉积生长气相中的初始铝浓度较高，这会在晶体生长的初始部位引起较高的晶体缺陷密度。

为了解决这些问题，Eto 等人采用了一个两区物理气相沉积生长反应腔，从而得以独立地控制碳化硅源和掺杂剂材料的升华，他们还使用了具有较低蒸气压的铝化合物（Al_4C_3）作为铝的掺杂原材料。图 2－37 为用于氮施主和铝受主共掺杂的两区物理气相沉积生长系统的示意图。两个同轴放置的感应线圈允许独立地控制原材料和掺杂剂（Al_4C_3）材料的温度。通过优化生长条件，特别是原材料和掺杂材料之间的温差，他们获得了均匀掺杂的 P 型 4H-SiC 晶体，其空穴浓度高于 $1 \times 10^{20} \ cm^{-3}$，这是用物理气相沉积生长的具有最高空穴浓度的碳化硅晶体之一。然而，大量的铝掺杂会使 4H 晶型不稳定，并且即使使用 4H-SiC 作为籽晶，生长的 P 型晶体中也总是含有 6H 晶型夹杂物。为此，Eto 等人提出了一种通过将氮施主共掺杂到铝掺杂的 P 型 4H-SiC 晶体中来缓解此问题的方法。氮施主的共掺杂可以使 4H 晶型得到稳定，在最佳掺杂条件下，获得了 P 型 4H-SiC 晶体，其空穴浓度为 $4 \times 10^{19} \ cm^{-3}$，电阻率小于 $9 \times 10^{-2} \ \Omega \cdot cm$。

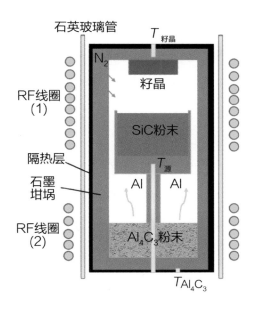

图 2-37 氮施主和铝受主共掺杂的两区物理气相沉积生
长系统的示意图

此外，还可以通过溶液生长获得低电阻率的 P 型 4H-SiC 晶体。通过这种方法添加铝，具有能够生长高质量碳化硅晶体的优势。在碳化硅晶体的溶液生长过程中，铝的加入可以抑制生长表面的台阶聚束，而台阶聚束是碳化硅溶液生长中的主要问题之一，它会形成高度大于数微米的大型台阶，并会导致在生长的晶体中夹杂溶剂物。Shirai 等人报道了在碳化硅溶液生长过程中的重度铝掺杂。他们通过溶液生长法在 2 000 ℃ 下使用 Si-Cr-Al 溶剂在 4H-SiC 籽晶的（000$\bar{1}$）碳面上生长了重掺杂铝的 P 型 4H-SiC 晶体，其中铝的含量在 0 ~ 20% 之间变化。他们成功地获得了低电阻率（$35 \times 10^{-3}\ \Omega \cdot cm$）的 P 型 4H-SiC，这证明了通过溶液法生长 P 型碳化硅晶体具有优势。

对于垂直型功率器件，要求使用电阻率低至 $n \times 10^{-3}\ \Omega \cdot cm$ 的碳化硅衬底晶体，以使由衬底引起的寄生电阻最小。但是，如本章前面所述，即使可以制备具有 $1 \times 10^{-3} \sim 3 \times 10^{-3}\ \Omega \cdot cm$ 超低电阻率的 N 型 4H-SiC 晶体，但是具有如此低电阻率的碳化硅衬底仍然无法商业获取，这是由于在高温处理期间氮的大量掺入会导致 4H-SiC 晶体结构的不稳定。据报道，这些晶体在超过 1 373 K 温度下的退火过程（氧气或氩气环境）中会发生结构变化，这归因于高温处理期间 DSSFs 的形成和扩展引起的 4H 至 3C 晶型的转变。图 2-38 显示了在重掺杂氮的 4H-SiC 晶体中观察到的 DSSFs 的高分辨率透射电子显微镜（HRTEM）图像，还显示了具有 SSSFs 和 DSSFs 的晶体的堆叠顺序。[23] 层错扩展的驱动力是量子阱作用机制，其中重掺杂氮的 4H-SiC 中的电子会进入堆垛层错诱导的量子阱中，并降低系统能量。从 4H 到 3C 的晶型转变不仅影响衬底晶体的电学性质，还会严重降低其几何参数，如衬底的平坦度等。

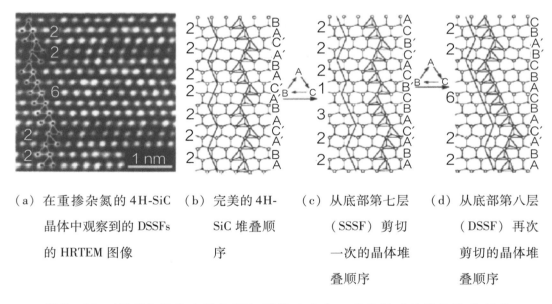

（a）在重掺杂氮的 4H-SiC 晶体中观察到的 DSSFs 的 HRTEM 图像

（b）完美的 4H-SiC 堆叠顺序

（c）从底部第七层（SSSF）剪切一次的晶体堆叠顺序

（d）从底部第八层（DSSF）再次剪切的晶体堆叠顺序

图 2-38　4H-SiC 晶体中的 DSSFs 图像及具有不同层错时的晶体堆叠顺序

2.7.2 掺杂对基矢面位错演化的影响

通过光学显微镜可以分别观察到蚀刻后的 6H-SiC 单晶的 N 型和 P 型掺杂衬底（[N]，[P] $\approx 10^{16} \sim 10^{19}$ cm^{-3}）。与 N 型掺杂的晶体相比，P 型掺杂的晶体中不存在基矢面位错或含有的位错密度非常低，在研究掺杂浓度为上述范围的许多 P 型掺杂晶体时，没有发现与基矢面位错相关的腐蚀坑。该观察在纯 N 型（氮施主）和 P 型（铝受主）掺杂的晶体中进行。另一方面，在 N 型掺杂的对应物中，即使在低掺杂浓度下（[N] $\approx 10^{17}$ cm^{-3}），很大一部分腐蚀坑的形状也不对称，并且具有明显的衬底成分。结果表明，P 型和 N 型掺杂的碳化硅晶体的基矢面位错形成机理存在差异。与 P 型掺杂相比，N 型掺杂在很大程度上决定了晶体中基矢面位错的稳定性，以及应力在其中发生松弛的方式，即松弛过程中形成的位错的类型。

为了进一步阐述碳化硅的位错演化和形成机理，特别是基矢面位错在 N 型掺杂的 6H-SiC 中相对于 P 型掺杂优先产生的问题，下面将以系统的方式进行位错分析。当其他条件完全一致，只有掺杂条件改变的时候，对比 P 型/N 型/P 型掺杂晶体（此后有时将其称为 P-N-P 掺杂晶体）与分别生长的纯 P 型和纯 N 型掺杂形成的晶体。在图 2－39 中，蚀刻图像是从 6H-SiC 晶体的 N 型掺杂区与 P 型掺杂区的衬底的小平面区域拍摄的，其中，图 2－39（a）以硼为受主，图 2－39（b）以铝为受主进行掺杂。在图 2－40 中，绘制了 P-N-P 掺杂晶体区域中基矢面位错密度与总位错密度的比值，显示了晶体的 N 型与 P 型掺杂区域中基矢面位错密度的变化［图 2－40（a）：硼为受主；图 2－40（b）：铝为受主］。

在第一 P 型掺杂区中，基矢面位错的密度非常低，随后在 N 型掺杂的晶体部分中急剧增加，并且在第二 P 型掺杂的区域中再次急剧减小。基矢面位错密度与总位错密度（即基矢面位错、刃型位错和螺旋位错的密度总和）的比值在晶体的 N 型掺杂区域中最高。P 型掺杂区域中总位错密度的主要组成为刃型位错。在以硼作为 P 型掺杂受主的 P-N-P 掺杂晶体中，该比值在第一 P 型掺杂区域中小于 0.2，在 N 型掺杂区域中急剧上升至约 0.9，然后在第二 P 型掺杂区域中再次下降至约 0.3。在铝原子作为受主的情况下，它在第一 P 型掺杂区域中小于 0.3，在 N 型掺杂区域中显著上升至约 0.8，然后在第二 P 型掺杂区域中下降至约 0.4。在 3 个不同掺杂的区域中，总位错密度保持不变。

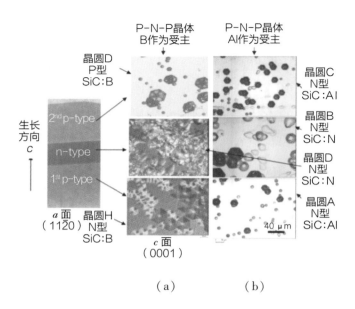

图 2 – 39　以硼和铝作为 P 型掺杂受主依次掺杂形成的 P-N-P 掺杂的 6H-SiC 晶体
　　　　（参见图左侧的纵向截面）的典型氢氧化钾蚀刻图像，显示了晶体的 P
　　　　型和 N 型掺杂区中基矢面位错密度的变化。与 P 型掺杂区相比，N 型
　　　　掺杂区的基矢面位错密度更高

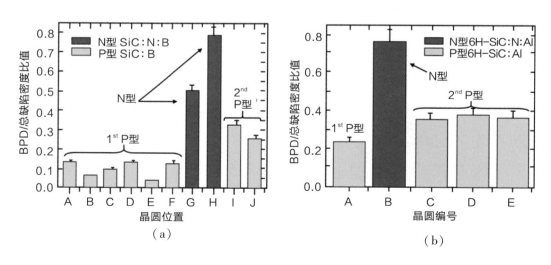

图 2 – 40　P-N-P 掺杂晶体中的位错统计，显示了 P 型和 N 型掺杂区域的基矢面位
　　　　错密度在总位错密度中的相对占比

图 2 -41 中显示了硼作为受主的 6H-SiC 中 3 个不同掺杂区域中的摇摆曲线，图2 – 41 是通过三轴配置的高能 X 射线衍射（High Energy X-ray Diffraction，HE-XRD）测量（0006）反射。在 P 型/N 型/P 型掺杂区域中，半峰全宽（FWHM）相同（FWHM =0.15°），这与在镶嵌性和亚晶界的作用下晶体的倾斜与扭曲相关，并且与位错密度紧密相关，即倾斜度越高，位错密度越高，半峰全宽越大。Chierchia 等人也通过 XRD 技术研究了异质外延 GaN 晶体的倾斜和扭曲与 FWHM 的关系。[24]在上述测量中，X 射线束的光斑大小约为 9 mm^2。3 个不同掺杂区域中的 FWHM 相等，这进一步证明了这些区域中的总位错密度是相同的，值得注意的是，只有主要的位错类型可以通过缺陷选择性蚀刻形成的位错腐蚀坑来分析确定。

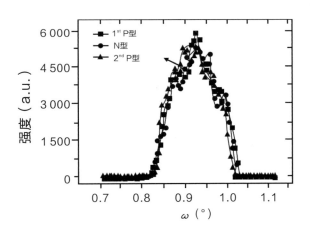

图 2 -41　P-N-P 掺杂的 6H-SiC 晶体的 P 型和 N 型掺杂区域的（0006）ω 摇摆曲线，所有掺杂区域中的 FWHM 都相同

在掺杂不同的晶体区域中进行位错分析，可以注意到，P 型掺杂区域的基矢面位错密度并不等于 0，正如通常在纯 P 型掺杂晶体中观察到的那样，这主要归因于晶体的弯曲生长界面。在切割过程中，一些 P 型和 N 型衬底以环状形式获取了具有相反掺杂类型的截面，来自 N 型夹杂物的基矢面位错可能影响 P 型区域的位错统计。此外，就像 N 型籽晶和第一 P 型掺杂区域之间的界面一样，P 型衬底在 P 型和 N 型掺杂区域之间的界面处可

能会出现相当大的基矢面位错（特别是当 P 型衬底由于衬底问题而出现薄的 N 型层时）。然而，仅在这些晶体的小平面中心的几个点进行位错分析时，观察到的趋势是 N 型掺杂区 P-N-P 的基矢面位错密度较高，而 P 型掺杂区域几乎没有基矢面位错。

通过拉曼散射光谱测量发现，在 P-N-P 掺杂区域之间的过渡区域上没有诱导的晶型转变，在不同掺杂区域以及过渡区域中的拉曼峰是相同的，并且与 6H 晶型对应。此外，HE-XRD 测量显示不同掺杂区域的晶格间距（d 值）没有变化。在图 2 – 42 中的 2θ-ω 扫描中，对于（0006）和（2110）反射，不同掺杂区域的峰值位置位于相同的 2θ 值处［图 2 – 42（a）和（b）］。这可能是由于在 P 型和 N 型掺杂的晶体区域中都存在受主原子。受主原子对晶格参数的影响似乎大于施主氮原子。由于氮原子体积较小，所以它在碳晶格位比在硅晶格位更合适。在（0006）反射中，所有 3 个区域的 d 值均为 2.53 Å，在（2110）反射中，d 值均为 1.56 Å。如 2θ-ω 扫描结果所示，在 3 个不同掺杂区域中沿晶体生长轴的晶格参数具有连续性，排除了在不同掺杂区域界面处的晶格失配。因此，可以排除在一个区域而不是其他区域形成额外的失配位错的可能性。晶格失配与失配位错的形成有关，例如，在异质外延过程中，衬底和外延层表现出不同的晶格参数。

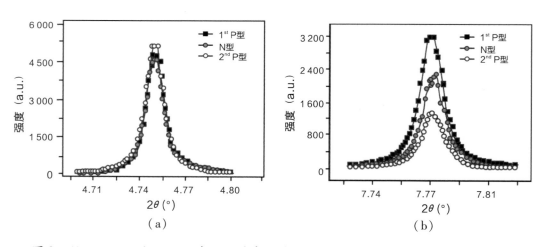

图 2 – 42　P-N-P 型 6H-SiC 中不同掺杂区域的（0006）和（2110）拉曼散射光谱

［注：（0006）（a）和（2110）（b）的拉曼散射光谱，掺杂了 P-N-P 的 6H-SiC 晶体的 P 型和 N 型区域的 2θ-ω 扫描（使用硼作为 P 型掺杂受主）。最大峰值强度在相同布拉格角（2θ）］

2.7.3 掺杂对晶格硬度变化的影响

通常，我们在许多晶体系统中都可观察到，向晶格中添加杂质会在晶体中引起应力，从而改变其机械性能，这在金属和半导体中非常普遍。[25]在冶金中，添加杂质已被用作阻止缺陷运动的手段，从而使材料或杂质硬化。同样，在诸如化合物半导体的单晶化合物材料中，杂质也会影响位错的移动。从化合物半导体材料砷化镓的研究中可以知道，掺杂特定元素会影响各种滑移面以不同方式进行滑移，例如，掺杂可以降低在最紧密堆积的（111）平面上的滑移，但有利于在其他平面上的滑移。

同样地，在碳化硅中，有六个主要的滑移系统，掺杂可以改变位错的滑移面倾向。[26]最常见的是基矢面滑移，因为其所需的能量较少，所以是应力释放的首选。如果材料掺杂了硼/铝受主或氮施主等掺杂剂，则情况可能会改变，滑移系统可能会以不同的方式变化，因为这些原子在晶格中可能表现出不同的机械性能。电子顺磁共振（Electron Paramagnetic Resonance，EPR）谱和电子—核双共振（Electron Nuclear Double Resonance，ENDOR）谱表明，受主铝和硼占据的是碳化硅晶体中的硅位点，而施主氮则占据碳位点。由于取代原子和被取代原子之间的原子半径 Δr 不同（Al $\Delta r = 15$ pm，B $\Delta r = 25$ pm，N $\Delta r = 11$ pm），这些原子在晶格中的位置也会产生应力。受主原子硼或铝在硅位点上产生的应力不同于施主原子氮在碳位点上施加的应力。由较大铝原子在硅位点上产生的较大压缩应力以及由较小硼原子产生的较大拉伸应力都可能比氮原子在合适的碳位产生的应力能更有效地阻止基矢面滑移。因此，与 N 型掺杂的碳化硅相比，P 型掺杂的碳化硅中基矢面位错的形成和滑移将受到更大的阻碍。其他滑移系统，如柱面滑移，可能比基矢面滑移更有利于应力释放。使用纳米压痕法对在 c 面和 a 面上生长的 N 型与 P 型掺杂的 6H-SiC 样品的临界剪切应力（CSS）测量结果支持了这一观点，其中样品的掺杂浓度范围为 $10^{18} \sim 10^{19}$ cm^{-3}。与 N 型掺杂材料相比，P 型掺杂材料在所有研究的晶体学方向上均表现出更高的 CSS，特别是在 a 轴（或 $[11\overline{2}0]$ 方向）上，CSS 确切地显示为约 0.75 GPa，比在 N 型掺杂的晶体中更高。结果表明，与 P 型掺杂的 6H-SiC 相比，N 型掺杂的 6H-SiC 更容易产生基矢面位错，这表明在 N 型掺杂的 6H-SiC 中位错的形成及滑移速度高于在 P 型掺杂晶体中的情况。

2.7.4 掺杂对费米能级的影响

在讨论 N 型和 P 型掺杂的 6H-SiC 中观察到的基矢面位错现象时，除了考虑晶格中掺杂原子的机械效应（晶格硬度模型），还要考虑它们的电子效应和晶体中相关的费米能级。

一般晶格硬度模型不足以解释 N 型掺杂晶体中的高基矢面位错密度。这是因为在研究依次掺杂的 P-N-P 晶体时，其 N 型掺杂区域中也包含受主，并且在与 P 型掺杂区域含相同受主浓度的情况下，N 型掺杂区域的基矢面位错密度仍然高于 P 型掺杂区域。可以通过使用过量的氮气来过度补偿受主实现 N 型掺杂。如果晶格硬化是影响位错密度的主要因素，那么在 P-N-P 掺杂晶体的不同的 P 型和 N 型掺杂区域之间就不会体现出基矢面位错密度的变化。因此，无法单独用晶格硬度模型来解释 P 型掺杂与 N 型掺杂的 6H-SiC 晶体中位错含量的差异。因此，还需要采用电子效应，即由掺杂而导致的费米能级位置的差异来建立一种模型，以解释在 6H-SiC 中基矢面位错在 N 型掺杂比在 P 型掺杂中更稳定的情况。

众所周知，在半导体技术中，半导体的电子能级带隙会诱发缺陷。Iwata 等人提出，在低于 N 型掺杂的 4H-SiC 导带最小值的 0.6 eV 处的层错（SF）可以充当量子阱，在那里电子可以被俘获，导致系统的总能量减少，从而使层错变得稳定。该解释已得到对 N 型 4H-SiC 中此类层错进行的电子结构的理论研究的支持，其也可能适用于 6H-SiC。

如果要使释放热应力的基矢面位错的产生得到有效的电子驱动抑制，那么在碳化硅晶体中必须存在一个由基矢面位错引起的缺陷电子能级，其值必须低于 N 型碳化硅的费米能级并且高于 P 型碳化硅的费米能级。如果基矢面位错被电子占据，它将比未占据状态更稳定。Blumenau 等人表示在带隙的底部可能存在与基矢面位错相关的能级。在 N 型碳化硅中，费米能级接近导带，低于该能级的基矢面位错将受益于电子捕获，在 P 型碳化硅中，费米能级接近价带，此时基矢面位错的能级比它更高，所以基矢面位错在 N 型碳化硅中比在 P 型碳化硅中更稳定。

如果基矢面位错的稳定性或动态取决于费米能级，那么在高于 2 000 ℃ 的生长温度下将这一点纳入估算很重要，因为费米能级和带隙取决于温度（带隙收缩）。[27] 在很宽的温度范围内，尤其是在典型的生长温度和掺杂浓度下，对费米能级（E_F）进行的分析（如图 2-43 所示）表明，对于低掺杂的 N 型和 P 型碳化硅（[N]，[P] ~ 5×10^{18} cm^{-3}），其费米能级比导带低 1.0 eV，在 $T = 2\,200$ ℃ 时大约比价带高 1.0 eV（即 $E_F = E_{vb} + 1.0$ eV）。在韧性到脆性转变温度（1 150 ℃）下，对于相同的掺杂浓度，对于 N 型 6H-SiC：N，计算出的费米能级大约比导带低 0.5 eV，对于 P 型掺杂的 6H-SiC：Al，B，其费米能级比价带高大约 1.0 eV。在合适的生长温度下，与基矢面位错相关的缺陷能级需要位于带隙中心附近，这样才能有效使用抑制或稳定位错的电子模型。

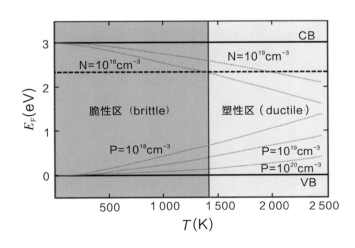

图 2-43　在典型的生长温度和掺杂浓度下的费米能级变化曲线

根据 P-N-P 掺杂的 6H-SiC 晶体以及纯 P 型和纯 N 型掺杂晶体的位错分析结果来看，可以认为掺杂可能以不同的方式影响位错的演化。一方面，P 型材料中发生了热弹性应力释放，促进了刃型位错和螺旋位错的产生。另一方面，在 N 型掺杂材料中，主要促进的是基矢面位错的产生。

目前还没有研究发现或发表过与刃型位错和螺旋位错相关的能级，这些位错类型的滑移和传播与六边形碳化硅基矢面中的层错缺陷无关。与在基矢面位错滑移中的情况一样，这相当于低维的晶型转变。

与生长有关的问题

晶型控制

碳化硅具有多种晶型，最常见的为 3C、4H、6H 和 15R。碳化硅中的 Si-C 单元分布在六边形双层中，其中硅和碳交替地占据亚层。双层沿 c 轴的排列顺序决定了碳化硅的晶型。根据终止原子的类型，碳化硅的（0001）面具有碳或硅终止层。

碳化硅衬底技术面临的主要障碍之一是晶体中存在不同的晶型夹杂物。生长过程中的晶型夹杂物限制了较大直径的单晶碳化硅衬底的生长。晶型夹杂物还有可能为其他缺陷创造成核位点，导致晶体质量的严重下降。晶型夹杂物形成的主要原因是其层错能很低，这要求对生长过程的热力和动力条件进行特殊控制，因此，需要精确控制热条件和生长压力。这必须精心设计生长腔，并且必须特别注意籽晶的安装。除了热条件和压力外，影响晶型夹杂物产生的其他因素包括籽晶的表面极性、气体的过饱和度、气相的化学计量比、杂质水平、籽晶切角和晶面等。

在物理气相传输生长过程中，籽晶的表面极性对碳化硅晶体生长的晶型有很大影响。如上文所述，碳化硅晶格由硅和碳形成的交替双层组成，这使得碳化硅一般是极性的，因此它有两个化学成分不同的晶面，即（0001）硅面和（000$\bar{1}$）碳面，不同的晶面具有不同的表面能。结果表明，（0001）硅面比（000$\bar{1}$）碳面具有更高的表面能。4H 晶型具有较高的生成焓，所以无论所用的的籽晶为何种晶型，4H 晶型总是优先生长在表面能较低的碳面上。同样，具有较低生成焓的 6H 晶型优先生长在具有较高表面能的硅面上。许多研究发现，生长晶体的晶型取决于表面极性，而不是籽晶的晶型，表明表面能或表面极性对所得晶型的夹杂物具有强烈的影响。

分析模型表明，不同碳化硅晶型的成核与生长温度有很强的相关性。

2 碳化硅材料生长的基本原理 115

例如，3C-SiC 可以在低温下生长，而六边形的晶型由于所需能量的差异，需要较高的生长温度。4H-SiC 理论上所需的生长温度低于 6H-SiC 的生长温度，但 4H 和 15R 晶型在与 6H-SiC 相似的生长温度条件下仍然会生长。而且，由于不同晶型间的能量差异很小，仅通过温度条件来控制晶型的转变相当困难。在碳化硅的初期生长过程中，晶型夹杂物的形成与生长条件之间存在复杂的相互作用。影响晶型转变的两个参数是过饱和度及气相中的 Si/C 比。这些参数直接由坩埚温度、温度梯度和反应腔压力控制。当在 6H-SiC 籽晶的碳面上生长时，高的过饱和度和低的 Si/C 蒸气比对 4H 晶型的形成至关重要。为了满足这两个条件，需要一个高的轴向温度梯度，因为这样允许使用较高的初始温度，从而产生富含碳的蒸气和较低的籽晶温度，促进所需的过饱和形式的形成。当 4H 晶型在 4H-SiC 籽晶的碳面上生长时，如果生长在低的过饱和水平下（生长速率为 100 μm/h），则可实现高的重现性。一旦前期形成了正常的生长模式，就可以通过提高过饱和度以获得高的生长速率。过饱和度的提高通常可以通过降低惰性气体压力，同时保持较高的温度梯度以获得所需的 Si/C 比。

研究还发现碳化硅原材料中的杂质会影响晶型的稳定性，例如，稀土元素中的钪（Sc）和铈（Ce）倾向于 4H 晶型，这些元素的确切作用机理尚不明确，但研究人员已经进行了一些推测性假设。一种假设认为这些金属可能通过碳化物使蒸气中的碳富集；而另一种假设则认为杂质起着表面活性剂的作用，改变了原子核的表面能。掺入晶格中的氮对 4H-SiC 的晶型稳定性也有重要影响，其主要影响 Si/C 的浓度比以及使生长表面的碳相对富集。

2.8.2 衬底缺陷控制

衬底缺陷对碳化硅器件的性能有着非常不利的影响，因为这些缺陷通常会传播到后续的外延层中。降低衬底缺陷是碳化硅衬底技术面临的最关键的挑战之一。因为大多数研究都集中在减少标准物理气相传输生长的衬底中的缺陷，所以除非另有说明，否则下文的大多数讨论都限于 4H-SiC 和 6H-SiC 的标准物理气相传输生长，且生长方向平行于 c 轴。

物理气相传输生长的一个显著特征是螺旋式生长，如图 2-44 所示。有较多的生长因素与此相关，例如，生长参数的不稳定与籽晶的质量都会导致二维和三维成核，从而导致螺旋生长。[28] 这些螺旋与晶体缺陷的形成有着密切的关系，例如，在生长过程中，由于一个螺旋相对于另一个螺旋的方向不同，就会导致这些螺旋在低角度晶界处可以相互移动。螺旋生长引起的其他主要缺陷包括位错、晶体镶嵌（畴结构）和微管缺陷（空心螺旋位错）。

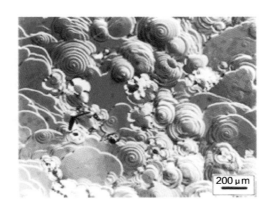

图 2-44　具有几个生长中心的生长表面的 SEM 图像，假定通过螺旋
位错周围的螺旋生长机制形成

在所有缺陷中，微管缺陷被认为是限制碳化硅作为商业半导体材料的主要威胁。微管缺陷是一个大的螺旋位错的空心核，会沿着生长方向贯穿整个晶体（生长平行于 c 轴条件下）并被复制到器件的外延层，因此，它们会损害器件性能。关于微管缺陷形成的原因已有较多讨论，并且存在许多矛盾的观点。大多数观点围绕弗兰克理论提出，弗兰克理论认为微管缺陷在具有大伯格斯矢量的螺旋位错上形成。[29] 最近使用同步辐射 X 射线白光形貌技术进行的研究进一步证实了微管缺陷为大伯格斯矢量的螺旋位错，并且微管缺陷的伯格斯矢量的大小范围是晶胞晶格参数的 2~7 倍。微管缺陷的大小与伯格

斯矢量的大小直接相关。

目前已经确认了几种与生长相关的微管缺陷形成的可能来源。微管缺陷的形成可能来自三个方面：热力学、动力学和技术方面。热力学来源可以是热场均匀性、气相组成、空位过饱和状态、位错形成和固态转变。动力学来源包括成核过程、生长相形态、不均匀的过饱和状态和气泡的捕获。技术方面包括过程的不稳定、籽晶的表面处理以及生长系统的污染。随着对这些来源的深入了解和实验研究以及对生长过程的精确建模，生长技术得到了巨大的改进，成功地控制了微管缺陷的形成。特别是近年来，在降低微管缺陷密度方面更是取得了稳步的进展。当前，具有零微管缺陷的 N 型 4H-SiC 衬底已经商业化。

在籽晶升华生长（标准物理气相传输）碳化硅晶体的工艺中，生长方向平行于 c 轴时发现了晶体缺陷。尽管微管缺陷是籽晶升华生长所固有的，但使用其传统方法（即 Acheson 工艺和 Lely 工艺）生长的晶体很少显示出微管缺陷。这些偏轴生长方法对微管缺陷生成的抑制可归因于应力的释放。应力释放在很大程度上取决于生长轴，在平行于 c 轴和垂直于 c 轴生长的晶体之间具有显著差异。[30] 这些发现引出了新的研究方向，许多研究都集中在垂直于 c 轴的碳化硅生长上。结果证实，采用籽晶升华生长法，在 $[1\bar{1}00]$ 和 $[11\bar{2}0]$ 方向（a 轴）生长晶体时，可以消除微管缺陷。尽管这种方法在减少微管缺陷方面显示出优势，但在目前阶段，这种方法距离大规模商用还相当遥远，因为这种方法容易在生长的碳化硅晶体中产生大量的基矢面位错。最近，人们提出了一种叫作反向"重复 a 面"（RAF）生长的方法，作为垂直于 c 轴生长过程的修正，这种方法在某些方面较为优越。[31]

2.8.3 电气特性控制

电阻率是影响半导体材料性能的重要因素之一，目前的挑战是如何控制器件应用中故意掺杂或无意掺杂的含量。大功率器件是碳化硅的主要应用领域之一，它需要低电阻的衬底，以减少由寄生和接触电阻引起的功率损耗。相比之下，对于在微波频率下工作的器件和电路来说，半绝缘衬底对降低介电损耗和减少器件寄生效应的实现显得至关重要。

氮是碳化硅掺杂常用的 N 型掺杂剂，铝是主要的 P 型掺杂剂。它们可在碳化硅带隙中产生相对较浅的施主和受主能级。由于磷在碳化硅中的溶解度高于氮，因此有研究提出用磷代替氮作为 N 型施主。目前，工业化生产碳化硅衬底的标准物理气相传输方法使用的还是氮掺杂，其通过将氮气经石墨的孔隙掺入生长坩埚的壁中来实现。然而，铝的掺杂是将铝直接混合到碳化硅原材料中进行 P 型掺杂，这种方法的一个重要缺陷在于过程中铝的不断消耗，这种生长过程中的损耗阻碍了标准物理气相传输生产 P 型衬底的普及。

掺杂剂掺入 6H 和 4H 晶型的特性基本相似。在籽晶极性不同的情况下，掺杂情况在（000$\bar{1}$）碳面和（0001）硅面有很大的差别。在相同生长条件下向碳化硅晶体中掺杂氮时，掺杂在 6H-SiC 或 4H-SiC 的（000$\bar{1}$）碳面上比在（0001）硅面上高出 3 ~ 5 倍的载流子浓度，图 2 – 45 显示了在（000$\bar{1}$）碳面和（0001）硅面上生长的 N 型掺杂的 6H-SiC 中掺杂剂与氮气流速的关联性。由于铝的掺入倾向于（0001）硅面，因此在铝的掺入方面出现了与之相反的效果。对于未掺杂的碳化硅晶体，生长在（000$\bar{1}$）碳面上的晶体表现出 N 型的导电性，而生长在（0001）硅面上的晶体表现出 P 型的导电性。掺杂结果受到晶体上氮掺入碳位、铝掺入硅位的机制影响。

掺杂量可以通过对表面极性效应和生长参数的精确控制来有效地实现。目前，高掺杂（10^{20} cm^{-3}）的 N 型 4H-SiC、6H-SiC 和半绝缘（10^{14} cm^{-3}）的 4H-SiC 衬底已实现商业化。4H-SiC 和 6H-SiC 的已知最低电阻率分别为 0.002 8 和 0.001 6 Ω·cm，而 4H-SiC 的已知最高电阻率大于 10^5 Ω·cm。4H-SiC 由于其固有的晶体特性，比 6H-SiC 具有更高的载流子迁移率和更小的各向异性，这些关键性能对高功率和高频器件的应用非常有利，因此，目前的市场趋势倾向于广泛采用 4H-SiC 衬底。

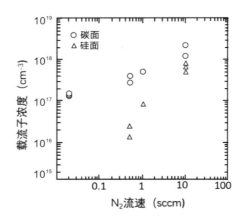

图 2 - 45　掺杂剂掺入 6H-SiC［在（000$\bar{1}$）碳面和（0001）硅面上生长的 N 型掺杂晶体］与氮气流速的相关性

2.9 ▶▶▶ 生长过程和缺陷产生的数据建模

2.9.1 ▶ 计算机建模的优势

数据建模已成为材料科学和加工技术中的标准工具。特别是在晶体生长的计算机仿真中，它被广泛用于计算生长反应腔内部的温度分布。计算出的温度梯度可用于计算晶体在生长界面处的物质传递以及新生长出来的晶体中的热应力。研究人员虽然可以应用最先进的计算机程序进行仿真，但是因为缺乏对所涉及材料特性的了解，很难精确地匹配理论计算以及实验数据。尽管如此，计算机仿真依然可以为结晶过程的优化提供极大的帮助。

随着技术的发展，已可以通过开发计算机程序对物理气相沉积生长腔内的温度场、传质、生长腔内部的化学反应、碳化硅粉末原材料的演化、生长晶体中的热应力和相关的位错密度等重要因素进行计算机模拟。在所有模拟中，为了取得与实际相符的结果，对材料特性的了解是至关重要的。总体而言，对生长腔内部的温度场和相关温度梯度的"简单"运算对逐步地改善物理气相沉积生长过程具有重要的指导意义。

作为晶锭生长过程中的一般要素，晶体的尺寸、结构、质量和掺杂均匀性的结果与该过程的控制程度直接相关。因此，精准地监测反应腔中物理化学参数的分布十分重要。由于整个实验是在 $0 \sim 2\,800$ K 温度的极端条件下在准封闭的石墨坩埚中进行，碳化硅晶锭的生长工艺通常被认为是"黑匣子"，在不干扰系统生长的情况下，无法直接明确地获得内部反应的参数。所以，问题还在于在实验后如何将可控的参数（线圈电流和频率、坩埚外表面的温度、压力、几何形状）与观察的结果参数（生长速率、缺陷密度、形状、掺杂水平和均匀性）联系起来。因此，仅靠实验手段还不足以开发一个可控性高的生长工艺。在过去的一二十年间，建模和仿真工具的并行开发取得了重大的进展。一种将实验与晶体合成表征相联系的宏观方法使研究人员可以逐步打开这一过程的黑匣子，并深入了解各种现象的复杂组合。在碳化硅的发展历史上，这种联合采用科学实验、表征研究以及数据建模的综合方法是一项重大的成就，因为在文献中没有太多的实例可以在如此极端的实验条件下实现如此完整的方法。

一个实用的模型应该能够定量预测这些现象如何影响晶体的生长过程。建模的结果通常有两个用途。首先，从某种意义上说，它为过程的"特征"或"可视化"提供了宝贵的有参考价值的数据，从而可以推测系统中实际发生的事情。其次，一旦达到足够高的成熟度，就可以将建模结果用作优化和开发过程中的设计。

也有不同的研究小组通过计算机模型的开发，来优化仿真某些方面的参数或者模拟全局耦合的多物理场模型。如今传热和传质计算是最前沿及热门的研究。对于化学反应，特别是固相蒸发界面，虽然模拟方法不尽相同，但是都不同程度地需要兼顾到热力学原理。因此，人们基于热应力计算开发了一种预测位错密度的模型，最近的研究成果运用 Alexander-Haasen（AH）模型来描述碳化硅塑性变形的动力学，这可以用来研究冷却时间对碳化硅晶体的最终位错密度、残余应力和层错的影响。[32]

建立一个可靠性强的关于材料电气特征、热学特征以及化学反应特征（例如不同种类的碳化硅气体与石墨壁的异质反应）的数据库，对于获得可靠性强的模拟数据结果至关重要。基本上，物理、化学和热力学参数是否准确，决定了该模型是否可以提供定量或更多的定性参考。

在进行温度场计算时，应考虑到接触传导（生长装置的固体部分和液相间）、对流传导（流体）和辐射传导等因素，辐射传导是生长温度 $T >$ 2 273 K 时的主要过程。传热的处理还必须考虑碳化硅的表面升华和凝聚过程的潜热（相变潜热）。随着最新发展的高生长速率（ >1 mm/h）工艺的出现[33]，模型中需要将在原来较低生长速率时通常会忽略的在结晶表面产生的热量纳入考虑。另外，由于环境气体的低压条件，对流通常在物理气相沉积模型中被忽略，但是在顶部籽晶液相生长模型中的必须认真考虑。

温度场模型是快速开发碳化硅晶体生长工艺所需的最低要求，并且随着商业软件包的使用而变得更加容易。然而对工艺升级而言，优化温度分布的计算至关重要，因为它直接影响着晶锭中应力的产生和演化。由于碳化硅在生长温度下是半透明的，因此，很难非常准确地描述温度梯度（轴向和径向）。辐射的吸收也不是恒定的，因为它与晶体的掺杂水平和温度有关。整个温度场受半透明性的影响很小，然而受晶体及其附近的局部效应的影响则很明显。热应力在位错的密度分布中起着重要作用，当主滑移系统上的解析剪切应力超过临界解析剪切应力时，它可能会导致位错的增加。作为第一近似值，剪切应力可以当作晶体位错密度的指标。

尽管大多数研究都是在准稳态下进行的，但研究坩埚中的瞬态现象也很重要。当要描述加热和冷却阶段的生长行为，或者几何形状随时间的变化（如线圈相对于坩埚的位置）时，这一点尤其重要。Klein 等人的研究发现[34]，与大量生长的晶体的加热相比，碳化硅源粉末的加热会有所延迟，如果使用较大颗粒的粉末装填，这种效应就会变得更加明显，而如果粉末具有较高的热导率，这种效应将变得更不明显。在他们的研究条件下，估算的粉末表面与内部之间的加热时间差达 1.5 h。加热阶段和冷却阶段与晶体的最终应力和缺陷扩展的发展之间有着更重要的联系。AH 模型已经被用于描述 4H-SiC 单晶的塑性变形，在高温（>1 273 K）区域中，实现了对碳核部分位错的模拟，在低温（<1 273 K）条件下，对硅核部分位错进行了建模。因此，该模型可以评估位错密度随时间的变化，并可以检验冷却时间对最终位错密度、残余应力和层错的影响。适当的功率控制也可以有效地降低基矢面位错的密度。

为了更进一步准确地仿真，我们在模拟晶体生长过程时必须同时考虑传质和传热以及二者之间的相互作用。电荷到籽晶的质量传输和生长动力学决定了晶体的生长速率和形状。蒸汽传输的动力来源是原材料和籽晶之间的各种碳化硅气体（特别是 Si、Si_2C 和 SiC_2）的分压差。从实验的角度来看，生长速率与生长温度、温度梯度、惰性气体压力、进料与籽晶之间的距离等因素密切相关，这些因素最终确定了上述碳化硅气体种类的分压。对于数值模拟来说，需要考虑由碳化硅粉末和晶体的相变引起的 Stefan 气流。为了使生长速率与过饱和相关，通常采用赫茨克努森方程。现在已经可以确定，控制晶体附近和晶体/蒸汽界面附近的物质通量（即过饱和）是获得高质量均质晶体的关键方式之一。这可以通过在生长前沿的外围使用"掩蔽（screen）"或"诱导（guide）"来完成。该"掩蔽"或"诱导"允许独立的单晶生长，使晶体不受多晶夹杂物的影响，这样的方式也有助于晶体的生长。Nishizawa 等人很好地证明了数值建模与实验之间的相关性，如图 2 –46 所示。[35]

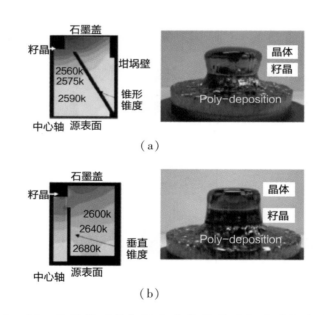

图 2 –46　使用物理气相沉积生长单晶碳化硅的仿真图示

［注：左：生长腔内的温度分布，具有两种不同的导向形状——（a）锥形导向和（b）垂直导向。右：相应晶体的相机图片。通过内部"诱导"的适当设计表明，可以获得无多晶夹杂的单晶碳化硅晶锭。这种方法为大直径、高质量的晶体生长开辟了道路］

对于溶液生长，模拟质量传输的主要困难在于如何正确地描述对流模式，该模式控制了溶质（碳）从溶解区到结晶区的传输。在纯硅中，必须考虑 4 个主要因素：浮力对流、强制对流、马兰戈尼（Marangoni）对流和电磁对流。其中的复杂性是一个主要难题，因为它很容易引起工艺的不稳定，但是如果考虑到某些对流机制可以从外部控制并增强碳的传输，那么这也是一个优势。同样，数值模拟是唯一可以打开过程"黑匣子"的工具。

由于碳在纯硅中的溶解度非常低，因此，对流可以忽略不计。但对于其他具有更高碳溶解度（通常高于 10%）的熔剂（如 Cr-Si 合金）而言，情况可能并非如此。用纯硅作为熔剂时，可以简单地根据到达晶体表面的碳熔出来计算生长速率。[36] 然而，仅考虑二维（2D）轴向几何形状时，对流模式的复杂性会给顶部籽晶液相生长过程的放大带来一些限制。如果要正确地描述，将需要完整的三维几何形状，而这将大大增加计算时间。

2.9.2 温度场与传质的建模

在碳化硅的物理气相沉积生长过程中，通常采用感应加热。因此，第一步需要通过求解麦克斯韦方程确定感应加热功率。根据电场的空间分布结果，并考虑各种生长装置部件的电导率，可以得出在生长腔内部的热源的电阻损耗。

在第二步中，通过一组偏微分方程的数值解来计算热量在生长装置内部的分布及其向环境的损耗。在气室和生长装置的固体部分中需要符合质量守恒定律（连续性方程）、动量守恒定律（Navier-Stokes 方程）和能量守恒定律。温度场的计算需要考虑通过传导（生长装置的固体部分）、对流（气体室）和辐射产生的传热。在高于 2 000 ℃ 的高生长温度下，通过对流进行的传热可能会被忽略，而通过辐射进行的传热则起着明显的作用。对传热的正确计算应包括升华和凝聚结晶过程中的相变热，这种被称为 Stefan 气流的现象的产生需要在生长腔内部同时进行传质，传质本身包含 Si、Si_2C 和 SiC_2 气体以及通常添加的惰性气体。需要考虑气体室中的化学反应以及在碳化硅升华表面、碳化硅晶体生长界面和坩埚侧壁上的不同气体种类间的相互作用。尽管对流传热在气室中的作用很小，但在传质的情况下，必须考虑物质的扩散和对流。对于在石墨容器中的生长，可以假定（SiC＋C）的环境保持气相平衡。

为了控制气体物质的传输进而控制碳化硅的生长速率，可以使用惰性气体来建立受限扩散的传质。由于与碳化硅源材料表面相比，籽晶处的温度较低，因此碳化硅相关气体会在籽晶处变得过饱和。关于过饱和条件下的生长速率可以使用赫茨克努森方程进行计算。

在碳化硅的晶体生长中，通常无须考虑传质就足以计算出生长装置内部的温度场。这表示可以在生长尚未开始的情况下建立温度和气压等生长条件，图 2–47 描绘了物理气相沉积生长腔内的这种典型的温度分布。温度梯度在很大程度上取决于石墨生长腔和周围隔离材料的设计。另外，感应加热线圈的轴向位置也很重要，因为它会因电阻损耗而影响热源的局部位置。坩埚顶部和底部的温度是系统的重要状态信息，两者通常可以通过实验获得，从而可以将计算机模拟与实际生长过程直接关联起来。加热功率和惰性气体压力可用作控制生长过程的参数，影响生长温度（生长腔的平均温度）和生长速率（特别是在受限扩散的生长模式情况下）。

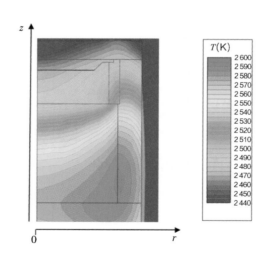

图 2–47　计算的物理气相沉积生长腔内的温度场分布：由于生长腔的轴对称设计，因此可以将计算简化为径向坐标中的 2D 模型

在使用新的生长腔设计方案之前，可以先进行计算机仿真以验证目标温度场并加以修改。为了降低位错密度以获得高晶体质量，必须降低径向温度梯度。为了保证碳化硅粉末源到晶体生长界面的传质，需要将轴向温度梯度保持在一定值。计算的准确性在很大程度上取决于对温度相关的电导率（由感应影响的热源的局部位置）和热导率（热耗散）以及表面反射率（辐射加热）的精确了解。目前，对碳化硅粉末源的电学和热学性质随时间的变化以及对石墨零件老化的影响的了解仍较少。

2.9.3 多孔碳化硅原材料的建模

在研究多孔碳化硅（Porous SiC，PSC）原材料的传质和传热时，需要考虑颗粒尺寸（假设为球形）和孔隙率的影响，以及碳化硅粉末源的有效导热系数，并且通过考虑热导率（固相和气相）、对流（气相）、辐射（固体表面之间）以及固相和气相之间的热传导建立传热模型。在 2 100 ℃ ~ 2 400 ℃ 的高温下，辐射的热传递起着重要作用。在室温下，随着孔隙率的增加，热导率会降低，因为微孔具有隔热的作用。但在高于 1 000 ℃ 的高温下，由于辐射传热的作用，最终有效的热导率可能随孔隙率的增加而增加。

对碳化硅晶体的生长、碳化硅原材料的演化及其相关热性能的了解具有重要的价值。尽管现有计算机算法对碳化硅原材料的演变可以做出有用的粗略预测，但由于升华和凝聚再结晶的过程非常复杂，因此到目前为止，尚无关于碳化硅粉末演变的精确描述。对碳化硅原料的真实建模可能需要考虑细长的碳化硅粉末晶粒的演化，而不是简单的球状。

2.9.4 晶体应力计算

在晶体生长过程中以及在随后的冷却过程中，最大限度地减小碳化硅晶锭中的热应力对降低最终位错的密度有重要作用。在物理气相沉积生长期间，轴向的温度梯度是固定的，因为它建立了含硅和含碳气体成分从源极到生长界面的传质。然而，径向的温度梯度会引起径向应力，这一应力在一定程度范围内能够通过生长界面的凸起来缓解。如果碳化硅中用来缓解主滑移面热应力的临界解析剪切应力超过了生长过程中或生长过程冷却后的解析剪切应力，则在碳化硅中会产生位错。因此，碳化硅晶锭内部出现的剪切应力值之间的关系可以用作预测生长晶体的位错密度的指标。

为了计算应力，圆柱坐标（r，z，Φ）体系至关重要，因为它们与在轴对称生长腔中生长的六方多晶碳化硅晶锭的形状最匹配。在应力张量 σ =（σ_{rr}，$\sigma_{\Phi\Phi}$，σ_{rz}，σ_{zz}，$\sigma_{\Phi z}$，$\sigma_{r\Phi}$）的六个分量中，两个分量 $\sigma_{\Phi z}$ 和 $\sigma_{r\Phi}$ 可以忽略。同样地，也可以不再考虑形变张量 ε =（ε_{rr}，$\varepsilon_{\Phi\Phi}$，ε_{rz}，γ_{zz}，$\gamma_{\Phi z}$，$\gamma_{r\Phi}$）中的两个分量 $\gamma_{\Phi z}$ 和 $\gamma_{r\Phi}$。其余四个形变张量元素为：

$$\varepsilon_{rr} = \frac{\partial v}{\partial r}, \quad \varepsilon_{\Phi\Phi} = \frac{v}{r}, \quad \varepsilon_{zz} = \frac{\partial u}{\partial z}, \quad \varepsilon_{rz} = \frac{\partial u}{\partial r} + \frac{\partial u}{\partial z} \tag{2.12}$$

（u：轴向位移；v：径向位移）

应力张量本身与晶体内部的热应力有关：

$$\begin{pmatrix} \sigma_{rr} \\ \sigma_{\Phi\Phi} \\ \sigma_{zz} \\ \sigma_{rz} \end{pmatrix} = \begin{pmatrix} c_{11} & c_{12} & c_{13} & 0 \\ c_{21} & c_{22} & c_{23} & 0 \\ c_{31} & c_{32} & c_{33} & 0 \\ 0 & 0 & 0 & c_{44} \end{pmatrix} \cdot \begin{pmatrix} \varepsilon_{rr} - \alpha（T - \overline{T}) \\ \varepsilon_{\Phi\Phi} - \alpha（T - \overline{T}) \\ \varepsilon_{zz} - \alpha（T - \overline{T}) \\ \gamma_{rz} \end{pmatrix} \tag{2.13}$$

（c_{ij}：弹性模量；α：线性热膨胀系数；T：晶体的平均温度）

Fainberg 和 Leister 于 1996 年提出了一种确定应变场的数值算法。[37] 为了计算应变场，可以将晶体表面固定（$u = v = 0$）或将其视为自由表面（$\sigma_{rr}n_r + \sigma_{rz}n_z = \sigma_{rz}n_r + \sigma_{zz}n_z = 0$，$n_r$ 和 n_z 表示垂直于晶体表面的径向与轴向单位矢量）。在轴向晶体方向（对称轴）上，$\partial u/\partial r = 0$ 且 $v = 0$。

2.9.5 晶体位错计算

碳化硅中的临界解析剪切应力 σ_{CRS} 约为 1 MPa，而生长腔中的典型解析剪切应力值很容易超过 10 MPa。因此，热应力被认为是碳化硅物理气相沉积生长过程中产生位错的主要来源。

为了估算产生的位错密度，通常将基矢面假定为主滑移面。在这种情况下，剪切应力分量 σ_{rz} 会引发位错移动。晶体中存在的位错密度与 $|\sigma_{rz} - \sigma_{CRS}|$ 值成正比。关于热致应变对位错密度产生影响的另一个指标是 Von. Mises 应力，该应力考虑的是非基矢面分量：

$$\sigma_{Mises} = \sqrt{0.5 \cdot [(\sigma_{zz} - \sigma_{rr})^2 + (\sigma_{zz} - \sigma_{\Phi\Phi})^2 + (\sigma_{rr} - \sigma_{\Phi\Phi})^2 + 12\sigma_{rz}^2]^{1/2}}$$

(2.14)

近期的研究通过应用 Alexander-Haasen 理论，假设基矢面为主滑移面，表明通过热弹性应力的数据也可以计算出位错密度。现在，越来越多的研究表明，在计算位错密度时，应该兼顾考虑非基矢面的影响。

从目前的发展来看，所有理论方法都无法准确描述微观层面上的位错排列，即使运用 Alexander-Haasen 理论也无法满足这一要求。可能与金属材料的研究一样，要想准确描述位错的局部结构以及邻近位错之间的相互作用，就需要采用连续位错动力学（Continuum Dislocation Dynamics，CDD）模型。[38]

3 碳化硅外延薄膜生长

能够在恶劣环境下工作的碳化硅微电子系统的实现与否，部分取决于碳化硅电子器件的生产制造能力。对所有碳化硅电子器件的制造而言，必须首先在碳化硅衬底上进行外延薄膜的生长，因为在衬底中无法进行扩散掺杂，且若在其中直接注入离子（硅工艺的典型做法）会导致碳化硅的电气质量较差。因此，碳化硅电子器件的发展与性能在很大程度上取决于外延碳化硅薄膜的质量、可重复性和产量，其中的关键因素有降低缺陷密度、消除晶型夹杂物以及控制 N 型和 P 型掺杂，根据需要使掺杂浓度范围从极低（10^{14} cm^{-3}）到极高（10^{20} cm^{-3}）等。碳化硅在各种衬底上的外延生长包括在碳化硅衬底上的同质外延生长和在硅等其他衬底上的异质外延生长。下文将集中讨论在碳化硅衬底上的同质外延生长，因为碳化硅器件要实现苛刻的环境兼容性的先决条件是在碳化硅衬底上制造。由于同质外延生长的碳化硅薄膜具有出色的电气特性，目前几乎所有的碳化硅高性能器件都使用这种同质外延薄膜制造。

碳化硅薄膜的同质外延生长可以通过各种方式实现，每种方式各有优缺点。选择何种生长技术取决于应用需求和该技术的成熟度。碳化硅同质外延技术可以分为气相外延（Vapor Phase Epitaxy，VPE）、液相外延（Liquid Phase Epitaxy，LPE）和气液固外延（Vapor Liquid Solid Epitaxy，VLS）。后者是最近引入的外延制造方法，是 VLS 纳米线和纳米管生长的共同基础。下面将就碳化硅外延生长技术的成熟度、影响以及优缺点进行简要讨论。

3.2 >> 气相外延

气相外延技术主要有三种，即化学气相沉积（CVD）、升华外延（SE）和高温化学气相沉积（HTCVD）。其中，化学气相沉积是实验室用于研究碳化硅外延生长的最成熟的技术，也是工业上用于外延碳化硅（碳化硅衬底上的外延薄膜）衬底商业化生产的核心技术。具有外延层的碳化硅衬底通常被称为碳化硅外延衬底。

3.2.1 >> 化学气相沉积

在碳化硅的化学气相沉积生长过程中，含碳和含硅的气态化合物被输送到加热的单晶碳化硅衬底上，随后通过表面诱导的化学反应进行同质外延生长。根据碳化硅晶型和反应腔配置（热壁或冷壁）的不同，生长温度会有很大差异，但通常会高于 1 200 ℃。根据沉积压力的不同，化学气相沉积又可分为常压化学气相沉积（Atmospheric Pressure Chemical Vapor Deposition，APCVD）和低压化学气相沉积（Low Pressure Chemical Vapor Deposition，LPCVD）。在整个 20 世纪 80 年代和 90 年代初期，常压化学气相沉积是碳化硅外延生长的主要技术，这主要归功于常压化学气相沉积反应腔的可用性。随着低压化学气相沉积技术的发展，研究人员逐渐将重点转移到该技术上，因为它可以通过气相成核和杂质水平的调控更好地控制生长过程。目前，大多数碳化硅外延的工业生产都基于低压化学气相沉积技术，但是世界各地的一些实验室仍在使用常压化学气相沉积进行碳化硅外延的生长研究。

在各种外延薄膜生长工艺中，氢气都被用作载体或促进生长的气体。外延沉积碳化硅中硅和碳的来源可以从多种前体气体中获得。对于硅源，SiH_4、SiH_2Cl_2、$SiCl_4$ 和 Si_2H_6 是最受欢迎的前体选择；对于碳源，最常使用

的是 C_3H_8 气体，CH_4、C_2H_2 和 CCl_4 也可被用作碳的前体。由于前体的解离和成核动力学具有差异，因此，需要调整特定气体组合的工艺条件。图 3-1 显示了使用 SiH_4 和 C_3H_8 进行碳化硅同质外延生长的典型过程。该过程开始在 1 200 ℃～1 300 ℃ 用氯化氢气体蚀刻衬底，这有助于原子表面清洁，从而减少外延层中的缺陷。蚀刻停止后，降低温度，并增大氢气流量，高的氢气流量可确保从反应室中冲洗出残留的氯化氢。然后在保持氢气流量恒定的同时将反应腔温度再次升高至适当的外延生长温度。温度达到均匀之后，将前体气体引入反应腔中，进行碳化硅外延薄膜的生长。在生长结束后，关闭前体气体，使反应腔温度在同一水平保持几分钟，同时在温度降低之前用氢气冲洗掉残留的前体气体，以防止低温晶型的形成。

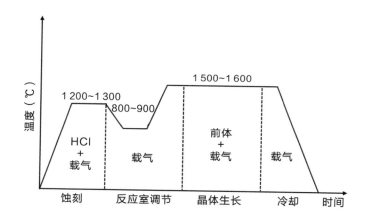

图 3-1　碳化硅化学气相沉积同质外延生长的典型温度分布与气
　　　　体流动条件的对比

用于碳化硅外延的化学气相沉积生长反应腔可以分为两大类：冷壁和热壁。在 20 世纪 90 年代中期之前，碳化硅外延主要使用冷壁反应腔。冷壁反应腔在 III-IV 族化合物半导体工艺中很常见，因此将这种技术用于碳化硅的初始开发相对容易。然而由于热壁反应腔工艺具有多种内在优势，后来业界已经倾向于采用热壁反应腔。当前，热壁反应腔已成为工业碳化硅外延衬底生产中的主要配置。在冷壁和热壁化学气相沉积工艺中都开发出了许多反应腔配置，这些反应腔在控制生长和提高产量方面都有其自身的优点和局限性。有些非常适合工业生产，有些则为研发提供了更大的灵活性。下面将阐述几种常见的反应腔类型，以及与碳化硅化学气相沉积外延生长工艺相关的问题和近期的一些进展。

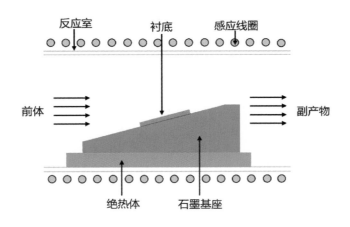

图 3 - 2　早期冷壁碳化硅外延化学气相沉积反应腔示意图

碳化硅外延生长的早期研究使用类似于如图 3 -2 所示的改良的砷化镓反应腔进行。冷壁配置通过双壁石英管中水的循环实现。在这种工艺中，衬底放置于感应加热的石墨基座上，并且为了确保冷壁条件，该石墨基座又放置于热绝缘材料上。石墨基座上表面相对于气流略微倾斜，以最大限度地减少气体消耗，从而实现均匀生长。该反应腔配置在衬底尺寸、温度均匀性和生长速率方面受到一定的限制，但它仍有助于了解外延生长的各个方面，是有一定价值的研究工具。后来，人们又引入了许多结构略有不同的冷壁反应腔，图 3 -3 为碳化硅外延中使用的两种常见的冷壁反应腔配置。

其中图 3 -3 （a） 是 Kong 开发的多衬底桶式反应腔，该形状反应腔的主要优势是具有多衬底生产能力和能够减少衬底表面上的颗粒堆积。这是早期的反应腔设计之一，至今仍用于外延和多晶碳化硅的生长。快速旋转立式反应腔 ［图 3 -3 （b）］于 20 世纪 90 年代后期开发，该反应腔是研究规模化应用的理想选择，然而，将该反应腔进一步应用于工业规模生产大面积的衬底仍具有很大挑战，因为该反应腔中存在源气体和掺杂前体的损耗以及温度的不均匀性，而这些会导致厚度和掺杂物分布的变化。

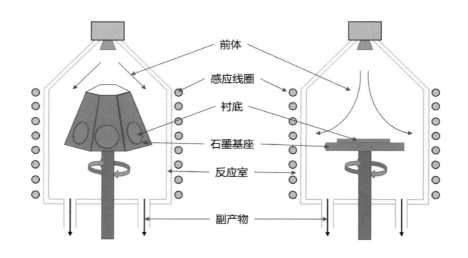

（a）多衬底桶式反应腔　　　　　（b）快速旋转立式反应腔

图 3-3　碳化硅外延中使用的两种常见的冷壁反应腔配置

早期的碳化硅开发尽管使用了大量冷壁反应腔，但是该配置的某些固有缺点限制了其作为碳化硅外延工业生产工具的应用。由于冷壁反应腔配置中衬底上方的区域未被主动加热，因此该配置的大多数缺点都与反应腔的热均匀性有关，而热壁反应腔则在横向和垂直方向上均具有更好的热均匀性。例如，在冷壁反应腔中衬底表面垂直方向的温度梯度可高达220 K/mm，而在热壁反应腔中该值只有其大约1/10。冷壁反应腔的另一主要缺点是前体在其中的离解效率极低，这直接影响到碳化硅的生长速率。冷壁反应腔的最大生长速率约为 5 μm/h，热壁反应腔的生长速率可以高达100 μm/h。然而，为了控制外延层的质量，大多数热壁反应腔以低于25 μm/h 的生长速率运行。除了影响生长速率外，衬底上大的垂直温度梯度还会导致气相中硅的过饱和，从而导致外延层不均匀。在热壁结构中，由于高温环境的影响，气相硅的聚集量较小。此外，热壁反应腔保证了生长环境的长期稳定性，可以在 30 h 内连续生长碳化硅而且生长前沿质量不会明显降低。[39]这些决定性的优势吸引了许多用户采用热壁反应腔技术。

热壁反应腔概念由 Kordina 等人在 1994 年首先提出，这是一个水平几何反应腔模块。该反应腔随后得到了进一步的改进，用以实现高度均匀的外延层的生长。[40]图 3-4 展示了水平热壁化学气相沉积反应腔的设计概念，此处使用的石墨基座具有矩形孔，该孔沿着带有倾斜顶板的反应腔的整个长度延伸。基座的这种几何形状增加了气体流速，减小了损耗，便于生长出均匀的外延层。基座被放置在气冷石英管内的绝热材料周围，绝热材料减少了辐射造成的热损失，还有助于保持热均匀性，因此，与冷壁反应腔相比，热壁反应腔的能耗更小（20～40 kW）。目前，这种几何形状的反应腔是使用最广泛的热壁反应腔配置之一。

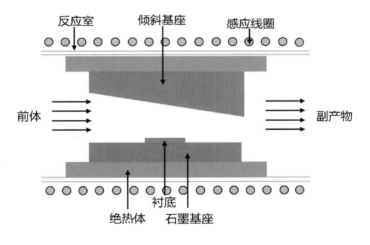

图 3-4　水平热壁化学气相沉积反应腔示意图

另一种称为"烟囱"反应腔的热壁构造因其具有实现高生长速率的能力而备受关注。这是一种垂直反应腔，如图 3-5 所示。它同样具有空心的石墨基座，该基座内部横截面为矩形。基座的对称性质提供了对称的温度分布和气流分布，从而允许将衬底安装在内壁相对的两侧。气流通常向上通过反应腔，高温过程中的自由对流促进了流动。该反应腔的生长速率可以高达 50 μm/h。由于高生长速率会在沉积薄膜中引入更多的缺陷，因此，反应腔通常在低于 30 μm/h 的生长速率下运行以生产高质量的外延层。

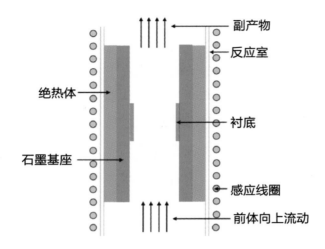

图 3-5　"烟囱"化学气相沉积反应腔示意图

多衬底热壁行星式反应腔的引入，可以看作碳化硅外延衬底生产朝着高生产效率迈出的重要一步。行星式反应腔的概念最初由 Frijlink 等人在 20 世纪 80 年代后期为Ⅲ-Ⅴ族化合物半导体的生长而提出，该设计经历了几次迭代才成为当前最高通量工业规模使用的碳化硅外延热壁反应腔。该反应腔的示意图如图 3-6 所示。前体从反应腔中心的顶部进入并径向向外流

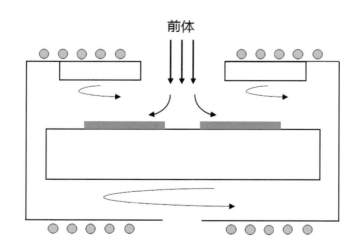

图 3-6　行星式多片外延热壁反应腔示意图

动。随着基座半径的增加，该构造的气体传输特性会导致生长速率的降低：由于前体的耗竭以及边界层厚度的增加，随着面积的增大，边界层的气体流速急剧下降，使生长速率减小。在这种反应腔结构中，可以通过使各个衬底绕其各自的轴线旋转成功地消除这种不良影响。实验表明，在 100 mm 的衬底上可以获得极佳的厚度均匀性（1.5%）和掺杂均匀性（6%），同时还可具有极高的衬底间均匀性，生长速率通常约为 10 μm/h。

最近有研究提出了一种非常有应用前景的热壁反应腔概念，可以同时实现高生长速率和均匀性。[41]该方法报道的最高生长速率为 250 μm/h，并且在较低的生长速率（通常约为 80 μm/h）下可获得最佳的外延层。该方法在 100 mm 衬底上沉积的厚度均匀性为 1.1%，掺杂均匀性为 6.7%。该反应腔本质上是冷壁快速旋转反应腔的改进版本，如图 3-7 所示，通过控制反应腔中的气流和温度分布，可以实现均匀生长。在该工艺中，前体气体从偏心的进气口引入，基座在生长过程中上下移动，从而导致气流分布发生变化。垂直位置的射频线圈也可以独立于基座位置而改变，以控制垂直方向上的热分布。但是反应腔硬件和操作的复杂性阻碍了这种方法的广泛使用。

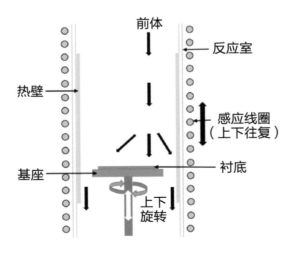

图 3-7　外延式碳化硅热壁反应腔的原理图

除了通过新颖的化学气相沉积反应腔设计和工艺优化提高质量与产量外，化学气相沉积的生长方面也得到了深入的研究。20世纪80年代末和90年代初，碳化硅化学气相沉积外延生长有两个重大突破，即台阶控制外延和位点竞争外延，这些工艺对碳化硅电子行业产生了巨大的影响。在取向良好的（0001）面上同质外延生长6H-SiC层需要的温度为1 700 ℃~1 800 ℃，这种极高的生长温度环境会导致生长系统本身产生有害的杂质污染，掺杂剂会通过扩散而重新分布，外延层会因过高的热量而受到损伤。虽然可以通过降低生长温度缓解这些问题，但是低温生长条件会导致低温晶型3C-SiC的生成，这种由3C-SiC夹杂引起的晶型混合是4H-SiC和6H-SiC晶型外延生长中的一个严重问题。六边形外延层中的3C-SiC夹杂物被称为三角形缺陷，因为它们可以通过3C-SiC晶体的三角形状被清楚地识别出来。在20世纪80年代后期，几个研究小组成功地生长出高质量的同质外延6H-SiC，他们在1 400 ℃~1 500 ℃时使用邻近的或偏轴的衬底进行外延层的生长，并且没有引入3C-SiC。存在于偏轴衬底上的表面台阶可以作为复制基础晶型的模板，这种在偏轴衬底上生长外延层的技术称为"台阶控制外延"。这项技术是碳化硅同质外延生长的一项重大突破，因为它能够在降低生长温度（>300 ℃）的情况下生产复制衬底晶型并具有器件级质量的外延层。

图3-8说明了在取向良好（无倾角）的6H-SiC和有小倾角的6H-SiC衬底上的外延生长过程。取向良好的（0001）面由许多的台阶组成，并且步距密度非常低。由于表面上的高过饱和度，生长过程通过台阶上的二维成核进行，生长过程由表面反应（如吸附和解吸）控制。因此，决定晶型的主要因素是生长温度。以ABC表示，6H-SiC的堆叠顺序为ABCACB，而3C-SiC可以为ABCABC或ACBACB。当3C-SiC在取向良好的面上生长时，两个相邻的成核位点也可能导致双晶孪晶。存在倾角的衬底具有台阶密度高、台阶宽度窄的特点，较小的台阶宽度可以通过表面扩散吸附原子，吸附的原子在该台阶处可并入晶格进而形成台阶。这种衬底上的外延层生长

过程是由复制底部晶型步骤生成的键控制的。在6H-SiC晶型上进行的台阶控制外延的初步研究表明,它对于包括4H-SiC在内的其他晶型的同质外延生长也是可行的。对台阶控制外延的生长机制和影响因素的研究发现,台阶控制的生长过程受质量输运的限制,而非表面反应的限制。因此,可以通过控制过饱和条件来促进质量输运受限生长,以防止二维成核的情况发生。此外,生长速率、生长温度和台阶宽度都影响生长机制。[42]

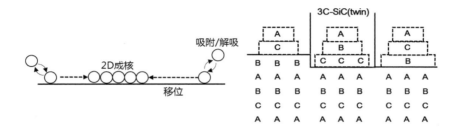

（a）6H-SiC（0001）面的无倾角生长机理示意图

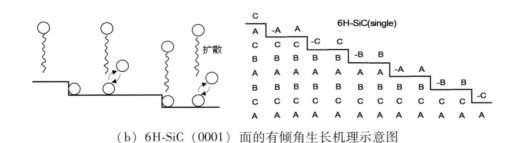

（b）6H-SiC（0001）面的有倾角生长机理示意图

图 3 - 8　6H-SiC（0001）面的无倾角和有倾角的生长机理示意图

随着衬底倾角的增大,台阶宽度会减小。Kimoto T. 等人给出了1 500 ℃下6H-SiC衬底的（0001）面的各种倾角生长速率的实验数据。实验表明,在相同的实验条件下,在1 500 ℃时取向良好的衬底的硅面和碳面都出现了3C-SiC的生长,而有倾角的衬底上观察到了同质外延生长。与此同时,小至1°的倾角取向也可以诱导台阶流生长。数据进一步表明,表面极性不影响外延层在有倾角的衬底上的生长。如前文所述,衬底无倾角时,4H晶型优先在碳面上生长,而6H晶型优先在硅面上生长。由于台阶控制生长的激活能（3 kcal/mol）相对于取向良好的衬底的激活能（碳面：20 kcal/mol；硅面：22 kcal/mol）较低，因此台阶控制生长中不存在极性效应。

精确控制掺杂剂的掺入对于充分实现碳化硅在高功率、高温和高频电子领域中的固有优势至关重要，这是一项艰巨的任务，尤其是在制备轻度掺杂材料时，因为在高的沉积温度下难以避免无意掺杂。Larkin 等人在 20 世纪 90 年代初引入的"位点竞争外延"提供了一种解决方案。[43] 在这种方法中，受控掺杂是通过调整生长反应腔内的 C/Si 比来实现的。早期的研究指出，掺杂原子占据了碳化硅晶格的特定位置，特别是氮占据了碳位置，而铝占据了硅位置。高 C/Si 比导致了生长环境中碳浓度的增加，从而迫使氮和碳竞争碳化硅晶格活性生长表面上的碳位点。当 C/Si 比降低时，也会发生类似情况，此时会导致生长环境中硅浓度的相对增加，从而迫使铝和硅竞争碳化硅晶格活性生长表面上的硅位点。因此，控制进料气体的 C/Si 比可用于控制掺杂剂原子的掺入，这是位点竞争外延的基础。

位点竞争外延不仅用于氮和铝的掺入，还用于处理常见的杂质，如硼和磷。在 6H-SiC、3C-SiC、15R-SiC 和 4H-SiC 的外延化学气相沉积生长中，该技术已被大量应用于控制故意掺杂和非故意掺杂的杂质水平。例如，当在 6H-SiC 的硅面上进行无掺杂外延生长时，C/Si 比从 2.3 增加到 10，由于抑制了氮的掺入，外延层从 N 型变为了 P 型。该技术能够生产载流子浓度低至 10^{14} cm^{-3} 的 P 型和 N 型外延层。这些类型的半绝缘衬底具有较低的载流子浓度，是理想的制备高功率碳化硅器件的材料。位点竞争外延还可以实现重度掺杂（最高 10^{20} cm^{-3}）外延层的生长，从而使要求低寄生电阻的器件技术受益。

3.2.2 升华外延

升华外延（SE），有时也称为近空间技术（close space technique），涉及的过程与之前描述的标准物理气相沉积方法（改良的 Lely 工艺）非常相似。在该外延方法中，碳化硅衬底被放置得非常接近原材料，两者之间的典型距离约为 1 mm，而在标准物理气相沉积方法中约为 20 mm。升华外延反应腔的示意图如图 3-9 所示。该过程是在比标准物理气相沉积稍低的温度（1 800 ℃~2 200 ℃）和更高的压力（最高 1 atm）下进行的。与先前描述的化学气相沉积技术相比，升华外延的最大优势在于能够以非常高的速率生长外延薄膜，最高可达 1 000 μm/h，该方法的一个缺点是在生长期间不能改变掺杂水平和掺杂类型。

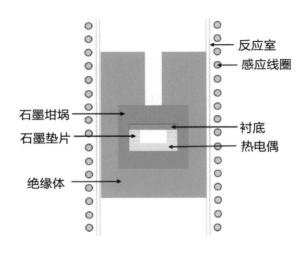

图 3-9　升华外延反应腔示意图

3.2.3　高温化学气相沉积

高温化学气相沉积（HTCVD）最初由 Kordina 等人提出，它在生长速率、纯度和掺杂剂控制方面显示出广泛的应用前景。高温化学气相沉积适用于碳化硅外延和整体的生长。如前所述，高温化学气相沉积的生长过程是通过气相成核的六元团簇的升华而发生的，它与传统的化学气相沉积工艺有很大的不同，其工艺温度高达 1 800 ℃~2 300 ℃，并且需使用氢气作为载气以防止氢腐蚀基座。据报道其生长速率高达 800 μm/h，可与标准物理气相传输方法的晶锭生长相媲美。随着高温化学气相沉积工艺的进步，这种生长外延层的方法已经在工业制造中得以应用。

3.3 ▶▶ 液相外延

　　液相外延（LPE）是 20 世纪 90 年代生长器件级应用的碳化硅外延层的一种广泛使用的技术。[44]尽管化学气相沉积是目前碳化硅外延层生长的首选方法，但液相外延具有降低微管缺陷密度的能力，因此近年来人们对其产生了新的兴趣。液相外延生长过程发生在低温条件下，这种低能量条件不利于微管的生成。液相外延生长过程主要采用流动溶剂法，不同于晶体生长主要采用顶部籽晶液相生长法。在原材料和衬底之间保持温度梯度可以促进生长过程，液相外延的生长速率可以高达 300 μm/h。通过选择适当的原材料，可以实现 N 型和 P 型掺杂，但是该方法的缺点是在生长过程中无法改变掺杂水平和掺杂类型。

3.4 >>> 气液固外延

气液固外延（VLS）是一种用于生长外延碳化硅的新技术，其生长机理基于成熟的碳化硅纳米线或晶须生长的气液固外延工艺过程。[45] 气液固外延生长的反应腔配置如图 3-10 所示，首先将金属和硅粉混合在坩埚中形成硅熔体，生长过程中涉及的步骤很少。该过程自碳前体（C_3H_8）传输到液体表面开始，在该液体表面发生前体的分解和碳在硅熔体中的溶解。当碳化硅结晶时，碳从气—液界面向液—固界面迁移。硅熔体在衬底表面的润湿性能和衬底上的液滴高度对生长速率的均匀性起着至关重要的作用。坩埚的设计保证了液滴高度的均匀，减缓了生长速率的变化。通过这种方法获得的最大生长速率约为 35 μm/h。气液固外延概念仍处于研究阶段，这种工艺能否实现商业化还有待观察。

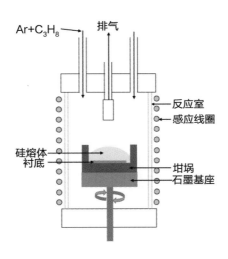

图 3-10 气液固外延生长反应腔示意图

3.5 》》》 小结

表 3-1 总结了上述碳化硅外延生长技术的主要特征，其中一些技术已在商业生产中使用，而其他技术仍处于研究阶段。碳化硅外延薄膜的大多数工业生产都会产生 4H-SiC 和 6H-SiC 的晶型。在 100 mm 的衬底上，N 型和 P 型掺杂均可控制载流子浓度在不同范围内（$9 \times 10^{14} \sim 1 \times 10^{19} \, cm^{-3}$），并且掺杂均匀性优于 10%。常规生产厚度可达 50 μm，厚度均匀性优于 2%。尽管外延碳化硅层已经商业化并得到了广泛的应用，但进一步消除其缺陷仍面临许多挑战，例如，由于衬底缺陷导致的微管的形成还有待解决。尽管通过台阶控制生长可以将 3C-SiC 夹杂抑制到一个可接受的限度，但仍需要进一步改善。

表 3-1 当前碳化硅外延生长技术的主要特征

技术	生长温度（℃）	生长速率（μm/h）	应用状况
CVD	1 400 ~ 1 500	25	在商业环境中使用时，生长速率可高达 100 μm/h
SE	1 800 ~ 2 000	1 000	在生长过程中无法改变掺杂水平和掺杂类型
HTCVD	1 800 ~ 2 300	800	已在商业环境中使用
LPE	1 700 ~ 1 800	300	在生长过程中无法改变掺杂水平和掺杂类型
VLS	1 500 ~ 1 600	35	处于初步研究阶段

多晶碳化硅和非晶碳化硅薄膜沉积

4.1 ▶▶▶ 简介

如今，碳化硅微机电系统（MEMS）技术主要采用多晶碳化硅，即3C-SiC（poly-SiC）。多晶碳化硅可以在多种衬底材料上生长，常见的衬底材料有单晶硅、单晶碳化硅、二氧化硅、氮化硅和多晶硅薄膜。能够在非碳化硅衬底上生长的能力为多晶碳化硅器件的制造提供了极大的灵活性。从制造的角度来看，由于多晶碳化硅可以沉积在多种牺牲层或隔离层材料上，因此它具有通过表面微加工来实现复杂 MEMS 结构的能力。第二项优势在于其具有在较低温度下沉积的能力，这使碳化硅结构层与下面的牺牲层或隔离层之间的温度能够实现差异最小化。低温沉积还使将碳化硅层作为使用其他材料（如多晶硅）制造的 MEMS 器件的保护涂层这一应用变成可能。最初，外延碳化硅生长采用沉积的多晶硅作为常压化学气相沉积反应腔。后来，随着工艺的成熟，针对多晶碳化硅生长引入了各种反应腔配置以及多样化的沉积技术。低压化学气相沉积是目前最先进的多晶碳化硅沉积技术，但是其他技术也可用于生产多晶碳化硅，包括等离子体增强化学气相沉积（Plasma-Enhanced Chemical Vapor Deposition，PECVD）、磁控溅射、离子束溅射和离子注入等。

非晶碳化硅（a-SiC）保留了多晶碳化硅的大部分化学和机械性能，并已用于许多 MEMS，其最大的优势在于沉积温度极低，因此从工艺整合、集成的观点来看极具吸引力。所有用于沉积多晶硅的技术也可以用于沉积非晶碳化硅，根据技术的不同，沉积温度可以低至 250 ℃。非晶碳化硅甚至可以使用聚合物或热敏材料作为牺牲层或隔离层。此外，它还可作为涂层材料，以增强使用其他材料制成的 MEMS 的耐化性能。目前，等离子体增强化学气相沉积是生产非晶碳化硅的主要方法。新兴的技术如离子束辅助沉积（Ion Beam Assisted Depositon，IBAD）在沉积特性方面展现出良好的前景，如无氢沉积等。本章还将详细介绍上述各种沉积技术，并概述每种沉积技术的优缺点。

在碳化硅 MEMS 技术应用的早期阶段，常压化学气相沉积是用于沉积多晶碳化硅的主要技术，因为该法已广泛用于电子器件中碳化硅薄膜的外延生长，所以后来将其扩展到多晶碳化硅的沉积也相对容易。大多数常压化学气相沉积多晶碳化硅的生长使用最初用于硅上 3C-SiC 异质外延生长的反应腔进行，包括立式反应腔和卧式反应腔。多晶碳化硅既可以通过硅烷和丙烷等双重前体作为含硅和含碳的前体气体来实现生长，也可以通过使用诸如六甲基乙硅烷（HMDS）的单一前体来实现生长。这两种情况都使用氢气作为载体气体，并且都在 1 050 ℃ 以上的温度下实现了在硅片上生长化学计量比的多晶碳化硅薄膜。尽管如此，在扩大工艺量和降低生长温度方面，一些固有的缺点阻碍了常压化学气相沉积在碳化硅 MEMS 制备中的商业运用。常压化学气相沉积碳化硅的反应腔使用感应加热的石墨基座，这限制了衬底的尺寸和反应腔的容量，因此限制了产量。此法的沉积温度超过 1 050 ℃，因此，无法在许多其他材料上沉积多晶碳化硅。此外，对于与集成电路有关的单片集成，沉积温度高也是一个问题。为了解决这些问题，低压化学气相沉积（LPCVD）和等离子体增强化学气相沉积（PECVD）方法应运而生。

4.3 ▶▶▶ 低压化学气相沉积

低压化学气相沉积是一种成熟的硅半导体和 MEMS 工艺技术。与常压化学气相沉积相比，该技术实现了对气体输运特性的精确控制，能够沉积具有优异均匀性和极好台阶覆盖的薄膜，这些特性是制造 MEMS 的关键。此外，低压化学气相沉积中反应腔的高纯度、大尺寸晶片生产能力和多晶片容量的特性对高质量薄膜的高产量生产极具吸引力。

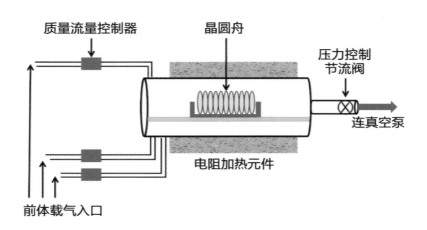

图 4-1　高产量大直径热壁低压化学气相沉积反应腔示意图

多年以来，在小型反应腔中进行的大量研究证明了低压化学气相沉积作为多晶碳化硅薄膜生长工艺的可行性。这些研究表明，低压化学气相沉积可以用来生长具有广泛电气、机械和化学特性的多晶碳化硅薄膜。最近的研究与实践集中在开发用于大面积多晶片反应腔中的多晶碳化硅的沉积工艺。Zorman 等人率先报道了在一次可处理 100 个晶片的反应腔中，在直径为 100 mm 的硅衬底上实现了多晶碳化硅薄膜的沉积。[46]从那以后，人们进行了大量研究来优化沉积参数并提高产量。如今，低压化学气相沉积工艺可用于直径高达 150 mm 的衬底上的薄膜沉积。为特殊应用改善薄膜性能而进行的低压化学气相沉积工艺的优化研究依然活跃。图 4 – 1 是用于多晶碳化硅生长的热壁低压化学气相沉积反应腔的示意图。与常压化学气相沉积中的感应加热不同，该反应腔使用电阻加热，通常用 N_2 和 H_2 作载气。该反应腔与多晶硅工艺中使用的反应腔非常相似，不同之处在于，该反应腔的温度可以高达 1 200 ℃，沉积温度随工艺条件和前体类型的不同而变化。

多种单、双前体气体已被用于多晶碳化硅的生长。单一前体包括二硅丁烷（DSB）、三甲基硅烷和六甲基二硅氮烷。在双前体的工艺中，通常是将硅烷或二氯硅烷用作硅的前体，而将甲烷、丁烷或乙炔用作碳的前体。由于工艺的优化是基于特定的前体类型的，因此，以下讨论主要在于多晶碳化硅 MEMS 生产中具有合理完善工艺的前体。

对于使用单一前体进行多晶碳化硅生长的工艺，迄今为止研究最多的前体是 1,3-二硅丁烷，它能够在大约 800 ℃ 的温度下生产高质量的多晶碳化硅，并且可以在低至 650 ℃ 的温度下沉积非晶碳化硅。使用二硅丁烷的优异特点是可以获得很高的生长速率，在 800 ℃ 时生长速率可高达 55 nm/min。关于使用二硅丁烷沉积多晶碳化硅薄膜的工艺条件以及沉积薄膜的电学和机械性能，不同的研究报告中已有大量参考数据。例如，原位氮掺杂薄膜的电阻率可低至 0.02 Ω·cm，载流子浓度可高达 $6.8 \times 10^{17} cm^{-3}$。基于二硅丁烷的低压化学气相沉积的关键沉积特征之一是高共形性。低温沉积和高共形沉积是使 MEMS 结构具备耐磨和耐化学腐蚀涂层的理想特性。应用实例包括使用硅制造的微型发动机（microscale engine）部件上的耐磨涂层，以及音叉谐振器（tuning fork resonator）和电容应变仪（capacitive strain gauge）的化学耐磨涂层等。在作为 MEMS 结构材料的应用方面，使用二硅丁烷沉积的多晶碳化硅已用于许多功能性 MEMS 结构，如横截面 Lamé 模式谐振器（Cross-sectional Lamé Mode Resonator，CLMR）等。诸如甲基硅烷、三甲基硅烷和六甲基二硅氮烷之类的单一前体具有与二硅丁烷相似的沉积特性，在用于低压化学气相沉积多晶碳化硅的原材料方面拥有巨大的潜力。其中，甲基硅烷最近已被用于大直径多晶片格式低压化学气相沉积反应腔的制备。与二硅丁烷相比，使用甲基硅烷作为单一前体的主要优点在于其原料广泛，且价格低廉，甲基硅烷还可以在 800 ℃ 下生成多晶碳化硅。这些结果表明，其在电气和机械性能控制方面可能会有广泛的应用。用甲基硅烷制成的氮掺杂薄膜的电阻率可与使用二硅丁烷沉积的薄膜相媲美。根据目前的情况，甲基硅烷是一种非常有前景的单一前体，值得多晶碳化硅开发人员关注。

二氯硅烷和乙炔的组合是双前体低压化学气相沉积多晶碳化硅的主要选择，主要原因在于其在 MEMS 级薄膜上的早期生长和过程特性良好。使用这种化学气体组合进行 MEMS 级多晶碳化硅沉积的温度为 900 ℃。从 Wang 等人的可行性研究开始，这种气体组合很快应用在多晶片低压化学气相沉积反应腔中大面积（100～150 mm）晶片上的多晶碳化硅沉积。此后，采用二氯硅烷和乙炔的低压化学气相沉积在碳化硅 MEMS 的开发中起着至关重要的作用。多年来，人们对这种前体组合物进行了广泛的研究，因此在工艺条件和相应的材料性能方面有了大量的知识积累，并且具有了成熟的应力控制技术，控制范围可从高张力到中等压缩应力，包括零应力。就 N 型掺杂而言，已经发现掺杂的氮原子浓度最高为 2.6×10^{20} cm^{-3}，电阻率最低为 0.02 Ω·cm。在技术成熟度方面，使用该双前体系统的工艺已被广泛使用。目前大多数 MEMS 器件都使用该技术沉积的薄膜制造，如耐高温抗冲击应变仪、恶劣环境加速计和用于气缸内压力测量的压力传感器等。尽管新的用于制备多晶碳化硅薄膜的等离子体增强化学气相沉积和其他物理气相沉积方法不断出现，但到目前为止，低压化学气相沉积依然是多晶碳化硅 MEMS 的主要运用技术。下面将讨论用于控制低压化学气相沉积多晶碳化硅薄膜的掺杂、残余应力和应力梯度等关键因素的工艺参数。

4.3.1 低压化学气相沉积多晶碳化硅薄膜的掺杂

对于许多 MEMS 应用而言，需要多晶碳化硅具备电导率可调的特性，可以在其生长过程中实现不同电导率的调控。多晶碳化硅不能采用扩散掺杂，因而杂质原子的受控掺杂需要通过在生长过程中向反应腔中添加掺杂剂前体来实现。在 MEMS 应用中，材料的导电性优先于杂质类型（N 型或 P 型掺杂）。因此，在大多数情况下，氮掺杂的 N 型多晶碳化硅由于处理简单而更受欢迎。此外，与其他掺杂原子（如磷、铝和硼）相比，氮在碳化硅中具有的电离能最低。

碳化硅的外延掺杂和晶锭生长通常使用气态氮和氨来完成。然而由于多晶碳化硅的材料特性和低温沉积条件，掺杂剂在 MEMS 级多晶碳化硅中的掺杂相对困难。掺杂前体必须在低温下分解。多晶碳化硅中晶界的存在也使低温下掺杂剂的掺入和载流子的输运变得困难。掺杂原子在晶界的俘获和原子迁移率的降低将直接影响生长过程，从而导致薄膜性质发生变化。

对低温沉积多晶碳化硅的氨掺杂亦有大量的研究。Wijesundara 等人成功地尝试了在 850 ℃ 下使用二硅丁烷生长多晶碳化硅的同时对其进行掺杂，将电阻率降低到了 0.02 Ω·cm。后来，在低至 800 ℃ 的生长温度下对多晶碳化硅的掺杂证实了氨气作为多晶碳化硅低温沉积的掺杂前体的可行性。图 4-2 显示了进料气中氨的增加引起的碳化硅薄膜电阻率的变化曲线。目前，氨气被用作单一前体和双重前体沉积体系中沉积多晶碳化硅的掺杂前体。

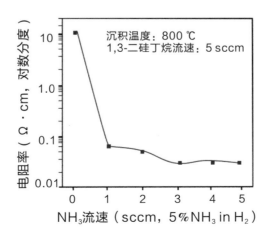

图 4-2　在 800 ℃ 沉积的碳化硅薄膜的电阻率随氨气（掺杂前体）流速的变化曲线

对多晶碳化硅进行掺杂的关键问题是优化电性能，同时保持 MEMS 应用所需的机械性能。掺杂会导致生长速率、结晶度、晶粒尺寸、残余应力等生长特性的变化，并影响多晶碳化硅的杨氏模量。Wijesundara 等人首先观察到由掺杂变化引起的晶体质量的变化，Zhang 等人进一步证实了这一点，指出晶格常数随着掺杂浓度的增加而降低。此外，最近的研究表明，由掺杂引起的晶粒尺寸的变化会影响弯曲模多晶碳化硅横向谐振器的品质因数。这些结果表明，多晶碳化硅的机械性能和掺杂水平是相互影响的，因此对于多晶碳化硅 MEMS 器件的生产，同时优化电学和机械性能非常重要。这些研究还表明，掺杂可以用作调整器件特性的重要工具和手段来满足工艺的需要。

4.3.2 》低压化学气相沉积多晶碳化硅的残余应力和应力梯度控制

为了完成 MEMS 器件的制造，残余应力和应力梯度是在材料层面必须解决的两个非常关键的问题。因此，必须开发出降低平均应力和应力梯度的方法，使其足够小，才能保证独立式微结构不会弯曲或断裂。在各种因素影响下，在多晶碳化硅薄膜中控制这两个参数非常具有挑战性。首先，在具有不同热学特性的材料上进行沉积，热膨胀系数的不匹配和比室温更高的沉积温度会在室温下引起热应力。降低沉积温度、选择热膨胀系数相近的基材和中间层材料能够帮助减少热应力引起的问题。但是对于低压化学气相沉积，反应温度主要取决于所使用的前体物质。材料的选择则由多晶碳化硅表面微加工技术决定，目前，多晶硅、二氧化硅和氮化硅是用于多晶碳化硅微加工的主要材料，因此材料的选择相当有限。影响沉积薄膜的残余应力和应力梯度的另一个重要因素是薄膜的微观结构。通常，多晶碳化硅的生长会有晶粒或晶柱结构的产生，而晶粒或晶柱的尺寸与残余应力有很强的相关性。此外，晶粒或晶柱的尺寸会随着生长的进行而变化，导致整个薄膜厚度的应力发生变化，进而导致应力梯度产生。

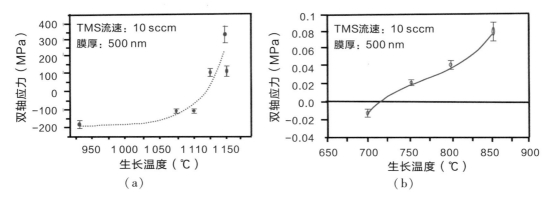

图 4-3 沉积温度对采用四甲基硅烷（TMS）（a）和 1,3-二硅烷（二硅丁烷）（b）
低压化学气相沉积多晶碳化硅薄膜平均应力的影响曲线

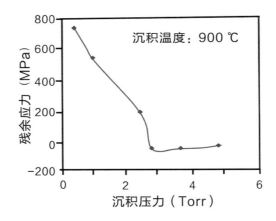

图 4-4 900 ℃下使用 SiH_2Cl_2 和 C_2H_2（H_2 载气，比例 5%）沉积的多晶碳
化硅薄膜的残余应力与沉积压力的关系

    沉积温度是探索用于控制残余应力和应力梯度的一个参数，因为它与
薄膜的微观结构特性（包括晶粒、晶柱和结晶度）直接相关。图 4-3 显示
了由四甲基硅烷和二硅丁烷沉积的多晶碳化硅薄膜的应力与沉积温度的相
关性。通过控制温度可以将薄膜应力从高度压缩变为中等压缩再变为拉伸，
包括跨越零应力点。但是不能仅通过调整温度一项来优化 MEMS 薄膜，因
为温度变化还会改变电阻率和结晶度等其他参数。在双前体多晶碳化硅沉

积过程中，控制薄膜应力的一种工艺是通过控制沉积压力来实现应力的调节。由于压力影响反应腔的气体传输性能，从而可以引起微观结构的改变，特别是晶粒或晶柱尺寸的变化。在这种情况下，可在化学计量比、结晶度和电阻率保持在最佳条件下的同时获得低应力的多晶碳化硅薄膜。图4-4显示了使用二氯硅烷和乙炔在900 ℃ 温度下沉积的薄膜的残余应力与沉积压力的关系。

其他沉积参数的变化对应力水平的影响也有相应的研究结果。Roper 等人报道了 C/Si 比的变化对使用二硅丁烷沉积的多晶碳化硅应力水平的影响。在沉积期间向反应腔中添加少量二氯硅烷会改变所得薄膜的元素组成和晶粒尺寸，从而改变应力水平。贯穿材料厚度的应力变化主要受薄膜应力水平变化的影响，该应力水平是沿厚度方向的微观结构变化的函数。随着厚度的增加，能够观察到多晶碳化硅的晶柱和晶粒生长的结构变化。在二氧化硅衬底上生长的多晶碳化硅界面的 TEM 图像清楚地表明晶柱的尺寸随厚度的增加而变大。对于晶粒生长，在碳化硅衬底上生长的多晶碳化硅也有类似的情况，抑制这种结构性变化的一个方法是破坏其生长过程，或进行多次沉积以终止晶粒或晶柱的连续生长。解决该问题的另一种方法是逐层沉积，使不同的层具有不同的掺杂水平，以进一步调节应力。

虽然还需要进一步优化和发展，但低压化学气相沉积多晶碳化硅在许多 MEMS 应用中已经成熟。目前，大多数碳化硅 MEMS 的研究仍然仅限于学术研究机构（如图4-5所示）。多晶碳化硅 MEMS 的学术化工艺向碳化硅微系统商业化生产的转变受限于碳化硅电子的整体发展。

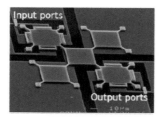 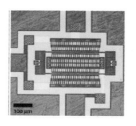

（a）使用中心频率为 175 MHz 的 Lamé　　（b）双端音叉共振应变仪，可在500 ℃下
　　　模式谐振器阵列制造的棋盘滤波器　　　　　工作，并可承受 64 000 g 冲击负载

 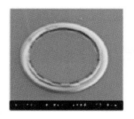

（c）电容加速度计，可在 5 000 g　　（d）压力传感器，可在 575 ℃下工
　　范围内工作　　　　　　　　　　作

图 4 - 5　在各个研究机构制造的一些著名的多晶碳化硅 MEMS 器件

4.4 ▶▶ 等离子体增强化学气相沉积

作为可以在恶劣环境下工作的 MEMS 结构材料，等离子体增强化学气相沉积的非晶碳化硅具有理想的化学和机械性能。由于其沉积温度非常低（<600 ℃），等离子体增强化学气相沉积非晶碳化硅引起了人们的极大兴趣，由于非晶碳化硅可以集成到各种衬底中，从而使等离子体增强化学气相沉积成为碳化硅微系统制造的重要技术。等离子体增强化学气相沉积非晶碳化硅的主要应用领域包括器件封装、保护涂层和形成电介质层。

与前文描述的沉积技术一样，薄膜的性能在很大程度上取决于沉积条件，可以根据特定的应用需求和允许的最大热预算，通过调节沉积参数调整薄膜的性能。通常，碳化硅等离子体增强化学气相沉积在传统的等离子体增强化学气相沉积反应腔中使用加热的衬底支架进行，甲烷和硅烷是常用的前体，也可以使用单一的前体，如二硅丁烷或甲基硅烷。薄膜性能与沉积温度、压力、等离子体功率、气相组成等工艺参数密切相关。一般情况下，等离子体增强化学气相沉积薄膜表现出压缩应力，但是可以优化工艺条件，将应力水平调整到所需值。通常，低的等离子体功率和高温条件会产生低应力的薄膜，有时可能仍需要在 450 ℃ ~ 600 ℃ 进行沉积后的退火以降低应力水平。等离子体增强化学气相沉积生长的非晶碳化硅可用作支架层以及 MEMS 器件的最终密封层。早期研究表明，等离子体增强化学气相沉积非晶碳化硅还可用于封装。图 4 - 6 显示了使用等离子体增强化学气相沉积非晶碳化硅封装制造的圆形裂膜的 SEM 俯视图。这些例子证明了等离子体增强化学气相沉积非晶碳化硅的潜力，但是由于该方法沉积的非晶碳化硅导电性不足，所以难以成为独立的 MEMS 材料。

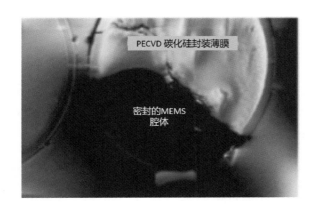

图 4 – 6　使用等离子体增强化学气相沉积的非晶碳化硅薄膜封装
　　　　制造的圆形裂膜的 SEM 俯视图

4.5 ▶▶ 离子束辅助沉积

离子束辅助沉积（IBAD）利用物理晶片沉积结合离子轰击来制备薄膜。物理沉积技术可以是溅射沉积，也可以是蒸发沉积。图4-7为配备有溅射离子源（靶材）和辅助离子源（离子轰击源）的离子束辅助沉积系统的示意图。辅助离子源的配置可以根据应用的需求而变化。在某些情况下，它可以使沉积的薄膜致密化，或者在衬底和沉积的薄膜之间生成一个改性界面，这两种情况的产生都需使用来自稀有气体（如氩气）电离的离子。这种操作模式适用于沉积单元素层，如金属。但是，如果辅助离子源向正在生长的表面提供反应性离子，则会产生复合材料。在这种情况下，通常在蒸发或溅射金属的同时，用氧离子或氮离子等反应性离子连续轰击生长表面，以生成金属氧化物或氮化物。目前，离子束辅助沉积薄膜被广泛用作磁性薄膜、保护涂层和硬涂层。[47]

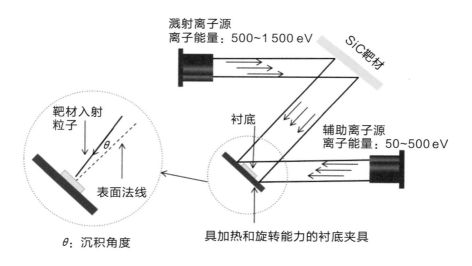

图4-7 离子束辅助沉积系统的示意图

为了使用离子束溅射沉积形成诸如碳化硅的复合薄膜，通常需要采用双离子束系统，并且每种类型的元素对应单独的靶材。这是因为使用离子束溅射时，两种元素被激发出来的速率不一致，其中一种元素的溅射会优先于另一种元素，所以不适合使用复合材料靶材溅射形成碳化硅等复合薄膜，而选择使用多个单一元素材料的靶材，否则容易形成非化学计量的薄膜。但是，如果用 1 200 eV 附近的离子能量溅射碳化硅靶材，则可以溅射出 1∶1 的硅和碳。受此结果的启发，人们开发了用于低温沉积非晶碳化硅的离子束辅助沉积系统。[48]该系统（如图 4 - 7 所示）由两个离子枪，一个靶材支架和一个衬底支架组成。溅射离子枪的离子能量范围为 500 ~ 1 500 eV，并且用氩气作溅射气体。辅助离子枪的离子能量范围是 50 ~ 500 eV，辅助离子枪在碳化硅 MEMS 薄膜沉积中的作用是对薄膜进行化学计量比微调，并控制沉积薄膜的应力梯度。这种类型的系统沉积速率取决于溅射源的离子通量，沉积速率通常为 5 ~ 15 nm/min。沉积薄膜的应力属于压缩应力，受沉积温度、沉积压力、沉积角度和辅助离子等因素影响。随着沉积温度的升高，应力水平会降低。一般较高的沉积压力会导致压缩应力的减小。同时，随着沉积角 θ 的增大，堆积密度会发生变化，压缩应力也会减小。除此之外，由于薄膜致密化，辅助离子会增加压缩应力，因此，除非需要化学计量比微调或应力梯度控制，否则应该在无辅助离子的情况下进行沉积。

　　离子束溅射沉积的一个独特的特点是溅射粒子从靶材中出来时具有高定向性，所以可以使用准直离子束进行溅射。因此，与其他物理和化学气相沉积技术相比，离子束辅助沉积技术能够实现沉积过程的可视化，这对封装时蚀刻孔的密封是非常有利的。典型的零级封装方案是在 MEMS 器件的底部脱离原有载体后，利用该技术在多孔支架膜上沉积一层密封层。当前，化学气相沉积是用于支架层密封的主流技术。在某些应用场景下，人们也开始尝试使用等离子体增强化学气相沉积和材料回流焊方法。尽管化学气相沉积是一种广泛使用的技术，但由于沉积的共形性质，其在释放的

MEMS 器件中容易造成质量负载。离子束辅助沉积凭借其固有的可视化沉积能力，可实现对蚀刻孔的密封，同时不会对释放的 MEMS 结构造成不必要的质量负载，展现了很好的应用潜力。图 4-8 显示了基于离子束辅助沉积的蚀刻孔密封的沉积特性，结果清晰表明碳化硅蚀刻孔中没有出现明显的侧壁或孔底沉积。离子束辅助沉积技术沉积非晶碳化硅仍处于发展的早期阶段，但是它在晶圆级封装方面具有巨大的潜力。由于沉积通常是在大约 10.6 Torr 的压力下进行的，这种低的腔体压力条件可以大大降低制备的振动 MEMS 器件的空气阻尼，因此该方法对于真空封装非常有吸引力。此外，可视化沉积可用于创建独特的 MEMS 器件，如使用掩模板技术制备的 3D 微结构。离子束辅助沉积非晶碳化硅薄膜的沉积温度较低，并且与等离子体增强化学气相沉积不同的是它沉积的薄膜中不含氢，无氢薄膜具有较高的热稳定性，因此，其在高温应用中具有很大的潜力。

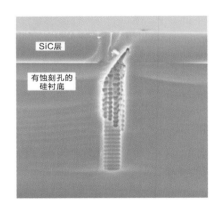

图 4-8　沉积角为 50° 的密封蚀刻孔的横截面 SEM 图像，显示在
衬底的侧壁和底部上没有可见的沉积

4.6 ▶▶▶ 磁控溅射沉积

磁控溅射沉积也是一项有吸引力的技术，因为它是一种非常类似于等离子体增强化学气相沉积的低温沉积方法。然而，在 MEMS 级非晶或多晶碳化硅材料中应用这一技术的研究还处于起步阶段。对非晶碳化硅沉积的一些有限的研究表明，通过磁控溅射可以实现化学计量碳化硅的生长。[49] 探索将该技术作为等离子体增强化学气相沉积的替代方法将是非常有前景的，因为它可以在较低温度下生长出无氢的非晶碳化硅薄膜，但是需要进一步研究对碳化硅薄膜机械和电气性能的控制。Serre 等人报道了通过掩模板将碳离子注入碳化硅衬底中而直接合成碳化硅微结构的方法，这是一种非常具有吸引力的工艺，因为它无须通过蚀刻碳化硅薄膜就可以制造 MEMS 器件。当使用绝缘衬底上的硅（Silicon on Insulator，SOI）晶圆时，通过离子注入可以将顶部硅层转换为碳化硅，并且可以将下面的氧化物层用作牺牲层。图 4-9 显示了使用这种方法制成的微结构的 SEM 图像。SEM 图像表明离子注入导致原子在近距离产生位错并且使薄膜变得致密化，这将使薄膜应力增加，因此，使用该技术时，薄膜的应力和应力梯度控制是一个需要解决的问题。在这方面还需要进行进一步研究以减轻薄膜应力的因素并探索该方法的厚度限制。

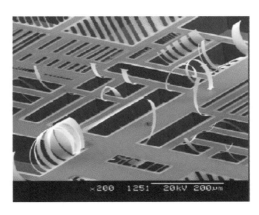

图 4-9 使用碳离子注入多晶硅制造的 MEMS 测试结构的 SEM 形貌图

现阶段，碳化硅的化学气相沉积技术已经相对成熟，可以制造出相当于硅基 MEMS 的复杂微结构。然而，碳化硅 MEMS 的发展仍需不断革新沉积技术，以使全碳化硅微系统的应用更具有前景。具体来说，低温沉积工艺是至关重要的，因为它使得在电子器件的顶部制造 MEMS 器件时，不会与电子电路的总体热预算发生冲突。

5

碳化硅衬底上的氮化镓生长

氮化镓基器件的发展历程从多个层面改变了人们对器件制造所需材料的传统认知。除了在蓝宝石上异质外延生长的硅和氮化镓之外，还没有其他异质外延材料能够满足商业化制备半导体的要求，其他商用半导体都采用了同质衬底进行制作。在蓝宝石衬底材料上沉积 PN 结氮化镓这一技术被应用于发光二极管（LED）之前，人们认为，无论采用哪种半导体材料，良好的发光效率都需要材料自身具备非常低的位错密度，而这一异质外延生长技术的成功运用颠覆了人们对这一假设的认知。与大多数半导体材料展现出来的性能不同，氮化镓中的位错密度虽然比理想的位错密度高了 4 个数量级，但是这并未降低其制作出的 LED 产品的光学和电学性能。另一个推翻人们传统认知的发现是蓝宝石作为衬底材料的应用。因为基于通常的假设，它的特性似乎不适合用于外延的衬底，因为它具有较大的晶格常数，并且其热膨胀系数与氮化镓不匹配。

随着氮化镓被用于 LED 以外的其他器件的开发，可以明显看出利用传统方法进行器件制作和外延生长仍有其优点。同时，与传统观点一致，高的位错密度在很多应用中是不利的，如在具有更复杂结构的器件（如激光二极管）、需要更大面积的器件或在更大功率密度下工作的器件中的应用。因此可以看出，虽然蓝宝石可以进行非常多用途的加工，但其固有特性确实影响了外延薄膜的最终质量。

本章将概述近年来研究较多的氮化镓外延衬底的性质和制备方法以及碳化硅衬底对氮化镓外延层的晶体取向、晶体完整性、极性、缺陷密度、纯度、应力和表面形貌的影响，并总结在碳化硅衬底上生长的氮化镓外延薄膜的性能，如晶格常数、缺陷密度、力学性质、热膨胀系数、热导率和反应活性等。

5.2 ▶▶▶ 氮化镓的基本性质、结构、表征与质量

　　氮化镓的物理特性使其成为许多电子和光电器件制作的理想半导体材料。例如，宽禁带（Wide Bandgap，WBG）宽度和直接带隙的特性使其适合用于短波长的发射器（发光二极管和二极管激光器）及探测器的制作。此外，其较宽的带隙和良好的热稳定性非常有利于在高温和大功率电子器件上的应用。氮化镓能够与氮化铝和氮化铟形成固溶体，实现更大范围（1.9~6.2 eV）的禁带宽度。这种形成合金的能力能够使发射器产生所需的特定波长，也可用于生成异质结形成器件结构中潜在的阻挡层。与硅和砷化镓相比，氮化镓良好的导热性能可以有效促进器件的散热。在氮化镓中，可以通过掺杂等工艺实现 N 型和 P 型电导特性。由于Ⅲ族氮化物具有非中心对称结构和明显的离子化学键，因此它们是强压电性的，并且可以发生自发极化，这些效应有利于提高异质结构晶体管中载流子的浓度。氮化镓的物理性质如表 5-1 所示，包括氮化镓在内的半导体材料，因其热膨胀系数与温度有关，该表仅列出在一定温度范围内晶格常数变化的参数。在其他文献中可以找到 GaN、AlN、6H-SiC、3C-SiC、GaAs、Al_2O_3、ZnO、MgO 等多种衬底材料的热膨胀系数随温度变化的数据。[50]

表 5-1　氮化镓的物理性质

序号	性质	数值
1	禁带宽度（eV）（300 K）	3.44
2	最大电子迁移率 $[cm^2/(V \cdot s)]$：300 K，77 K	1 350，19 200
3	最大空穴迁移率 $[cm^2/(V \cdot s)]$（300 K）	13
4	可控掺杂范围（cm^{-3}）：N 型，P 型	$10^{16} \sim 4 \times 10^{20}$，$10^{16} \sim 6 \times 10^{18}$
5	熔点（K）	>2 573（60 kbar）
6	晶格常数（300 K）：a（nm），c（nm）	0.318 843，0.518 524

（续上表）

序号	性质	数值
7	晶格常数变化百分比（300～1 400 K）	$\Delta a/a_0$ 0.574 9，$\Delta c/c_0$ 0.503 2
8	热导率（300 K）[W/（cm·K）]	2.1
9	热容（300 K）[J/（mol·K）]	35.3
10	弹性模量（GPa）	210±23
11	硬度（纳米压痕，300 K）（GPa）	15.5±0.9
12	硬度（努普，300 K）（GPa）	10.8
13	屈服强度（1 000 K）（MPa）	100

氮化镓通常具有纤锌矿结构，其空间群为 P6₃mc（NO.186）。纤锌矿结构由按 ABABAB 序列堆叠的镓和氮交替双原子紧密堆积的（0001）面组成。第一和第三层中的原子彼此直接对齐。图 5 - 1 显示了纤锌矿氮化镓沿 [0001]、[1120] 和 [1010] 方向的透视图，其中大圆圈表示镓原子，小圆圈表示氮原子，密集排列的平面是（0001）面。Ⅲ族氮化物缺少垂直于 c 轴的反转面，因此晶体表面要么具有Ⅲ族元素（Al、K 或 In）极性，要么具有氮极性。

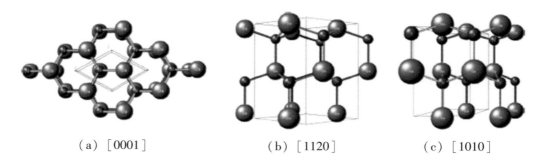

（a）[0001]　　　　　（b）[1120]　　　　　（c）[1010]

图 5 - 1　纤锌矿氮化镓沿不同方向的透视图

氮化镓的闪锌矿结构（空间群 F43m）可以在外延薄膜中保持稳定。在此结构中，[111] 紧密堆积平面的堆叠序列为 ABCABC。闪锌矿氮化镓沿不同方向的透视图如图 5 - 2 所示。

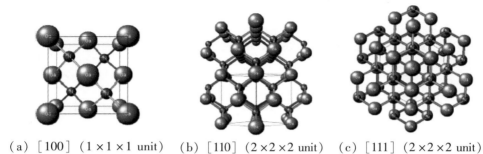

（a）［100］（1×1×1 unit）　（b）［110］（2×2×2 unit）　（c）［111］（2×2×2 unit）

图 5-2　闪锌矿氮化镓沿不同方向的透视图

　　氮化镓异质外延薄膜的质量可通过许多不同的技术来评估，其性能和质量主要取决于它沉积时所使用的衬底的质量。

由于大体积的氮化镓晶体还未实现商业化，大多数研究人员是先通过异质外延的方法（即在另一种衬底材料上生长晶体）沉积得到氮化镓，然后将其用于器件的制造。在大多数情况下，晶格常数的错配程度是判断氮化镓外延衬底是否合适的主要标准。研究人员已对多种氮化镓外延衬底的候选材料进行了评估和研究，包括金属、金属氧化物、金属氮化物和其他半导体材料，表5-2总结了它们的晶体结构和晶格常数等特性。

表5-2 氮化镓外延候选衬底材料的晶体结构和晶格常数

分类	材料	结构	空间群	晶格常数		
				a	b	c
半导体	w-GaN	纤锌矿	$P6_3mc$	0.318 85	—	0.518 5
	zb-GaN	闪锌矿	$F\bar{4}3m$	0.451 1	—	—
	r-GaN	岩盐	$Fm\bar{3}m$	0.422		—
	w-AlN	纤锌矿	$P6_3mc$	0.311 06		0.497 95
	zb-AlN	闪锌矿	$F\bar{4}3m$	0.438		
	r-AlN	岩盐	$Fm\bar{3}m$	0.404		
	ZnO	纤锌矿	$P6_3mc$	0.324 96		0.520 65
	β-SiC	3C（ZB）	$F\bar{4}3m$	0.435 96		
	SiC	4H（W）		0.307 3	—	1.005 3
	SiC	6H（W）	$P6_3mc$	0.308 06		1.511 73
	BP	闪锌矿	$F\bar{4}3m$	0.453 8		—
	GaAs	闪锌矿	$F\bar{4}3m$	0.565 33		—
	GaP	闪锌矿	$F\bar{4}3m$	0.543 09		—
	Si	金刚石	$Fd\bar{3}m$	0.543 10		

（续上表）

分类	材料	结构	空间群	晶格常数		
				a	b	c
氧化物和硫化物	Al_2O_3（蓝宝石）	斜方六面体	$R\bar{3}c$	0.476 5	—	1.298 2
	$MgAl_2O_4$（尖晶石）	—	$Fd\bar{3}m$	0.808 3	—	—
	MgO	岩盐	$Fm\bar{3}m$	0.421	—	—
	$LiGaO_2$	正交晶系	$Pna2_1$	0.540 2	0.637 2	0.500 7
	$\gamma\text{-}LiAlO_2$		$P4_12_12$	0.516 9		0.626 7
	$NdGaO_3$	正交晶系	$Pna2_1$	0.542 8	0.549 8	0.771
	$ScAlMgO_4$	—	$R\bar{3}m$	0.323 6		2.515
	$Ca_8La_2(PO_4)_6O_2$	磷灰石	$R3mR$	0.944 6	—	0.692 2
	MoS_2	—	$P6_3mc$			
	$LaAlO_3$	斜方六面体	$R\bar{3}c$	0.536 4	—	1.311
	$(Mn,Zn)Fe_2O_4$	尖晶石	$Fd\bar{3}m$	0.85	—	—
金属和金属氮化物	Hf	密排六方	$P6_3mc$	0.318		0.519
	Zr	密排六方	$P6_3mc$	0.318		0.519
	ZrN	岩盐	$Fm\bar{3}m$	0.457 76	—	—
	Sc	密排六方	$P6_3mc$	0.330 9		0.54
	ScN	岩盐	$Fm\bar{3}m$	0.450 2	—	—
	NbN	岩盐	$Fm\bar{3}m$	0.438 9	—	—
	TiN	岩盐	$Fm\bar{3}m$	0.424 1	—	—

在实际应用中，除了晶格常数外，其他特性在决定材料作为衬底的适用性时也很重要，包括材料的晶体结构、表面光洁度、组成、反应活性、化学特性、热学特性和电学特性等，这些特性对外延层的最终性能有很大的影响。所使用的衬底决定了外延氮化镓薄膜的晶体取向、极性、晶型、表面形态、应力和缺陷浓度。因此，衬底性能最终决定了器件是否能达到其最佳性能。

衬底对Ⅲ族氮化物外延层的极性和极化的影响至关重要。决定化学反应活性和外延质量的关键因素在于晶体的极性，而在大多数情况下，衬底决定了外延层晶体的极性以及应力的大小和方向（拉伸或压缩）。使用不同外延生长技术可以产生相当大的变化，蓝宝石衬底上的外延生长就是一个很好的例子，在蓝宝石上可以控制制备任意极性的外延氮化镓薄膜。当然，衬底的选择确实限制了后续的加工工艺。

到目前为止，大多数用于研究薄膜生长的衬底都是［0001］取向的氮化镓，因为这种取向通常最有利于光滑薄膜的生长。然而，这种取向的氮化镓容易产生极化效应，而这种极化效应对一些光电器件危害极大，会导致红移发射。此外，量子阱中的压电效应会导致电子与空穴发生空间分离，从而降低复合效率。因此，为了消除极化效应，人们对具有其他取向的氮化镓外延层的关注度正在不断增加。

氮化镓在异质外延衬底（如蓝宝石和碳化硅）上外延沉积的错配位错密度和螺旋位错密度通常为 $10^8 \sim 10^{10}$ cm^{-2}，而硅同质外延的位错密度基本上为 0，砷化镓同质外延的位错密度为 $10^2 \sim 10^4$ cm^{-2}。在氮化镓异质外延层中常见的其他晶体缺陷包括域边界反转和堆垛层错。这些缺陷产生了非辐射复合中心，在带隙中引入了能态，降低了少数载流子的寿命。杂质沿螺旋位错的扩散比整体材料本身内部的扩散更快，导致杂质分布不均匀，降低了 PN 结的界面变化。由于氮化镓具有高的压电常数，围绕螺旋位错的局部应力会导致电势和电场的亚微米级变化。这种缺陷的分布通常不均匀，因此氮化镓材料和由氮化镓材料制成的器件的电学及光学性能也不均匀。缺陷会增加器件的阈值电压和偏置泄漏电流，并且会快速地损耗异质结构场效应晶体管中电荷载流子的浓度，以及降低电荷载流子的迁移率和热导率。这些缺陷将妨碍更复杂或更大面积（高功率器件所必需）氮化镓器件实现最佳性能。无论选择哪种衬底，诸如晶体质量差或与氮化镓结合不良的缺点都可以通过适当的表面处理工艺来改善，例如氮化、低温沉积氮化铝或氮化镓缓冲层、多个中间低温缓冲层、横向外延过生长、悬空外延和其他技术等。通过各种技术的组合使用，已经生产出位错密度低至 10^7 cm^{-2} 的氮化镓层。但对于在极端的温度、电压和电流密度等条件下工作的更复杂的器件来说，依然需要更低缺陷密度的氮化镓材料。因此，为了实现氮化镓基器件的全部潜力，仍然需要能够支持生产更佳质量的氮化镓外延层的衬底，这推动了氮化铝和氮化镓块体晶体制备方法的研究。

5.4 ▶▶▶ 碳化硅衬底外延氮化镓

　　碳化硅（4H 和 6H 晶型）衬底在氮化镓外延方面相比蓝宝石具有多项优势，例如，使用碳化硅衬底外延的氮化镓薄膜［0001］取向的晶格常数错配更小（3.1%），热导率更高［3.8 W／（cm·K）］。并且，使用碳化硅作衬底可以在其背面制作导电层，使衬底背面通电，与蓝宝石衬底相比简化了器件结构。由于外延氮化镓的晶面与碳化硅衬底的晶面平行，因此更易将其破开成平面。同时，由于碳和硅本身就具有极性，因此使用碳化硅作为衬底材料，为调整氮化镓薄膜的极性创造了有利条件，本节中引用的大多研究都是针对硅的极性进行调整。其中，高增益异质结双极晶体管就巧妙地利用了 GaN/SiC 界面上产生的不连续性。[51]

　　然而，在碳化硅衬底上生长氮化镓也有诸多缺点。首先，由于这两种材料之间的润湿性较差，导致直接在碳化硅上进行氮化镓的外延仍存有许多问题。[52] 为了解决这一不足，可以通过使用 AlN 或 $Al_xGa_{1-x}N$ 缓冲层来补救，但是缓冲层会增加器件与衬底之间的电阻。其次，尽管碳化硅的晶格常数失配小于蓝宝石的晶格常数失配，但仍然过大，会在氮化镓层中形成大密度缺陷。同时，制备表面光滑的碳化硅也更加困难，从供应商处获得的碳化硅的表面粗糙度（1 nm RMS）比蓝宝石的表面粗糙度（0.1 nm RMS）要高一个数量级。这种程度的粗糙度和表面抛光残留的杂质可能会导致氮化镓外延层的缺陷。碳化硅中的螺旋位错密度为 $10^3 \sim 10^4$ cm^{-2}，这些缺陷可能会扩散影响氮化镓外延层质量并降低器件性能。另外，碳化硅的热膨胀系数小于氮化铝或氮化镓的热膨胀系数，因此外延薄膜在室温下通常处于双轴拉伸状态。最后，碳化硅衬底的成本很高，且目前生产单晶碳化硅的厂家很少，在很大程度上影响了碳化硅衬底的大量应用。

碳化硅衬底上外延氮化镓的研究可按照生长过程划分为 3 个方面：衬底上的表面处理、成核和生长。衬底上的表面处理的研究主要关注如何生产出表面更清洁、更有序的碳化硅。这样做是为了增强成核作用，并使最终外延层中的缺陷最小化。成核的研究主要关注温度、衬底极性和工艺条件（温度、Ⅲ／Ⅴ比等）对最初沉积的氮化铝或氮化镓的生长模式及沉积形态的影响。生长的研究着眼于表面处理和成核对薄膜质量及薄膜应力的累积影响。

5.5.1 ▶▶▶ 碳化硅衬底上的表面处理

尽管较小的晶格常数失配表明碳化硅衬底应该能够比蓝宝石衬底生产出质量更好的氮化镓薄膜，但事实证明，两种衬底生长的氮化镓薄膜质量基本相同。早期，人们认为影响碳化硅衬底上氮化镓薄膜质量的关键因素可能是供应商提供的碳化硅衬底的表面光洁度不好（粗糙度高），因为蓝宝石的表面粗糙度只有碳化硅的1/10。由于碳化硅具有极高的硬度和化学稳定性，因此很难生产出表面平滑的碳化硅衬底。通常情况下，市售的碳化硅衬底普遍具有表面划痕、亚表面晶体损伤及抛光过程残留杂质的问题。图 5－3 显示了 6H-SiC 衬底上的表面划痕。除了划痕外，碳化硅衬底的表面结构几乎没有秩序，表面在任意不同的台阶位置终止。在表面产生的缺陷会影响到外延结构，从而降低氮化物薄膜的质量。为了消除 6H-SiC 表面的这种损伤并产生更均匀的台阶和平台结构，人们已经成功研究出了几种方法，包括：

（1）氧化碳化硅形成二氧化硅，然后用氢氟酸去除二氧化硅层。

（2）在氯化氢和氢气中蚀刻碳化硅。

（3）反应离子蚀刻碳化硅。

（4）最常见的方法是在氢气中高温（>1 500 ℃）蚀刻碳化硅。

氢气蚀刻可以去除所有划痕，并且在同轴的 6H-SiC 衬底上产生一个有序的台阶表面，其高度为一个完整的（1.5 nm）晶胞，并且这些台阶基本都在同样的堆叠位置终止。

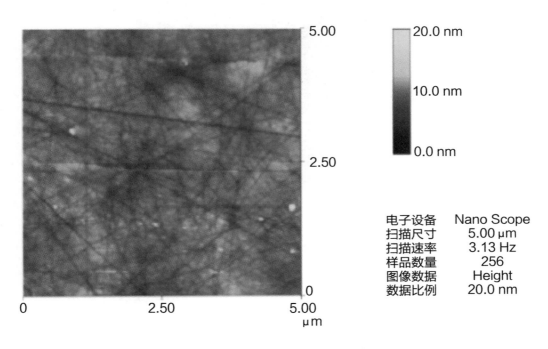

图 5-3　RMS 为 0.85 nm 的同轴 6H-SiC 的 AFM 图像

5.5.2　碳化硅衬底上的成核

氮化镓和氮化铝的成核方式存在显著差异。氮化铝在高温和低温下均可成核，相反，氮化镓在 6H-SiC 衬底上仅在低温（<800 ℃）条件下才可以成核，并且呈现出随机的三维岛状生长。

在较高的沉积温度（>1 100 ℃）条件下，氮化铝会以二维方式成核，因此仅用很少的材料即可完全覆盖表面。此种氮化铝是真正的外延，并且在其与 6H-SiC 衬底的界面上没有像在氮化铝/蓝宝石界面处存在的那种高密度缺陷，它有助于减少氮化镓与 6H-SiC 之间约 3.4% 的直接失配，能够促进衬底表面的润湿。图 5 - 4 显示了在 660 ℃ 下沉积的高温氮化铝缓冲层对 720 ℃ 下分子束外延（Molecular Beam Epitaxy，MBE）生长氮化镓的影响。对于高温（1 200 ℃ ~ 1 400 ℃）下 MBE 生长的氮化铝薄膜（~200 nm），生长后的热处理可以进一步改善其作为缓冲层的质量。

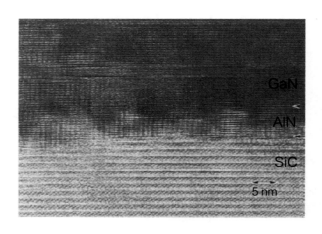

图 5 - 4   缓冲层区域的图像（缓冲层上的高缺陷密度由氮化铝层的三维生长引起）

在低的沉积温度下，沉积在碳化硅衬底上的氮化铝的结晶度很差，表面形态也很粗糙。碳化硅衬底和氮化铝缓冲层之间的界面会发生原子量级的突变，并沿着碳化硅（0006）底面进行金属有机化学气相沉积（Metal Organic Chemical Vapor Deposition，MOCVD）生长。[53] 同时，初始的氮化铝缓冲层的生长是三维的，表明存在小的微晶。微晶的直径与其高度相当时，表明存在较高的成核速率和缓慢的生长动力，这不同于在蓝宝石衬底上的生长。低温沉积的氮化铝缓冲层将在退火温度上升期间形成大晶粒，从而改善该层的结构质量，进而改善后续沉积的任何层的结构质量。但是，在低温缓冲层上沉积的氮化镓薄膜的质量不如在高温缓冲层上沉积的质量。蓝宝石上的氮化铝缓冲层情况与之相反，在低温缓冲层上比在高温缓冲层上得到的氮化镓薄膜质量更高。

作为纯氮化铝的替代材料，$Al_x Ga_{1-x} N$ 缓冲层也被评估研究过，主要原因为其与氮化镓的晶格错位更小，并且具有导电性。$Al_xGa_{1-x}N$ 缓冲层能够改变衬底和上层氮化镓层之间相对晶格的匹配，从而对氮化镓薄膜的质量实现多一项控制。Lin 和 Cheng 发现，通过低压 MOCVD 生长的 $Al_{0.08}Ga_{0.92}N$ 缓冲层可以显著改善氮化镓的质量。沉积的氮化镓外延层的载流子迁移率和浓度分别为 612 cm²／（V·s）和 1.3×10^{17} cm⁻³（在 300 K 下），并且 1.3 mm 氮化镓的 X 射线（0002）摇摆曲线的半峰宽为 145 弧秒。

对于异质结 GaN/SiC 器件，必须在没有氮化铝缓冲层的情况下制作，即在碳化硅上直接生长氮化镓。氮化镓的直接成核技术已在碳化硅衬底上应用 MBE 和 MOCVD 生长技术实现，高温和低温条件下的氮化镓成核以及随后的高温退火技术都得到了检验。一些研究指出，在 MBE 生长过程中，虽然较高的成核温度有望改善单个氮化镓核的结构完善性，但实现氮化镓润湿又需要较低的成核温度。由于氮化镓的热稳定性较差，因此氮化镓的成核温度通常与成膜温度相同或更低。通过精心设计生长过程，高温成核和低温成核两种方法获得了质量相近的氮化镓。然而，缓冲层或成核对氮化镓薄膜质量的影响是复杂的，最佳的生长、成核条件和退火过程可能取决于Ⅲ／Ⅴ族原子比、薄膜生长温度等各种生长因素。

5.5.3 碳化硅衬底上氮化镓和氮化铝的生长

在碳化硅衬底上进行表面处理会改善衬底与外延界面间的性质。6H-SiC 衬底在高温（1 600 ℃）氢蚀刻条件下能够产生更有序的台阶和平台结构，与沉积在未处理过的 6H-SiC 衬底上的类似薄膜相比，其沉积形成的氮化铝外延薄膜的质量更高。如果事先对 6H-SiC 衬底进行蚀刻，可以改善提高外延氮化镓薄膜的表面形貌和晶体质量。与此同时，源于衬底/缓冲层和（或）缓冲层/薄膜界面的螺旋位错跟衬底的光滑度有关。[54] 因此，碳化硅的表面处理是制备高质量氮化镓薄膜的必要条件。图 5 - 5 展示了在不同表面处理后的 6H-SiC（0001）上沉积的氮化镓形貌，样品（a）和（c）为 MBE 法沉积在 50 nm 的氮化铝缓冲层上，温度与氮化镓的生长温度相同

（800 ℃）。如果原生氧化物没有从碳化硅的表面被完全去除，则沉积的氮化镓层会产生孔洞。因此，衬底清洗的关键步骤是在氮化镓生长之前去除碳化硅上的任何热氧化物。同时，氮化处理也可以提高碳化硅衬底的光滑度，可以通过在 1 050 ℃ 的氨气气流中处理 30 min，氮原子在衬底表面被化学吸附并实现蚀刻。二次离子质谱（Secondary Ion Mass Spectrometer，SIMS）测量结果表明，氮化的碳化硅中没有过量的氢、氧或氮的迹象。

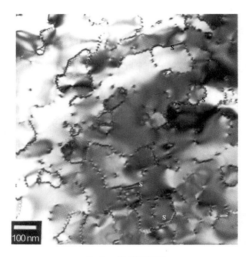
（a）化学清洗

（b）化学清洗配合氢等离子体处理

（c）化学清洗、氢等离子体处理和 1 300 ℃ 氢气氛热处理 30 min

图 5 - 5　沉积在不同表面处理后的 6H-SiC（0001）上的氮化镓的不同 TEM 形貌

5.6 >>> 氮化镓外延层中的应力控制

由于碳化硅的热膨胀系数小于纤锌矿氮化镓的热膨胀系数，因此碳化硅上最终形成的氮化镓薄膜通常具有应力，而应力的大小和类型跟工艺条件有很大的相关性，这也解释了近期有关Ⅲ族氮化物光学特性的研究数据存在差异的原因。通常，碳化硅上氮化镓外延层的应力很大，双轴应力的平均值可高达 1 GPa，因为二者之间存在较大的晶格错位以及相当大的热膨胀系数差异。拉曼光谱研究证实，碳化硅衬底上 MOCVD 生长和 MBE 生长的氮化镓处于拉伸应力状态，而蓝宝石衬底上生长的氮化镓则处于压缩应力状态。这说明热膨胀系数的不匹配是决定碳化硅衬底外延氮化镓薄膜应力的主要因素。

与无应力的氮化镓样品相比，由碳化硅衬底引入的残余双轴拉伸应力会导致激子带隙的下移并降低价带分裂。有研究人员利用拉曼散射光谱和光致发光光谱研究了氮化镓的带隙与应力之间的定量关系，结果表明 1 GPa 的双轴应力导致激子的光致发光谱线发生了 20 ± 3 meV 的偏移。这一结果是建立于晶格错位的压缩应力在外延薄膜生长及纳米后转化为拉伸应力这一假设下的，但实际情况则更加复杂。通过对 1 000 ℃ 下以 MOCVD 方式生长的 100 nm 氮化铝缓冲层的样品进行分析发现，当薄膜厚度小于 0.7 mm 时，应力主要体现为压缩应力，接着应力转变为拉伸应力直至生长到 2 mm 左右，此后拉伸应力值突然减至接近 100 MPa。显然，6H-SiC 衬底以及高温氮化铝缓冲层的组合为调节氮化镓层中的应力状态提供了多种可能性，在价带工程和器件处理的应用中具有广阔的前景。

碳化硅衬底外延氮化镓薄膜的各种特性均有相关的研究报道，但大部分集中在其光学特性上。显然，由于热膨胀系数和晶格参数不匹配而产生的内在应力将改变薄膜的带隙能量，进而改变其发光性能和其他特性。因此，由于生长方法和生长条件（如温度、薄膜厚度和薄膜序列）的差异，不同的研究小组对外延薄膜材料性能的测量值会有所不同。

这些有关 GaN/6H-SiC 的看似相互矛盾的应力结果可以通过氮化铝成核层对生长模式和应力释放的影响来解释。在有的研究中发现氮化镓层的应力状态取决于其生长模式，而生长模式又取决于衬底的润湿程度而不是晶格错位，由此预测，通过在很薄且应力一致的氮化铝成核薄膜上生长氮化镓外延层，可以避免氮化镓层由于薄膜拉伸应力的产生而形成裂纹。

5.7 ▶▶ 衬底倾角对外延层的影响

碳化硅与氮化镓（0001）面的倾角可以缩短原子从衬底表面进入晶体的距离，从而促进氮化镓外延层的二维生长。[55] Smith 等人的研究表明，倾角可以缓解碳化硅衬底与外延氮化镓薄膜界面间的应力。但是由于衬底表面上存在台阶，在诸如碳化硅之类的非同质衬底上生长氮化镓时，堆叠失配边界（Stacking Mismatch Boundary，SMB）是不可避免的。SMB 是单个岛核生长和聚并的结果，是一种特殊的双定位边界（Double-positioning Boundary，DPB）。当使用 4H-SiC 作衬底时，SMB 总会在第 2 个的双层台阶处产生，有一半的可能在第 1、3 个的双层台阶处产生，但不会在第 4 个的双层台阶处产生。使用 6H-SiC 作衬底时，SMB 一般会在第 2、4 个的双层台阶处产生，有 2/3 的可能在第 1、3 和 5 个的双层台阶处产生，但不会在第 6 个的双层台阶处产生。[56] 图 5 – 6 显示了在 GaN/SiC 界面处产生的 SMB。外延时如果先生长低温缓冲层或经过适当的衬底蚀刻，则 SMB 可以达到 6 个双层台阶的高度。如果用高温条件（1 300 ℃ ~ 1 500 ℃）和氯化氢蚀刻衬底，将可以降低 SMB 的密度，确保获得良好的薄膜质量。

Davis 等研究了在 6H-SiC 同轴和相邻面上气源 MBE 生长的氮化铝层的结构及晶体质量，发现同轴上生长的薄膜层具有光滑的表面和良好的厚度均匀性，这些体现了二维生长的特点。相比之下，在相邻面上生长的氮化铝薄膜由于岛状区域的存在，表面略显粗糙，这是由碳化硅和氮化铝的 c 轴晶格常数不匹配造成的，因为较大密度的氮化铝岛可以在同轴的衬底上结合。

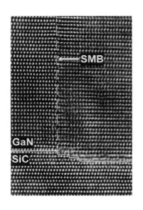

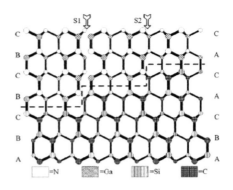

（a）通过等离子体增强分子束外延
在6H-SiC上生长的纤锌矿氮
化镓的高分辨率电子显微照片，
显示了衬底台阶和相应的堆叠
失配边界

（b）6H-SiC上纤锌矿氮化镓的原子模
型。碳化硅表面上的台阶（如S1）
可能会产生堆叠失配边界，而其他
的（如S2）则不会

图 5 – 6　6H-SiC 上生长的纤锌矿氮化镓的显微图像和原子模型

5.8 >>> 极性对外延层的影响

如果要在特定衬底上生产单一极性的外延薄膜，则碳化硅与蓝宝石相比的一个关键优势在于极性控制。对于蓝宝石衬底，如果没有适当的氮化过程和缓冲层，则沉积的薄膜可能是混合极性的。GaN/SiC 界面的电极性在决定氮化镓光电材料的质量中起着关键作用。

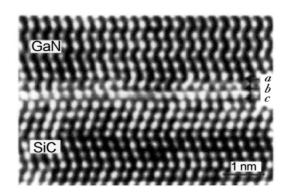

（a）GaN/SiC 界面的高分辨率电子显微照片

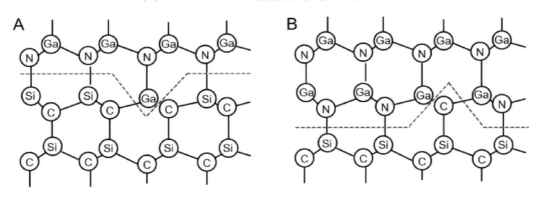

（b）GaN/SiC 界面处 ［0001］ 取向的衬底和外延层之间可能的原子排列，允许一些混合以
保持电荷平衡

图 5-7 GaN/SiC 的 HREM 图像和 GaN/SiC 界面可能的原子排列

碳化硅衬底的极性在很大程度上影响外延氮化镓薄膜的表面形态和晶体质量。通过对（0001）界面的电子结构进行计算表明，在 Si/N 界面和 C/Ga 界面处有更强的结合键，因此硅终止的碳化硅衬底应该产生一个镓终止的（0001）氮化镓外延层。[57] Ren 和 Dow 使用电子结构的紧束缚模型分析了碳化硅与氮化镓的晶格匹配程度。他们根据理论计算，发现在碳终止的碳化硅（0001）衬底上生长的氮化镓具有 6% 的局部微观晶格错位，而在硅终止的碳化硅表面上生长的氮化镓的局部晶格错位小于 3%。根据该结果预测，GaN/SiC 的三键 N/Si 界面可制备性能优异的氮化镓和氮化铝薄膜。Stirman 等用高分辨率电子显微镜成像和模拟成像检查了 GaN/SiC 异质结构中的原子排列，得出的结论是 GaN/SiC 界面处的原子排列很可能主要是由 N 与 Si 键合，但也有 Ga 与 C 的键合以保持电荷平衡。图 5 – 7 显示了 GaN/SiC 的 HREM 图像和 GaN/SiC 界面可能的原子排列。

虽然人们已通过多种技术对碳化硅外延氮化镓的极性进行了研究，但许多实验结果仍存在争议。上述观点从理论上被认为是"标准框架"，即氮化镓的镓面生长在碳化硅的硅面上，而氮化镓的氮面生长在碳化硅的碳面上。除了一些例外，如 Sasaki 和 Matsuoka 得出的结论是在碳化硅（0001）硅面和（0001‾）碳面上外延的氮化镓层分别以氮和镓终止，其他大多数结果与"标准框架"一致。

5.9 ▷▷▷ 3C-SiC/Si（001）上生长闪锌矿氮化镓

沉积于 Si（001）面上的 3C-SiC（001）薄膜具有相对较小的晶格常数失配（3.4%）和良好的热稳定性，是制备闪锌矿氮化镓薄膜的优选材料。但是，由于 3C-SiC/Si（001）的晶体质量不佳且表面粗糙，这两个因素容易促进纤锌矿氮化镓的成核。此外，氮化铝的闪锌矿结构非常难以稳定，无论用什么衬底或取向都更容易形成纤锌矿氮化铝。因此，氮化铝不能作为闪锌矿氮化镓外延生长的缓冲材料。

关于在 3C-SiC/Si（001）上外延生长闪锌矿氮化镓已有大量的研究。[58]MOCVD 生长的氮化镓的晶体质量和晶型纯度受 III／V 比和温度的影响很大。MBE 由于其所需的生长温度较低而得到了更多的关注，这使外延氮化镓中热力学稳定的纤锌矿氮化镓的含量降到了最低。Daudin 等发现 III／V 比会影响 MBE 沉积薄膜中纤锌矿/闪锌矿的比例，而且富氮条件不利于闪锌矿相的生长。实验结果可以通过以下假设来解释：闪锌矿氮化镓的 MBE 生长主要受撞击的活性氮通量支配，这直接决定了镓吸附原子的平均自由程。衬底表面的平坦化可改善薄膜质量，并且通过低压化学气相沉积比通过化学气相沉积制备得到的 3C-SiC/Si（001）衬底可生产质量更优的氮化镓薄膜。近年来，使用 MBE 生长工艺，利用 Si（001）表面直接碳化的技术能够制备出表面平坦（RMS 仅 0.3 nm）且厚度为几纳米的 3C-SiC 衬底，在这些衬底上能够生长出高质量的闪锌矿氮化镓薄膜，并且富含镓的生长条件有利于原子表面平坦的高质量薄膜的生成。[59]

闪锌矿氮化镓薄膜的质量通常比纤锌矿结构的质量更差，因此闪锌矿氮化镓薄膜摇摆曲线的 FWHM 通常为几十弧分，而纤锌矿型摇摆曲线的 FWHM 仅为 2~3 弧分。

5.10 >> 碳化硅的平坦化和表面处理

在碳化硅微系统制造的各个阶段都需要用到碳化硅的平坦化技术和表面处理技术。对于碳化硅电子学而言，无缺陷、原子级洁净的表面是获得高质量碳化硅外延层的先决条件，这样可以避免衬底中的表面缺陷蔓延影响到外延层中。通常，碳化硅电子制造涉及一系列连续的平坦化和表面处理步骤。虽然在 MEMS 中，缺陷和表面清洁度的标准低于一般的 IC 标准，但平坦化和表面处理步骤也有助于 MEMS 的制造。高保真度的图形制作需要在多步加工中运用到平坦化技术。同时，平坦化也是碳化硅成型工艺的必要条件。从集成微系统制造的角度来看，无论集成方案是先制作 MEMS 结构再制作集成电路，还是将 MEMS 结构制作在集成电路之上，抑或是 MEMS 结构与集成电路并列制作，平坦化和表面处理都将起到至关重要的作用。原子级洁净的衬底表面处理的步骤包括机械研磨和抛光，然后是化学机械抛光和气体蚀刻，下面将简要介绍其中的各个步骤。

5.10.1 >> 机械研磨和抛光

碳化硅晶锭被切割成为晶片后进行的第一步就是机械研磨和抛光。该步骤旨在生产弯曲、翘曲和厚度变化都是最小的衬底。在研磨抛光的过程中，通常选用细小粒度且硬度比碳化硅更高的磨料进行，这样在机械作用下，碳化硅材料才能被不断打磨减薄，金刚石或碳化硼因其硬度超过碳化硅而被用作抛光材料。用较硬的磨料进行抛光对有效控制减薄过程中的翘曲非常有效，但是容易留下划痕或其他的表面损伤，这不利于后续碳化硅外延的加工。通过使用小粒径颗粒的研磨浆料并优化工作转速、压力、温度和浆料进料速度，可以显著改善碳化硅的表面光洁度。然而，仅仅使用研磨抛光不可能达到无划痕和无表面缺陷的效果。[60]

5.10.2 》》化学机械抛光

化学机械抛光（CMP）分两步进行，即从表面形成化学改性开始，到机械去除表面改性为止。表面改性通常是通过化学反应形成较软的钝化层，然后使用较软的研磨材料除去钝化层。随着机械研磨的进行，未反应的表面持续暴露于研磨浆料的化学反应物中，使化学改性和研磨过程重复进行。由于较软的研磨浆料只会侵蚀化学改性的表面，因此可以防止硬质工作材料（在此处为碳化硅）被进一步划伤。

据报道，碳化硅有几种不同的 CMP 工艺，大多数通过形成二氧化硅钝化层而发生。Kikuchi 等人成功开发出第一个 CMP 工艺，该工艺使用了氧化铬颗粒，该颗粒既能氧化表面，也能机械研磨去除表面氧化物。广泛使用的碳化硅 CMP 工艺基于胶体硅在高温（~55℃）和碱性溶液（pH > 10）中得到的浆料。该体系的广泛运用得益于抛光材料的广泛性以及与硅 CMP 工艺的相似性。据报道，该工艺的抛光速率为 0.1 ~ 0.2 μm/h，最小粗糙度可达 0.5 nm。

电化学机械抛光等手段也被用于改善碳化硅在硅浆料中的抛光特性。利用过氧化氢和硝酸钾作碳化硅表面阳极氧化的电解质，同时施加小电流（1 ~ 20 mA/cm²）通过衬底进行抛光，使用此方法抛光后的最佳表面粗糙度可达 0.27 nm。虽然使电流通过衬底增加了额外的管控参数，但是当需要极佳的表面光滑度时，这种方法值得考虑使用。尽管碳化硅的 CMP 工艺需要进一步改良，但当前阶段其产业化应用已经十分成熟，可广泛用于碳化硅电子器件和 MEMS 的表面处理。许多工业碳化硅晶体和外延层的制造商已使用 CMP 技术来获得无缺陷的碳化硅表面用于外延层的生长，当前的 CMP 工艺为高质量外延的生长提供了所需的表面光洁度。

5.10.3 》》气体蚀刻

用前体气体进行原位蚀刻是碳化硅外延薄膜生长表面处理的最后一步。

该蚀刻步骤对外延层的生长至关重要，它进一步减少能导致缺陷形成的成核位点，以降低外延层中缺陷的产生。Horita 等人的最新报道显示，经蚀刻工艺处理后，碳化硅表面在 CMP 后原本清晰的台阶结构基本消失。然而需要注意的是，蚀刻既不能降低表面粗糙度，也不能减少划痕，因为蚀刻在整个表面上基本是均匀作用的。[61] 所以，来自 CMP 步骤的初始表面质量依旧非常重要。许多化学物质可以用于该蚀刻工艺，如氢气、氯化氢或氢气 + 氯化氢的组合，这些是最广泛使用的蚀刻剂，具有优异的蚀刻特性，而氢气也是外延层沉积过程中常用的载气。

6 碳化硅加工工艺

6.1 碳化硅图案化的一般方法

通过选择性地去除碳化硅薄膜或块体材料来创建微结构特征，对微系统的每一器件层的制作都是至关重要的。然而，硅和碳之间的高键合强度、高化学惰性使碳化硅的蚀刻变得非常困难，这增加了创建微器件时对图案化方法、掩模材料和牺牲层的选择困难。蚀刻、成型、研磨和烧蚀等工艺可用于碳化硅材料的微图案化。在蚀刻方面，人们开发了干法和湿法化学蚀刻工艺。微观结构元器件的成型工艺被认为是克服因碳化硅的高化学惰性而引起的图案化困难的一种方法。诸如聚焦离子束（Focused Ion Beam，FIB）之类的离子研磨技术为高精度亚微米特性结构的创建提供了机会，但是该工艺的串行性质限制了结构的生产量和复杂性。与 FIB 相比，碳化硅的激光烧蚀速度更快，但是通过其精细的几何控制用以制造微结构的能力尚未得到证明。

碳化硅器件的当前应用包括大功率器件、高温器件和发光二极管等，基于等离子体的"干"蚀刻在将碳化硅图案化、用于制造各种电子器件方面起着至关重要的作用。硅或Ⅲ-Ⅴ半导体材料使用等离子体蚀刻最重要的原因是等离子体蚀刻具有相对各向异性，可以用来精确地控制线宽，当器件尺寸处于亚微米级（<1 μm）时，这一点变得尤为重要。对于碳化硅，采用等离子体蚀刻的另一个重要原因是碳化硅具有的化学稳定性（硅和碳之间具有强键合作用，Si-C = 1.34 × Si-Si），这使对器件结构进行"湿"蚀刻变得非常困难。实际上，碳化硅的湿法蚀刻必须在碱性溶液和高温（>600 ℃）条件下进行，或者在室温下通过光电化学（Photoelectrochemistry，PEC）蚀刻进行。然而在高温或光电化学腐蚀条件下，碳化硅湿法蚀刻的线宽控制是非常困难的，因此等离子体辅助的"干"蚀刻在各种碳化硅器件的制造中起着至关重要的作用。

碳化硅的干法蚀刻主要通过基于等离子体的反应离子蚀刻（Reactive Ion Etching，RIE）来实现，这种方法是碳化硅器件制造过程中用于选择性蚀刻碳化硅的主要方法。RIE 干蚀刻可精确控制线宽、侧壁和表面轮廓。反应离子蚀刻中碳化硅的去除通过物理和化学过程相结合产生的作用完成，其中，物理溅射通过等离子体发射高能粒子轰击表面实现，化学腐蚀通过等离子体中存在的活性化学物质与表面物质的反应发生。控制这两个相互竞争的过程对创建具有所需侧壁角度和表面光洁度的蚀刻轮廓至关重要。因此，反应腔类型、工艺条件和化学气体种类的选择非常关键。多种蚀刻化学物质已被开发用于等离子体碳化硅蚀刻，大多数工艺都集中在氟基化学反应物上。氟化物如三氟甲烷（CHF_3）、溴三氟甲烷（$CBrF_3$）、四氟化碳（CF_4）、六氟化硫（SF_6）和三氟化氮（NF_3）与氧气的混合应用已成功实现。氟基等离子体中的碳化硅反应离子蚀刻可以实现有用的蚀刻速率（100~1 000 Å/min）和高度的各向异性，完成亚微米尺寸的图案化。六氟化硫和氧气是研究最多的硅蚀刻气体组合，广泛用于研究和工业环境中，因此，这个气体组合对于探索碳化硅的蚀刻是一个直接的选择，式（6.1）、（6.2）和（6.3）给出了在含氟和氧的等离子体中进行碳化硅蚀刻的一些可能相关的化学反应：

$$Si + xF \longrightarrow SiF_x \tag{6.1}$$

$$C + yF \longrightarrow CF_y \tag{6.2}$$

$$C + zO \longrightarrow CO_z \tag{6.3}$$

氟化等离子体中氧的存在以多种方式促进了碳化硅蚀刻过程。从式（6.3）可以看出，它直接参与了碳化硅中碳的去除。此外，等离子体中的原子氧与不饱和氟化物发生反应可生成活性氟原子。因此，等离子体中氧的存在为去除碳和硅提供了更多的活性物质，同时消耗了会形成聚合物的氟碳物质。六氟化硫和氧气等离子体蚀刻碳化硅时，通常使用金属掩模来获得高选择性。然而，金属掩模会产生微掩蔽问题。掩模材料中的金属原子被等离子体溅射并在蚀刻场中重新沉积后，其在蚀刻过程中相当于局部掩模，此时就会产生微掩蔽，导致蚀刻表面上产生草状结构（grass-like structures）。另外，使用金属掩模材料通常需要专用的金属污染清除工具或在工艺变更之间进行大量清洁，因为金属颗粒往往是包括互补金属氧化物半导体（Complementary Metal Oxide Semiconductor，CMOS）在内的许多其他工艺的污染物。为了消除金属颗粒的影响并能使用已被广泛接受的CMOS工艺兼容的掩模材料（如二氧化硅和氮化硅），人们已经研究使用了基于氯和溴的化学反应物。尽管实现了对二氧化硅和氮化硅合适的蚀刻选择性，但基于氯和溴反应物的蚀刻速率明显较慢。

可以使用标准的硅反应离子蚀刻硬件来进行碳化硅反应离子蚀刻工艺，

典型的 4H-SiC 和 6H-SiC 反应离子蚀刻的蚀刻速率约为每分钟数百埃。经过充分优化的碳化硅反应离子蚀刻工艺通常具有高度的各向异性，且蚀刻掩模几乎无咬边（undercut），从而可以得到光滑的表面。获得光滑表面的关键之一是防止微掩蔽，因为产生微掩蔽时掩模材料会被略微蚀刻并随机沉积在样品上，从而掩盖了样品上用于均匀蚀刻的细小区域，这可能导致在未掩盖的区域中形成草状的蚀刻残留物特征，而这在大多数情况下是不希望发生的。但在特殊情况下，有时会在促进微掩蔽的条件下进行反应离子蚀刻，因为这可以极大地粗化碳化硅表面，降低随后沉积的金属化层的欧姆接触电阻。

碳化硅反应离子蚀刻的困难之处在于，在许多条件下经过长时间的蚀刻后会在碳化硅表面形成残留物（导致表面粗糙）。部分原因是商用反应离子蚀刻系统本来的设计是用来容纳多个大尺寸硅晶片的，而不是目前可以获得的尺寸小得多的碳化硅衬底（电极的面积通常比被蚀刻的碳化硅样品的面积大得多）。残留物的生成对后续工艺如金属接触（欧姆或肖特基接触）的形成，是一个严重的问题。本节最后将介绍几种目前已经成功开发出来用于防止残留物形成的技术。

选择合适的反应腔类型和操作条件对实现更高的蚀刻速率和蚀刻选择性以及获得垂直侧壁和光滑表面也至关重要。例如，使用两个平行板和射频等离子体发生器的常规反应离子蚀刻系统具有低等离子体密度和高能量物质，因此在这些类型的反应腔中对碳化硅的蚀刻主要是通过物理溅射进行的，这会导致蚀刻表面粗糙和对常用掩模材料的低选择性。为了克服这些缺点，大多数碳化硅蚀刻都使用高密度低压等离子体蚀刻反应腔完成，例如，电子回旋共振（Electron Cyclotron Resonance，ECR）、变压器耦合等离子体（Transformer Couple Plasma，TCP）、螺旋等离子体（Helicon Plasma）和电感耦合等离子体（Inductively Coupled Plasma，ICP）反应腔。其中，ICP是最广泛使用的技术，与其他方法相比，它具有许多优势，包括可扩展性和较低的运行成本。ICP 在较低压力下产生高等离子体密度的能力极具吸引力，因为它减少了离子散射，从而可显著降低各向异性的横向蚀刻速率。从微系统的角度来看，所需的蚀刻深度随器件类型的不同而不同。例如，对于大多数碳化硅电子产品，蚀刻深度通常为亚微米级；对于微机电系统（MEMS），其蚀刻深度通常为数十微米；对于某些高频碳化硅电子元件，晶片通孔深度可达数百微米。为了满足这些不同的需求，已经开发了不同的掩模材料和工艺条件。光刻胶、金属、二氧化硅、氮化硅是用于选择性蚀刻碳化硅的典型掩模材料。迄今为止，据报道，在 ICP 等离子体蚀刻机中，与六氟化硫和氧气化学蚀刻反应一起使用的镍掩模的最高蚀刻选择比为100∶1，报道的蚀刻速率为 $1.5 \sim 1.6 \ \mu m/min$。就蚀刻速率和选择比而言，这将是许多碳化硅 MEMS 制造的理想工艺。对于碳化硅的整体蚀刻，蚀刻速率可以进一步提高到 $2.6 \ \mu m/min$，然而蚀刻选择比会降低至 45∶1。Gao 等人研究了在 TCP 系统中使用基于溴化氢气体的化学方法对二氧化硅和氮化硅等非金属掩蔽材料的最高蚀刻选择比，报道的 $SiC∶SiO_2$ 和 $SiC∶Si_xN_y$ 的蚀刻选择比分别为20∶1 和22∶1。虽然该方法的蚀刻选择性是合适的，但这种化学蚀刻的一个缺点是蚀刻速率极低：小于 $50 \ nm/min$。虽然随着等离子体的增强，蚀刻速率略有提高，但非金属掩模的蚀刻选择比也会变差，导致掩模被快速侵蚀，造成不理想的侧壁角度和更粗糙的蚀刻表面。

6.2.1.1　反应离子蚀刻

下面简要介绍室温下碳化硅反应离子蚀刻的基本机理。碳化硅中硅原子和碳原子的整体去除过程包含了物理过程与化学过程。基本上，所有的化学蚀刻工艺都可能包括三个连续的步骤：蚀刻物质的吸附—生成物的形成—生成物的脱附。

在等离子体放电期间会产生多种物质，如带电粒子（离子和电子）、光子和中性粒子（自由基）等。可以通过物理和化学机制的结合来进行材料的等离子体蚀刻，其主要机理取决于反应副产物的活性和离子化物质的能量。在实践中，这转化为关于原料气体（惰性或活性）、等离子体压力和样品偏置电极连接到射频电源或接地的选择，根据这些条件可将等离子体蚀刻过程分为四类：

（1）溅射：通过气体分子的高能离子对材料进行纯物理去除。

（2）等离子体化学蚀刻：等离子体中形成的化学中性自由基与衬底材料反应，生成挥发性物质。

（3）离子增强化学蚀刻：高能离子破坏蚀刻表面，增强其反应性。

（4）缓蚀剂控制的化学蚀刻：离子轰击与离子通量正交的表面去除缓蚀剂层，允许化学蚀刻继续进行。

包含最后两类过程的反应离子蚀刻，可以将样品置于阴极和相对较低的压力下（从几 mTorr 到数百 mTorr）进行操作，因而可以产生相当高能的离子并形成反应性自由基。反应离子蚀刻模式下基于等离子体的蚀刻通常允许在蚀刻速率和各向异性之间进行最有用的权衡。整体蚀刻速率由上述材料去除机制的组合给出：

$$R = R_{\text{SPUTTER}} + R_{\text{NEUT}} + R_{\text{IEN}} + R_{\text{ICN}} \qquad (6.4)$$

其中，R_{SPUTTER} 是离子溅射去除速率，R_{NEUT} 是中性自由基进行的化学蚀刻速率，R_{IEN} 是离子增强的中性化学蚀刻速率，R_{ICN} 是缓蚀剂控制的中性蚀刻速率。为了了解中性物质的到达速率对整体蚀刻速率的影响，可将式（6.4）扩展，如式（6.5）所示：

$$R = F_{\text{I}}\varphi_{\text{S}} + F_{\text{N}}(1 - \alpha - \beta)\varphi_{\text{N}} + F_{\text{N}}\alpha\varphi_{\text{N}}^{*} + F_{\text{N}}\beta\varphi_{\text{N}}^{**} \qquad (6.5)$$

其中，F_{I} 是离子通量 [ions/（cm^2·s）]，F_{N} 是中性粒子的通量，φ_{S} 是溅射效率（cm^3/ion），φ_{N} 是中性物质的化学蚀刻速率效率（cm^3／neutral），φ_{N}^{*} 和 φ_{N}^{**} 是中性物质在被离子轰击（"敏化"）的表面部分（α）以及被蚀刻缓蚀剂覆盖的表面部分（β）上的化学蚀刻速率效率。敏化表面的比例随离子通量的增加而明显增加，离子通量也（负性）影响缓蚀剂覆盖部分，从而提高化学（中性）蚀刻速率。

对于在氟化气体和氧气的混合气体中进行的碳化硅蚀刻，式（6.6）至式（6.8）给出了与硅和碳原子去除有关的最可能的化学反应，从而可以推导出碳化硅分子去除的复合化学反应式（6.9）。在以下讨论中，我们暂时不考虑诸如 COF_2 等其他的反应化合物。

$$Si + mF \longrightarrow SiF_m \quad (m = 1 \sim 4) \tag{6.6}$$

$$C + mF \longrightarrow CF_m \quad (m = 1 \sim 4) \tag{6.7}$$

$$C + nO \longrightarrow CO_n \quad (n = 1 \sim 2) \tag{6.8}$$

$$SiC + mF + nO \longrightarrow SiF_m + CO_n + CF_m \tag{6.9}$$

在硅的反应离子蚀刻中，由于存在多种反应机理，氟化等离子体中氧的存在会产生重要的影响。[62] 第一，氧原子会与不饱和氟化物发生反应，生成活性氟原子，同时消耗这些聚合物。第二，当向进料气体中添加氧气时，在硅表面上会有足够的化学吸附氧使其更像"氧化物"，从而减少了用于蚀刻的硅位点。第三，如果为了保持总流速恒定而加入氧添加剂来代替含氟气体，稀释效应会降低蚀刻速率。在 $CBrF_3/O_2$、CF_4/O_2、SF_6/O_2 这三种气体混合物中，氧添加剂对硅的蚀刻效果影响显著。当向含氟气体中加入相对较低的氧气（5%~20%）以增加蚀刻剂种类和消耗聚合物时，可获得最高的蚀刻速率。超过这一临界点后，随着氧气百分比的继续增加，蚀刻速率直线降低。在另一研究中，作者提出了硅的蚀刻模型，当硅暴露于氟原子时，它将获得一个氟化皮（氟原子吸附），该"表皮"会在表面以下延伸几层。虽然大多数参与蚀刻过程的氟原子与表面发生了反应，但仍有一小部分会侵蚀 Si-Si 键（3.38 eV），释放出 SiF_m 分子。在硅蚀刻中，F/C 比（其中 C 来源于气相蚀刻剂）被认为是影响蚀刻的决定因素，其比值取决于工艺压力、输入功率和添加剂。高 F/C 比的气体可以得到高的蚀刻速率，而在 F/C 比足够低的情况下，在工艺过程中表面上可能会沉积聚合物薄膜，从而导致负的蚀刻速率或形成锥形蚀刻轮廓（宽度：顶部 < 底部）。当氢气存在于等离子体中时，聚合物的形成可能更加严重，这是蚀刻

与沉积竞争决定蚀刻轮廓的典型例子。[63]

在氟化等离子体中的碳化硅反应离子蚀刻，其蚀刻过程与硅的情况既有相同之处，也有不同之处。例如，利用覆盖在功率电极上的石墨薄片可获得高度各向异性的蚀刻轮廓（>10:1）。在这种情况下，预计F/C比将小得多，这是因为有多种来源可以产生丰富的碳：碳化硅本身、蚀刻气体（在碳氟化合物的情况下）以及最重要的——石墨薄片，这表明将已成功用于硅蚀刻的F/C比模型用在碳化硅蚀刻的时候必须进行修正。例如，在SF_6/O_2混合物中获得了碳化硅的各向异性蚀刻轮廓，而不是通常情况下硅蚀刻的咬边蚀刻轮廓。这是因为碳化硅本身提供了碳，增强了聚合物的形成，从而防止了侧壁被蚀刻，目前研究过的氟化气体还没有一种能在碳化硅蚀刻过程中产生咬边轮廓。

氧气除了在气相反应中的间接作用外，还通过式（6.8）中给出的反应直接参与去除碳化硅中的碳原子。可以在纯的含氟等离子体［式（6.7）］或纯的氧气［式（6.8）］等离子体中蚀刻碳。根据几个研究小组的研究结果，在蚀刻表面总会形成一层薄的富碳层，这说明无论是碳氟［C F］反应还是碳氧［C O］反应，碳都不能从蚀刻表面被快速去除。在氧气含量低（或为0）时，有人认为碳优先通过CF_m的形成［式（6.7）］而不是通过CO_n［式（6.8）］的形成被去除，而在高氧气含量时，碳的去除主要由［C O］反应决定。通常情况下，碳化硅的蚀刻速率随氧气百分比的增加而降低，这表明通过式（6.8）进行的［C O］反应可能不如通过式（6.7）进行的［C F］反应有效，这就解释了为什么在低氧气百分比条件下获得了最高的3C-SiC蚀刻速率。在CF_4/O_2、NF_3/O_2和SF_6/O_2混合物中蚀刻，会产生较高的氟强度，蚀刻速率也更高；而CHF_3/O_2具有更高的O_2含量（60%~80%），因此蚀刻速率也相对更低。

在纯化学等离子体蚀刻工艺中，还需要考虑高能离子通量的影响。主要包括表面Si-C键（4.52 eV）的破坏或断裂，这可以提高化学反应效率；以及除去不挥发的表面物质，使化学反应可以进行。后者包括提供足够高的能量以破坏可能存在于富碳层中的强 C-C 键（6.27 eV）。这种效应的结合导致了直流偏压对多晶碳化硅蚀刻速率的两种影响机制：其一，在低直流偏压条件下，低能量（和效率）的离子通量是主导机制。其二，在足够高的直流偏压下，离子能量足够高，不再是工艺的限制因素，蚀刻速率由化学反应的去除效率决定。

6.2.1.2　反应离子蚀刻案例

下面将阐述碳化硅在含有两种不同组合的氟化气体等离子体中的反应离子蚀刻。由于主要研究的氟化气体（CF_4、SF_6、NF_3 和 CHF_3）在碳化硅蚀刻过程中各自产生不同的蚀刻速率，因此人们普遍关注研究双重气体混合物对蚀刻的影响。第一组实验的混合物由作为主要气体的 CHF_3 和作为辅助气体的 CF_4、NF_3 和 SF_6 组成。纯 CHF_3 可以产生无残留的蚀刻表面，但蚀刻速率相对较低，而其他三种气体则相反。因此，将研究确定双氟化气体混合物获得无残留蚀刻表面时的参数。为此，在这组实验中，将 3C-SiC 和 6H-SiC 样品置于裸露的铝电极上来获取反应离子蚀刻数据，其中铝电极通常会在蚀刻表面产生残留物。第二组实验探索了通过在铝电极上使用石墨覆盖层来提高碳化硅的蚀刻速率，同时研究了防止生成残留物的情况。在这组实验中，NF_3 和 SF_6 的气体混合物被用来蚀刻 6H-SiC 和 4H-SiC 样品。

（1）在 CHF_3 和其他氟化气体混合物中的蚀刻。

下面讨论碳化硅在 CF_4/CHF_3、NF_3/CHF_3 和 SF_6/CHF_3 的双氟化气体混合物中的蚀刻。与在单一氟化气体和氧气的混合物中蚀刻的情况一样，使用双氟化气体混合物进行的实验也是在标准蚀刻条件下进行的，蚀刻时间为 5 min 和 30 min。图 6-1（a）和（b）分别显示了在 NF_3、CF_4 和 SF_6 中，3C-SiC 和 6H-SiC 的蚀刻速率与 CHF_3 百分比的关系。相应的自感应直流偏压如图 6-2 所示，阴影的矩形区域包含获得无残留蚀刻的实验条件。通常，3C-SiC 具有比 6H-SiC 更高的蚀刻速率，部分原因是 3C-SiC 中的缺陷密度导致了较高的蚀刻速率。在图 6-1 中，实验结果（数据点）主要是在总

气体混合物中 CHF_3 的 0、10%、50% 和 90% 占比处获得的，由于缺少从 0~90% 范围内的完整数据点，因此将两个图的数据点用虚线曲线拟合。在没有氧气加和效应的情况下，氟产生强度几乎随 CHF_3 百分比呈线性变化。目前，在硅集成电路的制造中，经常采用在氟化气体混合物中进行硅蚀刻的工艺。各种含氟气体混合物，如 NF_3/CHF_3、SF_6/CHF_3 和 CF_4/CHF_3 已被用于不同的应用场景。通常，CHF_3 被用作主要气体，用于增加二氧化硅在硅上的选择性蚀刻和各向异性蚀刻的侧壁保护，解决腐蚀问题，获得无残留（光滑）表面。CF_4/CHF_3 气体混合物对二氧化硅接触孔和轮廓控制蚀刻特别有效，在这些接近聚合物形成的条件下（主要气体中不存在氧气），必须注意防止颗粒物污染和过度聚合，因为含氢氟化气体（特别是 CHF_3）比无氢氟化气体（CF_4 和 SF_6）可能产生更多的聚合物。

在双氟化气体混合物中，3C-SiC 的蚀刻速率通常随 CHF_3 百分比的增加而降低。如图 6-1（a）所示，在 NF_3/CHF_3 和 SF_6/CHF_3 气体混合物中的蚀刻速率下降最为明显。例如，蚀刻速率从纯 NF_3 中的最高 592 Å/min 降低到了 $NF_3/90\% CHF_3$ 混合物中的 220 Å/min。在 CF_4/CHF_3 等离子体的情况下，蚀刻速率在低 CHF_3 百分比下是恒定的，并且与在等效的 NF_3/CHF_3 和 SF_6/CHF_3 气体混合物中相比，蚀刻速率大大偏低。CF_4/CHF_3 气体混合物中的 CHF_3 含量超过 50% 时会导致蚀刻速率降低，在其他两种气体混合物中的情况也类似。

在相同的双氟化气体混合物中 6H-SiC 的蚀刻速率如图 6-1（b）所示。6H-SiC 的最高蚀刻速率全部在纯 NF_3、CF_4 或 SF_6 气体中获得，并且随着 CHF_3 百分比的增加，双重气体混合物中的蚀刻速率通常会降低。NF_3/CHF_3 气体混合物中 6H-SiC 的蚀刻速率几乎随 CHF_3 百分比的增加线性下降，在 CF_4/CHF_3 和 SF_6/CHF_3 气体混合物中的蚀刻速率也有类似的趋势。考虑到直流偏压和蚀刻速率，如图 6-2 所示，有趣的是，尽管 3C-SiC 和 6H-SiC 的蚀刻速率均按 $SF_6/50\% CHF_3 > NF_3/50\% CHF_3 > CF_4/50\% CHF_3$ 的顺序下降，但相应的直流偏压顺序则相反：$SF_6/50\% CHF_3 < NF_3/50\% CHF_3 < CF_4/50\% CHF_3$，表明较高的直流偏压会导致较低的蚀刻速率，这意味着蚀

刻速率与所施加的直流偏压不具有简单的线性关系。但是物理或化学蚀刻碳化硅需要一定程度的偏压，因此为了获得高蚀刻速率，通常需要结合物理和化学工艺进行蚀刻。

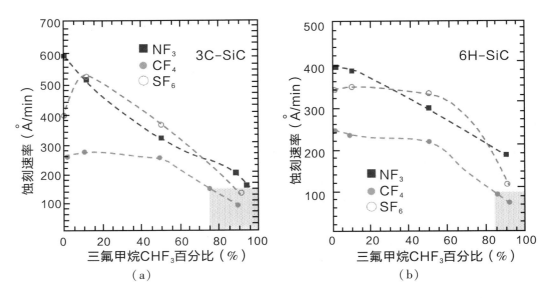

（a）　　　　　　　　　　　　　（b）

图 6-1　3C-SiC 和 6H-SiC 在 NF₃、CF₄ 和 SF₆ 中的蚀刻速率与 CHF₃ 混合物等离子体的关系（阴影矩形区域表示无残留条件）

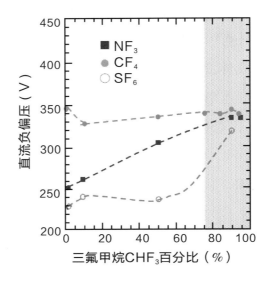

图 6-2　氟化气体混合物等离子体中的自感应直流偏压

（2）在 NF_3 和 SF_6 气体混合物中的蚀刻。

下面讨论从单晶衬底上切下的 4H-SiC 和 6H-SiC 样品置于 NF_3 和 SF_6 的气体混合物中进行的蚀刻，研究这些双氟化气体混合物的目的是获得更高的蚀刻速率，且使碳化硅在蚀刻过程中不产生任何残留物。因此，在进行碳化硅反应离子蚀刻时在铝电极和样品之间用石墨覆盖。此外，通过将射频功率从 200 W 增大到 250 W，对标准蚀刻参数进行了改进，并研究了将流速从 20 sccm 增大到 35 sccm（压力固定在 20 mTorr）的影响。通过这些改进，发现了几种使蚀刻速率大于 500 Å/min 的条件，这对于碳化硅反应离子蚀刻来说是相当高的。图 6-3 和图 6-4 分别显示了 4H-SiC 和 6H-SiC 的蚀刻速率与 NF_3 和 SF_6 流速的函数关系。尽管气体流速的增大伴随着化学活性物质停留时间的减少，总蚀刻速率却随着气体流速的增加而增加，这表明在 35 sccm 时仍未达到临界流速。对于 NF_3，两种碳化硅晶型的蚀刻速率没有观察到显著差异，而对于 SF_6，4H 晶型的蚀刻速率（在 35 sccm 时为 567 Å/min）比 6H 晶型的（在 35 sccm 时为 529 Å/min）更高。

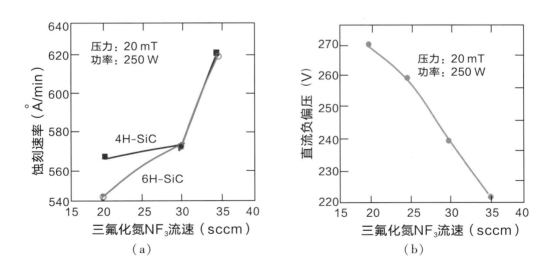

图 6-3　4H-SiC 和 6H-SiC 的蚀刻速率与 NF_3 流速的关系

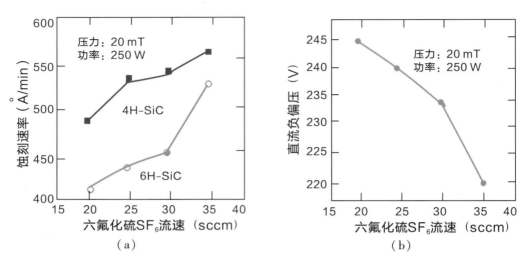

图 6 – 4　4H-SiC 和 6H-SiC 的蚀刻速率与 SF$_6$ 流速的关系

对于两种碳化硅晶型，在 NF$_3$ 等离子体中的最高蚀刻速率均超过 600 Å/min，在 SF$_6$ 等离子体中均超过 500 Å/min。图 6 – 5 显示了在总流速为 35 sccm 时，在 NF$_3$ 和 SF$_6$ 的不同混合物中对两种碳化硅晶型进行蚀刻得到的蚀刻速率。对于这两种晶型，观察到了大体相同的蚀刻速率趋势，蚀刻速率宽而浅的最小值出现在 20% ~ 40% NF$_3$ 的情况下，而在纯气体条件下获得了最高的蚀刻速率。在大多数情况下，4H-SiC 的蚀刻速率与 6H-SiC 的蚀刻速率非常接近，基于这一事实，我们能够将大多数从一种晶型开发的反应离子蚀刻工艺转移运用到另一种晶型上。使用纯 NF$_3$ 蚀刻深度大于 1 μm 的沟槽的反应离子蚀刻实例图像如图 6 – 6 所示，可以看出蚀刻后的表面和侧壁非常光滑，没有任何残留物（由于使用了石墨覆盖层）。腔室的压力变化对蚀刻速率和自感应直流偏压的影响如图 6 – 7 所示。这些工艺参数可以为诸如功率器件制造和微机械加工等应用中的碳化硅深沟槽的蚀刻提供参考。

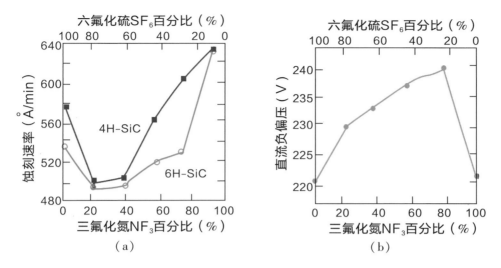

图 6-5 NF_3/SF_6 混合等离子体中 4H-SiC 和 6H-SiC 的蚀刻速率

图 6-6 在压力为 20 mTorr、流速为 35 sccm、射频功率为 250 W 的条件下,在
纯 NF_3 中蚀刻 25 min 的 6H-SiC(带有 300 nm 的铝掩模)的 SEM 照片

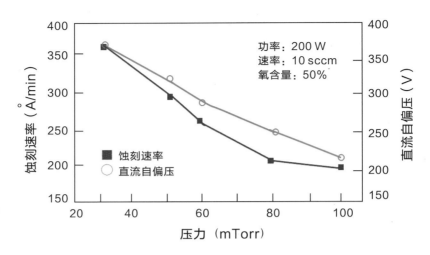

图 6 - 7　腔室压力变化对蚀刻速率和自感应直流偏压的影响

表 6 - 1 总结了不同碳化硅晶型的反应离子蚀刻的蚀刻条件和所得特性，该表还包括使用微波等离子体和氯化气体等离子体蚀刻碳化硅的信息。

表 6 - 1　不同碳化硅晶型反应离子蚀刻的蚀刻条件和所得特性

晶型	气源	工艺类型	典型工艺参数：压力、功率、直流偏压、气体流速	蚀刻速率（Å/min）
4H，6H	SF_6	RIE（RF）	20 mT，250 W，−220 ～ −250 V，20 sccm	490，420
			20 mT，250 W，−220 ～ −250 V，35 sccm	570，530
6H	SF_6/O_2	RIE（RF）	20 mT，200 W，−220 ～ −250 V，$SF_6 : O_2 = 18 : 2$（sccm）	450
	NF_3/O_2		20 mT，200 W，−220 ～ −250 V，$NF_3 : O_2 = 18 : 2$（sccm）	570
6H	SF_6/O_2	RIE（RF）	50 mT，200 W，−250 V，$SF_6 : O_2 = 5 : 5$（sccm）	360

（续上表）

晶型	气源	工艺类型	典型工艺参数：压力、功率、直流偏压、气体流速	蚀刻速率（Å/min）
6H	SF_6/O_2，CF_4/O_2（添加 N_2）	RIE（RF）	190 mT，300 W，$CF_4 : O_2 : N_2 = 40 : 15 : 10$（sccm）	2 200
			190 mT，300 W，$SF_6 : O_2 : N_2 = 40 : 2 : 0$（sccm）	3 000
4H，6H	NF_3	RIE（RF）	20 mT，250 W，$-220 \sim -250$ V，20 sccm	565，540
			20 mT，250 W，$-220 \sim -250$ V，35 sccm	630
4H，6H	NF_3	RIE（RF）	225 mT，275 W，$-25 \sim -50$ V，$95 \sim 110$ sccm	1 500
6H	$Cl_2/SiCl_4/O_2 +$ Ar/N_2	RIE（RF）	190 mT，300 W，$Cl_2 : SiCl_4 : O_2 : N_2 = 40 : 20 : 8 : 10$（sccm）	1 600
			190 mT，300 W，$Cl_2 : SiCl_4 : O_2 : Ar = 40 : 20 : 0 : 10$（sccm）	1 900
3C，6H	SF_6/O_2	ECR（μwave）	1 mT，1 200 W，$-20 \sim -110$ V，$SF_6 : O_2 = 4 : 0 \sim 8$（sccm）	1 000 ~ 2 700
4H，6H	CF_4/O_2	ECR（μwave）	1 mT，650 W，-100 V，$CF_4 : O_2 = 41.5 : 8.5$（sccm）	700

6.2.1.3 电感耦合等离子体蚀刻

虽然反应离子蚀刻的蚀刻速率可以满足许多电子应用，但碳化硅的加工仍需要更高的蚀刻速率来实现数十至数百微米深的蚀刻，以获得先进的传感器、微机电系统（MEMS）和一些极高压功率器件的结构。高密度等离子体干蚀刻技术，如电子回旋共振（ECR）和电感耦合等离子体（ICP）等，已被开发用于满足碳化硅深蚀刻的需要，无残留的蚀刻速率最高可以超过 1 000 Å/min。

常规的平行板反应离子蚀刻是碳化硅加工中常用的技术，而高密度等离子体系统则被越来越多地使用。事实上，离子通量对衬底的影响，比对反应性中性通量的影响大得多，沟槽效应是这种等离子体条件下的常见结果。沟槽可能会对器件的制造和可靠性造成潜在的危害，比如在接触孔蚀刻过程中对蚀刻停止层进行穿孔，在随后的填充过程中诱导空洞的形成或金属杂质的吸附等。通常用垂直于表面的离子反射和电荷效应来解释沟槽的形成机理。一些研究指出，在等离子化学中添加氧气气体时会增强该现象，因为此时会形成 SiF_xO_y 钝化层。

Jerome Biscarrat 研究了工艺参数对 4H-SiC 衬底在 SF_6 气体中 ICP 蚀刻的影响，以评估其对蚀刻速率和沟槽效应的影响。随着压板功率的增大，离子轰击能量也随着直流偏压的增大而增大。因此，高的压板功率可在碳化硅的蚀刻过程中提高键的断裂效率，并改善物理蚀刻机制，从理论上讲，这会增加碳化硅的蚀刻速率。然而高的压板功率会导致较高的掩模溅射，因此对 Ni/SiC 的选择性较差。ICP 线圈功率的增加改善了蚀刻速率，但降低了直流偏压，因此降低了离子轰击能量。需要使用诸如 Langmuir 探针进行进一步的等离子体分析，才能准确确定 ICP 线圈功率如何影响等离子体性能以及蚀刻速率。一方面，增加 ICP 线圈的功率会增强化合物的解离以及氟自由基和离子的产生，随着反应物种类的增加，表面化学反应机制的增强会提高碳化硅的蚀刻速率；另一方面，活性离子含量的增加会不可避免地导致更高的离子注量轰击衬底。因此，在恒定的压板功率下，相对于直流偏压的能量离子轰击就会减少。在工作压力的影响方面，离子的平均自由程和平均寿命随着压力的增加而下降，因此，离子含量随压力的增加而降低，从而导致较高的直流偏压。蚀刻速率随压力的增加而降低的现象可以通过入射离子方向性的降低来解释。

在 ICP 系统中，最高功率水平下达到的最大蚀刻速率为 1.3 μm/min，这种高蚀刻速率加工工艺，再加上有效掩模的发展，适合于碳化硅深沟槽结构的蚀刻的进行。微沟槽蚀刻主要可以通过 ICP 线圈功率和工作压力控制，通过使用较高的 ICP 线圈功率和较低的压力来制作较低的沟槽深度。此外，侧壁坡度小于 85°时，往往会遇到开槽不足的情况。但是，这种蚀刻特性的影响对台面边缘的终止是无害的，并且可以保证后续金属化或钝化阶段良好的台阶覆盖。最后，在无沟槽、蚀刻速率合理和镍选择性足够的前提下，研究人员找到了一种优化的工艺，该工艺使用低的压板功率来溅射最少量的镍，同时使用高的 ICP 线圈功率和低压力（8 mTorr）来确保高蚀刻速率和避免微沟槽效应，通过这种方法，能够获得 940 nm/min 的蚀刻速率，Ni/SiC 的选择比在 60 左右，轮廓角为 83°左右，如图 6-8 所示。

（a）   （b）

图 6-8　使用优化工艺蚀刻的 4H-SiC 的 SEM 图像

6.2.2 无残留蚀刻技术

对于所有碳化硅晶型而言，除了 CHF_3 外的大多数氟化氧等离子体中的碳化硅蚀刻都会导致蚀刻场中残留物的形成（表面粗糙）。俄歇表面分析（Auger surface analysis）表明，残留物是由阴极材料通过微掩蔽效应而形成的污染。如前所述，商业化反应离子蚀刻系统中的电极面积比蚀刻实验中使用的碳化硅样品的电极面积大得多，这会导致金属电极同时被蚀刻（溅射），进而导致残留物的形成，用石墨或聚酰亚胺薄板覆盖铝电极的碳化硅无残留蚀刻再次证实了微掩蔽效应。为了获得无残留的碳化硅蚀刻，有研究组报道过使用含氟化氧气体混合物如 CHF_3/O_2、CF_4/O_2、SF_6/O_2 和 NF_3/O_2 与 H_2 添加剂的气体混合物，以及使用两种氟化气体如 CF_4/CHF_3 和 NF_3/CHF_3 的气体混合物进行蚀刻。因此，为了获得 3C-SiC 和 6H-SiC 的无残留蚀刻，可以采用以下方法：

（1）在氟化氧气体混合物中加入氢气添加剂进行蚀刻，如 $CHF_3/O_2/H_2$、$CF_4/O_2/H_2$、$SF_6/O_2/H_2$ 和 $NF_3/O_2/H_2$。

（2）在 CF_4/CHF_3 和 NF_3/CHF_3 氟化气体混合物中进行蚀刻。

（3）用覆盖有非金属薄板的电极进行蚀刻。非金属材料可以采用聚四氟乙烯、石墨和聚酰亚胺。

6.2.2.1 蚀刻剂中添加氢气

前文叙述了在各种氟化氧和氟化气体混合物等离子体中的碳化硅的蚀刻速率和各向异性轮廓，例如 CHF_3/O_2、$CBrF_3/O_2$、CF_4/O_2、SF_6/O_2、NF_3/O_2、CF_4/CHF_3、SF_6/CHF_3 和 NF_3/CHF_3，对于长期蚀刻后的表面形貌，大多数气体混合物在蚀刻后均会形成粗糙的表面（残留物），残留物的密度和物理形状由等离子体化学成分决定。据报道，在纯 CF_4 等离子体中的硅蚀刻也有相似的粗糙表面，从发生机制上判断这是认为来自电极的金属污染。[64]直接在室内光线下观察时，粗糙的蚀刻表面通常显示为黑色，这是由于表面微结构产生了光散射，这些区域被称为"黑硅"。对于 N 型 6H-SiC，可以在蚀刻场中观察到带有残留物的深色非透明绿色区域。在硅的反应离子蚀刻中报道了在纯 CF_4 等离子体中加入氢气添加剂消除电极金属污染的方法。氢气可能作为一种铝清除剂（"吸气效应"），表明氢气的添加工艺不仅可以应用于硅和碳化硅的蚀刻，还可能应用于所有半导体材料的蚀刻。[65]氢气除了用于获得无残留的蚀刻表面外，还被用作氟化等离子体中的添加剂，用来在硅上选择性蚀刻二氧化硅和氮化硅。等离子体中氢气添加剂的副作用之一是会将氢自由基注入硅衬底中从而使掺杂剂失活。据报道，在硅衬底中注入 400 Å 的深度就可能导致表面掺杂浓度的降低，通过制造肖特基二极管来测量各种蚀刻条件下的表面掺杂浓度可以证实这一结果。

添加氢气可能的作用机制包括：

（1）氢气和铝团簇的吸气效应进行气相反应形成挥发性化合物氢化铝（AlH_x）。

（2）增强富碳表面的蚀刻。

使用氢气添加剂进行无残留蚀刻的最大优点是该过程与反应腔材料无关，并且具有高的可重复性和便利性。然而，由于氟会和氢发生气相反应，氢气的添加也会导致蚀刻速率的降低。除此之外，等离子体中存在过量的氢气还会降低蚀刻的纵横比，这是因为含氢的氟化气体会比无氢的氟化气体产生更多的聚合物。通常需要在使用氢气的无残留蚀刻和其他蚀刻要求之间进行权衡。

由于氟与氢之间存在气相反应，CHF_3、CF_4、SF_6 和 NF_3 与氧气等离子体的函数关系与不同水平的氢气含量相关，图 6-9（a）和（b）分别为不添加和添加氢气添加剂时 3C-SiC 的蚀刻速率与氧气含量百分比的关系图。一般来说，蚀刻速率随氢气百分比的增加而降低，这就是寻找最小氢气流量如此重要的原因。此外，在氟化氧气体混合物中无残留蚀刻所需的最小氢气流速随着混合物中氧气百分比的增加而降低，这是由于气相反应增加了氟消耗，其中 CHF_3/O_2 等离子体是个例外，其对碳化硅的蚀刻速率随氧气含量百分比的增加而先增加后降低，这可能是因为 CHF_3 本身是含氢气体。

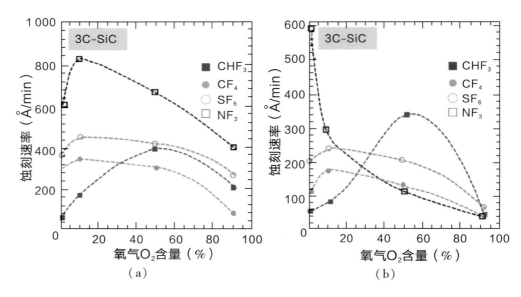

图 6-9　在 CHF$_3$、CF$_4$、SF$_6$ 和 NF$_3$ 中不添加和添加氢气添加剂时 3C-SiC 的蚀刻速率与氧气等离子体的关系

6.2.2.2　用非金属材料覆盖电极

电极或反应腔器壁的金属污染（微掩蔽）是蚀刻场中残留物污染的主要来源，最简单的解决方法是用非金属材料覆盖电极或反应腔器壁，非金属材料可以为二氧化硅、硅、石墨、聚酰亚胺和聚四氟乙烯等。低蚀刻速率和溅射产率的材料可能是最佳选择，在蚀刻过程中，来自覆盖材料的负载效应是不可避免的。在硅蚀刻技术中，用于覆盖电极/反应腔器壁的最常见材料是聚四氟乙烯。由于大多数系统是为蚀刻硅晶片而设计的，因此聚四氟乙烯可以用来覆盖整个金属表面，从而可以在蚀刻过程中轻松地将金属污染降至最低。但是，对于碳化硅，用石墨或聚酰亚胺薄板覆盖功率电极（样品电极）就足够了，这样可以使上部电极和反应腔器壁保持完整（不覆盖），由于材料为薄片形式，因此它不会影响电极之间的距离。但在有些情况下使用覆盖材料可能会导致聚合物的形成（如果覆盖材料是聚合物）并改变电极之间的距离（如果覆盖材料薄片太厚），从而改变放电条件。使用合适的材料作为蚀刻掩模并避免来自蚀刻反应腔的金属污染，可

以防止在蚀刻场中形成残留物。

6.2.2.3 使用非氟化等离子体

氯基等离子体（$Cl_2/SiCl_4/O_2/Ar/N_2$）中 6H-SiC 的反应离子蚀刻，可采用非金属的化学气相沉积的 SiO_2 作为蚀刻掩模，并且可以将碳化硅样品贴附在氧化的硅晶片上以促进转移环体系的形成。尽管碳化硅晶片的尺寸很小，但硅晶片完全可以避免金属电极的污染，在该气体混合物蚀刻的表面未观察到残留物。通过改变氧气的流量并独立选择氩气或氮气等惰性气体，在这种气体混合物中可获得较高的蚀刻速率：$1 \times 10^3 \sim 2 \times 10^3 \ \text{Å/min}$。这些实验表明，在具有高蚀刻速率和非金属蚀刻掩模的氯基等离子中进行碳化硅的蚀刻具有良好的效果。但是，使用氯基等离子体辅助蚀刻通常会产生更高的处理成本，因此需要进一步研究基于氯的等离子体中进行的碳化硅蚀刻，并与氟化等离子体中获得的蚀刻速率和表面形态相比较。

尽管 6H-SiC 使用二氧化硅掩模在氯基等离子体（$Cl_2/SiCl_4/O_2$）蚀刻中获得了 1 900 Å/min 的蚀刻速率，但大多数已发表的反应离子蚀刻研究是使用氟化气体来蚀刻碳化硅的。6H-SiC 和 4H-SiC 的反应离子蚀刻速率通常比硅的蚀刻速率慢（300 Å/min vs. 2 000 Å/min），氟化气体中硅的蚀刻通过 $Si + 4F \longrightarrow SiF_4$ 反应来实现。

6.2.3 湿法蚀刻

湿法蚀刻是补充干法蚀刻技术重要的器件制造工艺。通常，干法蚀刻工艺（如反应离子蚀刻）可能具有很高的各向异性，这是产生垂直轮廓的理想特性。但是，干法蚀刻中的物理作用很强，所以材料之间的蚀刻选择性很低，并且会因为离子轰击而引起表面下的破坏。相比之下，湿法蚀刻产生的损伤可忽略不计，且选择性高。湿法蚀刻的其他一些具有吸引力的特征包括可以在单晶碳化硅上对非晶碳化硅进行选择性蚀刻、对掺杂剂进行选择性蚀刻以及不需要非常昂贵的设备即可完成。此外，湿法蚀刻消除了含氢化学物质氢掺入的风险，同时也消除了氢掺入带来的Ⅲ族氮化物层导电性的变化。[66] Ⅲ族氮化物和碳化硅以其优异的化学稳定性著称，其特点是难以进行湿法蚀刻。人们研究了用于氮化镓、氮化铝和碳化硅的各种蚀刻剂，包括无机酸水溶液、碱溶液和熔融盐。最佳蚀刻参数高度取决于材料的质量和性能，因此有必要进行系统的研究，以帮助研究人员为特定蚀刻目的选择或优化适当的蚀刻工艺。湿法蚀刻在宽带隙半导体技术中具有多种应用，包括缺陷修饰、极性识别、通过产生特征性凹坑或小丘来识别晶型（用于碳化硅）以及在光滑表面上制作器件等。

　　Zhuang 等人对碳化硅的湿法蚀刻进行了全面的综述，研究了从强碱性到强酸性的各种用于碳化硅化学蚀刻的方法。[67] 熔融的氢氧化钾可以蚀刻碳化硅，而且其高蚀刻速率对衬底的整体微机械加工非常有益。但是，由于缺乏对横向蚀刻的控制，该技术的实用性受到了限制。此外，熔融的氢氧化钾对其他许多材料具有高反应活性的特点也带来了工艺兼容性的问题。作为低温湿法蚀刻化学物质，氢氟酸（HF）和硝酸（HNO_3）的混合物被证明可以蚀刻非晶碳化硅及多晶碳化硅，且蚀刻工艺可以在室温下进行，该方法的固有缺点是对横向尺寸的控制不足。与熔融的氢氧化钾相似，该混酸蚀刻溶液对几乎所有用于传统精密加工的标准掩模、牺牲层和隔离层材料（Si、SiO_2、Si_xN_y、Al、Ti、Ni、Ta、Cr、Mo、W 和 Cu）都具有较高的反应活性。单晶碳化硅和金刚石对 HF + HNO_3 具有很强的耐受性，可以用作蚀刻掩模。单晶碳化硅比非晶碳化硅更具耐蚀性，因此可以通过在选择性区域进行非晶化来制作单晶碳化硅的图案，单晶碳化硅的非晶化通常可以通过离子注入来完成。Alok 等人证明了一种高度各向异性的蚀刻，这种化学蚀刻方法通过离子注入和 HF + HNO_3 蚀刻，在 6H-SiC 上产生了深度为 $0.3 \sim 0.8~\mu m$ 的沟槽。

　　半导体的湿法蚀刻步骤主要包括半导体表面的氧化和随后的氧化物溶解。氧化需要空穴，这些空穴可由化学方式或通过电化学回路提供。通过区分蚀刻机理，半导体的湿法蚀刻通常可分为两类，即电化学蚀刻（包括阳极蚀刻和光电化学蚀刻）与化学蚀刻（包括传统的溶液蚀刻剂蚀刻和熔融盐的缺陷选择性蚀刻）。不论哪种类别，碳化硅的湿法蚀刻都涉及碳化硅表面的氧化和随后的氧化物溶解。由于蚀刻过程是通过表面氧化发生的，因此许多参数（包括表面缺陷、微观结构、掺杂剂类型和晶体极性）都会影响蚀刻特性。

6.2.3.1 电化学蚀刻

在阳极蚀刻中，半导体基材和惰性电极分别连接到直流电源的正极和负极。将两个电极都放在电解质中，例如氢氧化钾溶液中，通过外部电源使半导体基材失去电子，所得的氧化物随后溶解在电解质中。除了在无光照条件下进行的蚀刻外，某些氧化剂还能够在大带宽光源照射下蚀刻半导体材料，这种光辅助化学蚀刻的机理如图 6 – 10 所示。电子—空穴对由能量等于或大于半导体带隙能量（E_g）的照射源的光子激发产生。光生空穴有助于半导体表面的氧化，多余的电子由电解质中氧化剂的还原而被消耗。当光子能量大于带隙能量时，增加入射光辐射的吸收可增加表面处空穴的供应，提高蚀刻速率。电子和空穴的复合是一个竞争的过程，会减少有效空穴的数量，影响蚀刻速率。

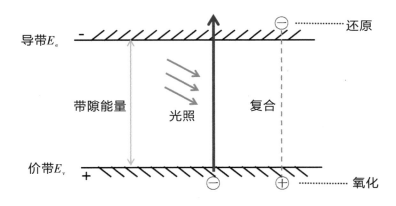

图 6 – 10　光辅助化学蚀刻的机理

碳化硅的电化学蚀刻过程是通过氧化反应形成挥发性和可溶解的化合物进行的，通常用低浓度的氢氟酸溶液作电解质，其中水充当氧化剂，氢氟酸与氧化生成的二氧化硅发生反应。碳化硅表面作为阳极，通常用铂作为阴极。一般的阳极反应如式（6.10）和式（6.11）所示：

$$SiC + 2H_2O + 4h^+ \longrightarrow SiO + CO + 4H^+ \tag{6.10}$$
$$SiC + 4H_2O + 8h^+ \longrightarrow SiO_2 + CO_2 + 8H^+ \tag{6.11}$$

其中 h^+ 代表空穴。根据上述反应，空穴的生成促进了氧化反应。

如果通过辅助电极上的还原反应而不是还原氧化剂来消耗光辅助化学蚀刻中的过量电子，则该蚀刻过程称为光电化学蚀刻（在光电化学蚀刻中需要电接触和对电极，但在光辅助化学蚀刻中不需要）。因此，出于简化和比较的原因，光辅助化学蚀刻也称为非接触蚀刻。光电化学蚀刻和非接触蚀刻均属于光辅助蚀刻，因为它们都利用紫外线照射半导体材料的带隙来产生电子—空穴对，这对于蚀刻的发生是必不可少的。紫外线（UV）照射会增加空穴的产生，从而导致蚀刻速率的增加。通过使用 6H-SiC 的整体微加工技术制造压力传感器，已经证明了将光电化学蚀刻用于碳化硅加工的可行性，与其他湿法蚀刻技术类似，该方法的缺点也是方向控制效果不佳。[68]此外，在蚀刻过程中，紫外光的遮蔽会使微观结构发生变化，造成蚀刻不均匀。需要与被蚀刻区域进行电接触的先决条件限制了电化学蚀刻用于表面微加工技术的有效性，因为随着蚀刻过程的进行，微结构的某些部分会失去电接触。

上述蚀刻技术也可以组合使用，例如，当 N 型半导体在光照下进行阳极蚀刻时，则可称为光辅助阳极蚀刻。

a-SiC 和 b-SiC 在电化学蚀刻时表现出的蚀刻行为不同。a-SiC 的蚀刻通常会在样品表面形成一层多孔碳化硅，因此为了去除 PSC 层，需要额外的热氧化和蚀刻步骤。相反，b-SiC 样品可以通过电化学蚀刻直接进行图案化。20 世纪 90 年代初学者完成了一系列 b-SiC 电化学蚀刻实验。Harris 等首先报道了在稀释的氢氟酸溶液中以固定的电流密度对 P 型 b-SiC 进行的阳极蚀刻，蚀刻速率高达 1.3 mm/min。N 型 b-SiC 由于表面附近缺少空穴，抑制了氧化过程而未被蚀刻。Shor 等人使用辐射波长分别为 514 nm（绿光）和 257 nm（紫外光）的 Ar⁺ 激光在氢氟酸溶液中进行了 N 型碳面 b-SiC 的光辅助阳极蚀刻。在 100 W/cm² 的光密度下，紫外线照射下的蚀刻速率比绿光照射下的蚀刻速率至少高两个数量级，部分原因是紫外线吸收深度相对较浅，从而允许在空间中产生更多的载流子电荷层。通过在样品表面上扫描聚焦的激光束可产生沟槽结构。为了克服激光直接写入过程中的低通量缺陷，Shor 和 Osgood 使用波长为 250~400 nm 的汞灯作为照射源，开发了 N 型 b-SiC 的广域光辅助阳极蚀刻，与报道中的用于阳极蚀刻的直径为 2~4 mm 的激光光斑相比，其照射的面积更大，为 1.5 cm²。如图 6-11 所示，在一层金属膜（Au/Cr）的掩蔽下，他们成功地以高达 53 nm/min 的蚀刻速率蚀刻出了 300 mm 宽的蛇形电阻器图案。

图 6-11　在 2.5% 的氢氟酸溶液中，$V = 0.8 \sim 0.9$ V vs. SCE 和 $I = 530$ mW/cm² 时，
　　　　　N 型 b-SiC 上蚀刻的蛇形电阻器图案的 SEM 照片（横杠表示 100 mm）

在稀释的氢氟酸溶液中对 b-SiC 进行光辅助阳极蚀刻会形成富含碳的氧化物层，这可能会阻止电化学蚀刻的进一步进行。相反，在硫酸溶液中进行蚀刻会在蚀刻表面上产生低碳含量（<3%）的多孔但无钝化的氧化层，这是因为在溶解过程中碳的氧化会形成挥发性的二氧化碳。阳极氧化 a-SiC

通常会形成 PSC 结构，PSC 的光学性质和电学性质得到了广泛的研究。Shor 等首次证明了 N 型 6H-SiC 在氢氟酸溶液中阳极蚀刻后的 PSC 的形成，孔径为 10 ~ 50 nm 不等，其多孔层为单晶 6H-SiC。拉曼散射光谱研究也证实了 6H-SiC 阳极蚀刻后的单晶 PSC 的形成。然而，Sorokin 等声称通过检查 TEM 和能量色散 X 射线光谱（EDX）结果发现，电化学蚀刻后在 6H-SiC 上形成的 PSC 是非晶的且富含碳。除了富含碳的 PSC，还报道了富含硅的 PSC。[69] 遗憾的是，由于对 a-SiC 电化学蚀刻过程中的孔的引发和传播机理知之甚少，因此没有提出对这些差异的合理解释。人们认为蚀刻后的处理工艺可能会是其中一个原因，因为有的研究中检查的样品暴露于高温下进行了同质外延生长。晶体极性和晶体质量（如缺陷分布）可能是影响多孔结构形成的其他因素。蚀刻后，可以优先进行热氧化，然后进行氧化物的处理以去除 PSC。PSC 的大表面积使它比普通的块体材料更容易被氧化，因此，在中等氧化条件下，氧化和随后的氧化物蚀刻可以选择性地去除 PSC。Mikami 等通过改变氢氟酸溶液的 pH 值，发现 a-SiC 的最大蚀刻速率约为 25 nm/min（pH = 3.5 时）。一方面，当 pH < 1.0 时，蚀刻受制于表面附近 a-SiC 和 ［OH］物质之间的化学反应以及随后的氧化物层的生成；另一方面，在 pH = 5.0 时，蚀刻速率受到溶解氧化物层所需的氟的可用性的限制。

6.2.3.2　电化学蚀刻的表面粗糙度和腐蚀坑

　　一方面，在扩散受限的条件下进行电化学蚀刻，蚀刻后的表面粗糙度较低。实现这种扩散限制蚀刻取决于几个因素，包括缺陷密度/分布、电解质浓度、pH 值以及蚀刻参数；另一方面，反应受限的蚀刻通常会导致腐蚀坑的形成（缺陷轮廓）。Shor 等采用 P 型材料作为蚀刻 N 型 6H-SiC 样品的停止层，其表面粗糙度低至 5 nm。在相似的蚀刻条件下，N 型 6H-SiC 本体的表面粗糙度为 40 ~ 70 nm。这些表面比电化学蚀刻后的 b-SiC 的表面要光滑得多，后者的 RMS 粗糙度约为 300 nm，这是由于后者的缺陷密度大了一个数量级。缺陷处存在的原子键较弱，更容易发生化学蚀刻，另外缺陷处增强的光吸收会显著降低蚀刻均匀性，因而导致表面粗糙。[70]

改变电解质的 pH 值和 F⁻ 浓度可以改善表面粗糙度。与其他研究一致，Nguyen 等发现，降低 pH 值可以使蚀刻反应扩散受限，得到更加光滑的表面。然而，F⁻ 浓度对表面粗糙度的影响是有争议的。Nguyen 等报道的表面粗糙度随 F⁻ 浓度的增加而降低，这与通常的理解相悖，即一般认为由于反应受表面空穴可用性的限制，F⁻ 浓度的增加限制了蚀刻过程到反应受限的状态，因而会导致产生缺陷装饰和粗糙表面。Song 和 Shin 证实了后者的观察结果：当使用过氧化氢替代氢氟酸来蚀刻 a-SiC 样品时，较低的 F⁻ 浓度（即扩散限制蚀刻）得到了光滑的表面。

还可以通过调整蚀刻条件，如光强、电流密度和蚀刻时间等参数来获得光滑的表面。Mikami 等发现，将蚀刻电流密度从 3 mA/cm² 降低到 1 mA/cm² 后，蚀刻表面变得更加光滑。在 pH 值为 1.0，电流密度为 0.5 mA/cm² 的情况下，6H-SiC 和 4H-SiC 的表面粗糙度可以从 5.1 nm 分别降低至 0.5 nm 和 0.9 nm。其他一些研究也获得了类似的观察结果，例如通过将电流密度从 5 mA/cm² 减至 1 mA/cm²，也降低了蚀刻表面的粗糙度。

一般而言，反应受限的电化学蚀刻通常会导致腐蚀坑的形成。在一些研究中已经报道了各种形状的腐蚀坑。最常见的腐蚀坑截面为圆形，表现出电化学蚀刻工艺的各向同性特征。这些凹坑的尺寸和深度随蚀刻参数变化。Kato 等最近报道了一种特殊形状的腐蚀坑，它由一个新月状（有时为圆形）的凹坑和一个三角形的凹坑组成，如图 6-12（a）所示。这种腐蚀坑由微管和夹杂物分别引起的螺旋位错和生长障碍造成，其产生原理如图 6-12（b）所示。

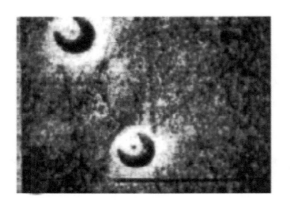
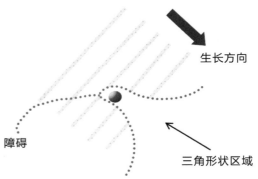

（a）电化学蚀刻的 6H-SiC 的光学显微照片　　（b）在晶体生长过程中具有与其他区域不同结晶度的三角形状区域的形成机理示意图

图 6-12　6H-SiC 电化学蚀刻产生的特殊形状的腐蚀坑形貌及产生原理示意图

在大多数情况下，研究人员声称圆形腐蚀坑形成在位错上，因为随着蚀刻的进行，凹坑的形状和分布得以保持，但是没有提供支持这些观点的直接证据，如 TEM、XRT 数据等。

Kato 等人的最新研究比较了电化学蚀刻和熔融盐（氢氧化钾）蚀刻产生的碳化硅蚀刻模式，发现熔融氢氧化钾蚀刻的腐蚀坑密度缺陷（$\sim 10^4$ cm^{-2}）比电化学蚀刻的腐蚀坑密度缺陷高一个数量级，且在电化学蚀刻期间形成的腐蚀坑仅对应碳化硅晶体中缺陷总数的一部分。腐蚀坑的形状和具体缺陷之间的相关性有待进一步研究。

6.2.3.3　化学蚀刻

与电化学蚀刻工艺相比，化学蚀刻具有完全不同的蚀刻机理。由于其中不涉及自由载流子或电解质，因此化学蚀刻工艺不受外部电位的影响，也不需要电接触样品。首先，来自蚀刻剂的反应性分子破坏半导体表面上的键并形成氧化物，随后氧化物溶解在蚀刻剂中。对于氮化镓、氮化铝和碳化硅，熔融盐中的缺陷选择性化学蚀刻和溶液中的传统化学蚀刻已广泛用于缺陷表征、极性与晶型识别（用于碳化硅）以及半导体的图案化。一般来说，氮化镓和碳化硅晶体的蚀刻通常可通过电化学蚀刻与化学蚀刻进行，而氮化铝晶体的蚀刻通常只通过化学蚀刻进行。

（1）传统溶液蚀刻剂蚀刻。

由于单晶碳化硅具有很强的化学惰性，除了在 215 ℃ 的磷酸和在高于 100 ℃ 的铁氰化钾碱溶液中外，其在所有已知的水性蚀刻剂溶液中均保持稳定。然而，由于反应缓慢并且会在表面上留下二氧化硅层导致蚀刻终止，因此在磷酸中蚀刻也是不可行的。Harris 等在铁氰化钾中蚀刻了碳化硅样品，并发现在这个过程中只选择性蚀刻了硅面，且没有侵蚀碳面。这项研究与通常的发现相反，即一般认为硅面的惰性强于碳面。

尽管单晶碳化硅在水性蚀刻剂中是惰性的，但如果能首先使其成为非晶型，就可以对其进行化学蚀刻。Henkel 等使用高剂量的 Xe^+ 离子注入碳化硅样品，并在沸腾的 $HF:HNO_3 = 1:1$ 混合溶液中对其进行了蚀刻，蚀刻后的碳化硅晶体质量没有显著降低，而且表面粗糙度从 1.7 nm 降到了 0.9 nm。Alok 和 Baliga 通过单个注入/蚀刻步骤在 6H-SiC 样品上制作了深度为 0.3 ~ 0.8 mm 的沟槽，证明通过重复以铂为掩模材料的化学注入/蚀刻步骤进行高度各向异性的蚀刻，可以获得更深的沟槽。碳化硅的电化学蚀刻与氮化镓相似，在蚀刻过程中提供的空穴参与氧化，并且分别通过电解质和气相成核作用除去生成的反应产物 SiO_x 与 CO_x，如式（6.12）至式（6.14）所示。已研究的电解质包括氢氟酸、氢氧化钾、氢氧化钠、硫酸、盐酸和过氧化氢等。盐酸不能有效溶解二氧化硅，因为当使用盐酸作为电解质时，会发生氧化而不是蚀刻。[71]

$$SiC + 4H_2O + 8h^+ \longrightarrow SiO_2 + CO_2 + 8H^+ \tag{6.12}$$

$$SiC + 2H_2O + 4h^+ \longrightarrow SiO + CO + 4H^+ \tag{6.13}$$

$$SiO_2 + 6HF \longrightarrow SiF_6^{2-} + 2H_2O + 2H^+ \tag{6.14}$$

（2）熔融盐缺陷选择性蚀刻。

缺陷选择性蚀刻的主要目的是揭示晶体中的缺陷及其分布，包括位错、沉淀、纳米微管和倒反畴等。这些缺陷，尤其是位错，会影响材料的电学和光学性能。尽管前文所述的光电化学蚀刻是估算位错密度的一种极好的方法，但该技术不适用于本征、高电阻或重氮掺杂的样品。类似于Ⅲ族氮化物的缺陷选择性蚀刻，碳化硅中的微管和位错可以被识别为腐蚀坑。此外，碳化硅的缺陷选择性蚀刻还可以揭示平面缺陷，如堆叠缺陷。

在20世纪50年代和60年代，研究人员广泛研究了多种熔融盐中的碳化硅的缺陷选择性化学蚀刻，研究的熔融盐包括氯酸钾、碳酸钾、氢氧化钾、硫酸钾、硝酸钾、四硼酸钠和碳酸钠等。包含蚀刻温度的详细列表和使用这些蚀刻剂蚀刻结果的摘要可在已有文献中找到。[72] 虽然有时用这些蚀刻剂的混合物而不是纯组分来降低蚀刻温度和增加熔体的流动性，但典型的蚀刻温度都在900 ℃ ~ 1 000 ℃。此外，这些熔融盐与坩埚的高反应活性和不稳定性使其中的大多数熔融盐都不适合作为蚀刻剂使用。但是，可以在低得多的温度下（300 ℃ ~ 600 ℃）用熔融的氢氧化钾及其与其他盐的混合物进行蚀刻。因此，熔融氢氧化钾最终成为碳化硅化学蚀刻中最广泛使用的材料（除非另有说明，否则本部分描述的蚀刻结果均基于熔融氢氧化钾的蚀刻）。

所有的熔融盐蚀刻都需要氧气，其可以通过熔融盐的分解提供，例如过氧化钠，或者由环境气氛提供。Faust报道，在无氧条件下，在氢氧化钠或氢氧化钾中的蚀刻可忽略不计。同样，Gabor和Jennings发现，在蚀刻过程中，当氧气流代替氩气流通过1∶1的氟化钠+硫酸钠的熔融混合物时，蚀刻速率要高出2.5倍。最近，Katsuno等在蚀刻前进行了彻底的氮气吹扫以获得无氧的环境，发现在无氧条件下的氢氧化钾蚀刻速率变为空气中的1/5。此外，蚀刻过程的活化能（63 ~ 84 kJ/mol）与文献报道的值（50 ~ 63 kJ/mol）以及碳化硅热氧化的活化能（63 ± 13 kJ/mol）非常吻合。这种高活化能是反应受限蚀刻的特征，即在蚀刻过程中的氧化是一个限速步骤。上述实验结果均表明，熔融盐蚀刻反应涉及表面氧化，溶解氧是熔融氢氧化钾中发生蚀刻反应所必需的。

6.2.4 不同晶型的蚀刻特性

与氮化镓和氮化铝不同，碳化硅存在多种不同的晶型，每种晶型都有其独特的蚀刻特性。通过观察在碳化硅的硅面上进行化学蚀刻产生的腐蚀坑形状，可以识别出不同的晶型，如立方 3C、六方 4H 和 6H 以及菱面体 15R。b-SiC（3C-SiC）与 a-SiC 的区别在于它在蚀刻中产生的是三角形的腐蚀坑，而 a-SiC（即 4H-SiC 或 6H-SiC）在蚀刻中产生的是六边形的腐蚀坑。Bartlett 等人在 700 ℃ 下，使用 75% 的氢氧化钠和 25% 的过氧化钠组成的熔融盐混合物，蚀刻了溶液法生长的 b-SiC 片晶及通过气相沉积法在这种片晶上生长的外延层，溶液法生长的片晶上的三角形腐蚀坑具有明显的成行聚集的趋势，形成轴平行于 <110> 方向的凹槽。X 射线研究表明，这些腐蚀坑对应间距紧密地平行于 {111} 堆垛层错的相关位错。在外延生长过程中，外延层中的腐蚀坑与衬底上的腐蚀坑位于完全相同的位置，这说明在外延生长过程中，堆垛层错从衬底传播到了外延层中。[73] Gorin 和 Ivanova 在蚀刻 b-SiC 晶锭样品时也观察到了类似的三角形凹坑，如图 6 – 13 所示，{111} 硅面上的蚀刻特征清晰地表现出了三重对称性。Neudeck 等人同样报道了在 4H-SiC 和 6H-SiC 衬底上生长的 b-SiC 外延薄膜上形成的三角形腐蚀坑。他们推断，三角形腐蚀坑至少部分归因于堆垛层错或双定位边界（DPB）缺陷，因为在包含堆垛层错和 DPB 区域观察到的三角形腐蚀坑密度至少比在无堆垛层错和 DPB 区域观察到的高一个数量级。

图 6 – 13　b-SiC 的 {111} 硅面在 673 K 温度下于熔融氢氧化钾中蚀刻 15 min 后的形貌

4H-SiC 和 6H-SiC 中（0001）硅面上的腐蚀坑是完美的六边形，显示出 a-SiC 的六重对称性。然而，在 6H-SiC 上形成的六边形总是在凹坑的所有侧面上都有台阶，而在 4H-SiC 的腐蚀坑上很少见到这种台阶。此外，在 4H-SiC 和 6H-SiC 的蚀刻表面上都可偶尔观察到"扭曲"的六边形，它们具有三个交替的长边和短边，如图 6 – 14 所示，这些"扭曲"的六边形后来被确定为是 15R-SiC 晶体的特征。熔融氢氧化钾蚀刻结合 X 射线衍射已被用于碳化硅升华生长过程中晶型形成的研究。[74]

图 6 – 14　15R 晶型碳化硅中"扭曲"的六边形

6.2.5 》 不同晶体极性的蚀刻特性

与氮化镓和氮化铝一样，碳化硅的蚀刻也取决于晶体的极性，在硅极性和碳极性晶面上的蚀刻会以不同的速率进行，并产生不同的表面形态。对于所有的晶型，在相同温度下碳面的蚀刻速率都比硅面的快得多，并且没有缺陷选择性，如当蚀刻 b-SiC 样品时，研究人员发现腐蚀坑仅在 $\{111\}$ 硅面上而不会在 $\{\bar{1}\bar{1}\bar{1}\}$ 碳面上产生。除了腐蚀坑外，硅面在蚀刻后可以保持光滑，而碳面在蚀刻过程中会变得粗糙。同样的规则也适用于 a-SiC 和 15R-SiC，研究发现在蚀刻过程中这些碳化硅的硅面没有受到明显的侵蚀，碳面则随着蚀刻温度的升高由光滑变为针状结构，然后变为"虫蛀（wormy）"状。硅面和碳面上蚀刻行为的差异归因于两个面上表面自由能的大小不同：硅面具有较高的表面自由能，增强了缺陷处的各向异性蚀刻（形成腐蚀坑）；而碳面具有较低的表面自由能，导致表面无腐蚀坑形成。尽管通常不会在碳面上形成腐蚀坑，但有一些文献报道认为在某些条件下，在碳化硅的碳面上也会形成不规则的六边形或圆形小丘。这种特殊现象的产生可能与以下蚀刻机理有关，即在氢氧化钾熔融蚀刻过程中同时发生了电化学和化学蚀刻过程。使用氢氧化钾和硝酸钾的 1：1 混合物作为蚀刻剂时，碳化硅碳面的蚀刻速率比硅面的高 10 倍，对两个极性面的热氧化速率的比较结果支持这样的假设：氧化是蚀刻中的限速步骤。[75]Katsuno 等研究表明，在熔融氢氧化钾中，6H-SiC 的（000$\bar{1}$）碳面的蚀刻速率大约是（0001）硅面的 4 倍，与文献报道的碳面相比硅面的热氧化选择性高约 3 倍大致相当。

6.2.6 不同掺杂的蚀刻特性

Kayambaki 等对 P 型 4H-SiC 和 6H-SiC 的硅面进行了阳极氧化，通过电容—电压测量确定了碳化硅中掺杂剂的浓度分布，精确测定了蚀刻深度达 10 mm 的掺杂浓度深度分布曲线。不同导电类型的碳化硅之间进行的高选择性的电化学蚀刻已得到广泛研究，例如，光辅助阳极蚀刻能够选择性地蚀刻 P-SiC 上的 N-SiC，而在无光照（黑暗）条件下的阳极蚀刻则可以蚀刻 N-SiC 上的 P-SiC，这些能力对器件和机电微传感器的制造非常有用。

通过在 b-SiC PN 结中的 P 型材料上选择性蚀刻 N 型碳化硅，Shor 等报道了选择性高达 10^5 的光辅助阳极蚀刻工艺。他们通过在整个表面上用聚焦的倍频 Ar^+（257 nm）激光扫描，并用 P 型碳化硅作为蚀刻停止层，在 N 型碳化硅层中形成了几微米宽的沟槽，如图 6－15 所示，由于蚀刻时没有使用掩模，加上高缺陷密度引起的蚀刻不均匀，形成的沟槽侧壁很粗糙。但是作者指出，蚀刻不一定在 P 型区域才能终止，在 PN 结的耗尽区中，电隔离的 N 型碳化硅小片和/或 N 型材料的薄带也能够终止蚀刻过程，这些"残留物"可以通过热氧化和随后的氧化物蚀刻被简单地去除。其他作者还讨论了在 a-SiC（6H 型）上对 PN 结的选择性蚀刻，由于 PSC 的存在，6H-

SiC 中 PN 结的选择性蚀刻需要进行额外的热氧化和随后的在氢氟酸溶液中进行氧化物的蚀刻以去除 PSC。在 P 型 6H-SiC 衬底上蚀刻 N 型 6H-SiC 外延层的 SEM 显微图如图 6 – 16 所示。

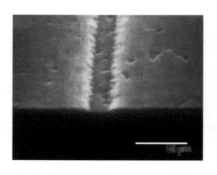 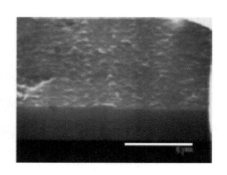

（a）激光蚀刻的 b-SiC PN 结的　　　（b）（a）中所示沟槽放大的底部
　　　SEM 图，显示了 P-SiC 蚀
　　　刻停止于阻挡层

图 6 – 15　在 P 型 6H-SiC 衬底上蚀刻 N 型 6H-SiC 外延层的 SEM 显微图

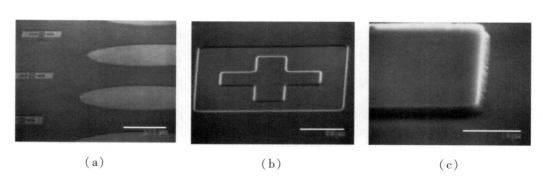

（a）　　　　　　　　（b）　　　　　　　　（c）

图 6 – 16　P-SiC 衬底上蚀刻 N 型 6H-SiC 外延层的 SEM 显微照片，每张显微照片
　　　　在不同放大倍数下显示了同一样品的不同部分

一些研究已经证明了可以在无光照条件下通过阳极蚀刻从 N-SiC 中选择性地去除 P-SiC。Harris 和 Fekade 利用 N 型碳化硅与 P 型碳化硅在无光照条件下蚀刻速率的不同，形成了 b-SiC 中的 PN 结，类似地，也可以在 a-SiC 中形成 PN 结。

6.3 ▶▶ 碳化硅成型工艺

为了获得更厚的碳化硅 3D 微结构，人们开发了碳化硅微成型工艺。该方法在碳化硅 MEMS 的初始开发阶段极具吸引力，因为碳化硅没有可行的深反应离子蚀刻（Deep Reactive Ion Etching，DRIE）工艺。微成型过程采用类似于熔模铸造的技术进行大尺寸碳化硅的成型。它从微模具制作（通常使用硅的深反应离子蚀刻）开始，随后通过沉积碳化硅（通常使用化学气相沉积）来填充模具，然后进行化学机械抛光以去除多余的碳化硅材料，最后通过溶解模具材料来去除模具，释放碳化硅微结构，工艺步骤如图 6 - 17 所示。首次报道的采用微成型工艺制备的碳化硅微结构是用于燃气轮机的碳化硅燃料雾化器。[76] 其制作过程具体为，首先使用硅深反应离子蚀刻工艺和碳化硅常压化学气相沉积工艺制作完成微模具，然后通过机械研磨去除多余的碳化硅，最后用加热的氢氧化钾溶解微模具释放碳化硅结构。图 6 - 18 为采用微成型工艺制作的硅模具和碳化硅燃料雾化器。在相同的条件下，对微成型工艺制作的碳化硅雾化器和镍雾化器的性能进行比较发现，两种雾化装置都表现良好，且碳化硅雾化装置表现出比镍雾化装置更高的耐腐蚀性。其他一些将微成型技术应用于碳化硅微结构制作的例子包括微型电机和微型涡轮发动机部件的制作。

（a）制作微模具

（b）沉积有碳化硅的微模具

（c）去除多余碳化硅后具有碳化硅的微模具　　（d）释放的碳化硅微结构

图 6 - 17　微成型工艺步骤

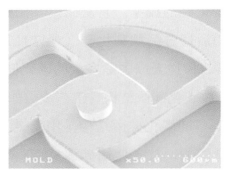

图 6 - 18　沉积碳化硅之前的硅模具和使用硅模具重塑的碳化硅燃料雾化器的 SEM
　　　　　图像

　　如今，碳化硅深反应离子蚀刻技术得到了更大的发展，已经可以成功应用于制作一系列高纵横比的碳化硅微结构，但是仍有一些领域的碳化硅微技术可以从微成型工艺中受益。例如，大体积微机械加工得到的碳化硅微结构的最大厚度是由晶圆厚度决定的，但在成型工艺过程中，微结构的厚度是由模具决定的。此外，使用成熟的硅的微加工技术以及无须蚀刻碳化硅的要求可以减少微结构制作的限制。

6.4 ▶▶▶ 碳化硅的其他图案化方法

其他图案化方法如聚焦离子束（FIB）和激光微加工等直写方法也在碳化硅微技术中得到了应用。例如，Bhave 等人报道了 FIB 方法在制作多晶碳化硅 Lamé 型谐振器中具有 195 nm 静电间隙的机电换能微结构中的应用。[77]从可以实现的特征尺寸和无掩模图案化的能力方面来说，FIB 是一种非常理想的原型方法，能够以较低的成本验证设计概念。该方法的主要缺点是其过程连续性不佳，这限制了其在商业碳化硅微系统制造中的实用性。

激光微加工已经广泛用于包括碳化硅在内的许多材料的切割和钻孔，与 FIB 相比，激光微加工具有更快的去除速率，这一优势非常具有吸引力，它的一种应用是使用飞秒激光器创建直径为 10～20 μm 的导通孔，这些通孔用来穿过 400 μm 厚的碳化硅衬底，但是这些孔似乎呈锥形，并且可以观察到肉眼可见的熔化和再凝固现象。从理论上讲，使用纳秒级和皮秒级脉冲激光可以缓解这些问题，但迄今为止还没有被证明是可用于碳化硅图案化的脉冲激光工艺。因此，除非常特殊的应用外，对于所有应用而言，激光图案化工艺仍被认为还不够成熟，暂时无法取代反应离子蚀刻工艺进行碳化硅的图案化。

7 碳化硅封装工艺

7.1 》》》 碳化硅封装发展背景

随着碳化硅器件技术的不断发展，封装技术也逐渐成为制约碳化硅器件性能发展的关键技术瓶颈。传统的封装技术已无法满足其在高频、高压、耐高温、低损耗等应用场景下的需求，例如，如何适应极端温度下的耐温要求，如何适应高频传输器件发热带来的散热要求，如何适应高压传输对于封装材料绝缘性能的要求，如何应对快速开关过程中的电流电压变化引起的电压过冲震荡、电压应力、损耗增加和电磁干扰（Electro Magnetic Interference，EMI）等问题，如何应对大电流传输造成的电热应力失配问题，以及在严苛条件下如何保证封装的高可靠性等。为了充分发挥碳化硅器件的优异性能，业界对其封装技术提出了更高的要求，其中包括了耐高压、适应大电流密度、热阻低、寄生电感低、耐高温或低温、可靠性高，以及在提高性能的同时降低封装成本等。需要通过封装技术的不断改进优化，以实现功率和信号的高效、可靠连接，使电力电子系统的效率和功率密度朝着更高的方向前进。本章主要对几种应用比较广泛以及具有很大应用前景的碳化硅器件的关键封装工艺技术及其进展和应用进行介绍。

7.2 ▶▶▶ 典型封装工艺介绍

7.2.1 ▶▶▶ 引线键合封装

大部分商用碳化硅器件目前仍采用传统硅器件的引线键合的封装方式，如图 7-1 所示。该方式首先通过焊锡将芯片背部焊接在基板上，然后通过金属键合线引出正面电极，最后进行塑封或者灌胶。传统封装技术成熟、成本低，而且可兼容和替代原有硅基器件。但是传统封装结构的杂散电感参数较大，在碳化硅器件快速开关过程中会造成严重电压过冲，也会导致损耗增加及电磁干扰等问题。杂散电感的大小与开关换流回路的面积相关，面积越大，杂散电感越大。在传统封装中，由于传统封装受到金属键合连接方式、元件引脚和多个芯片的平面布局等因素限制，造成传统封装换流回路面积较大，因而无法对杂散电感实现很好的控制。

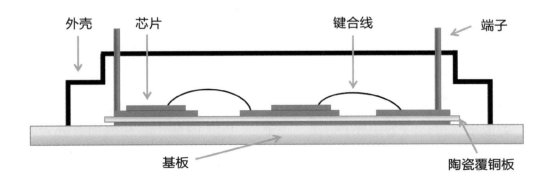

图 7-1 传统引线键合封装

7.2.2 ▶▶▶ 单管翻转贴片封装

借鉴球栅阵列（Ball Grid Array，BGA）封装的技术，Seal 等人提出了一种单管的翻转贴片封装技术。[78] 如图 7-2 所示，该封装通过一个金属连接件将芯片背部电极翻转到和正面电极相同平面位置，然后在相应电极位置上植上焊锡球，消除了金属键合线和引脚端子。相较于引线键合二极管，其体积缩小了 1/14，导通电阻下降了 24%，电源回路电感降低到 5 nH 以下，低于传统封装模块的 1/3。无引线封装模块的开关波形几乎没有失真，即使在 15～20 ns 的超快升降时间内也是如此。

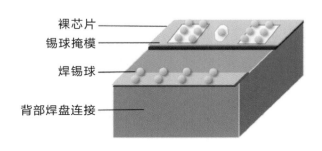

裸芯片
锡球掩模
焊锡球
背部焊盘连接

图 7 - 2　单管翻转贴片封装

7.2.3　PCB 混合封装

传统模块封装使用陶瓷覆铜（Direct Bonded Copper，DBC）板作为基板，因此限定了芯片只能在二维平面上分布，电流回路面积和杂散电感参数较大。一些研究团队将 DBC 工艺和印制线路板（Printed Circuit Board，PCB）相结合，控制换流回路在 PCB 层间，这样大大减少了电流回路面积，进而降低了杂散电感。混合封装可将杂散电感控制在 5 nH 以下，体积相比于传统模块下降了 40%。

类似地，可以将 SiC MOSFET 芯片嵌入 PCB 内部，芯片表面首先经过镀铜处理，再借由通孔沉铜工艺将芯片电极引出，最后使用 PCB 层压完成多层结构。得益于 PCB 的母排结构，模块回路电感仅有 0.25 nH，并且可以同时实现门极的开尔文连接方式。但是由于该封装的功率密度极高，如何保证芯片的温度控制、减少热阻、加快散热是其难点，外层铜厚和表面热对流系数对芯片散热影响很大。与传统的碳化硅功率模块的封装相比，PCB 嵌入技术消除了铝键合引线、DBC 基板、芯片键合和封装结构，如图 7 - 3 所示，制造工艺也得到了相应简化。创新的 PCB 嵌入式封装技术具有高功率密度、低寄生电感、双侧散热等优点。[79]

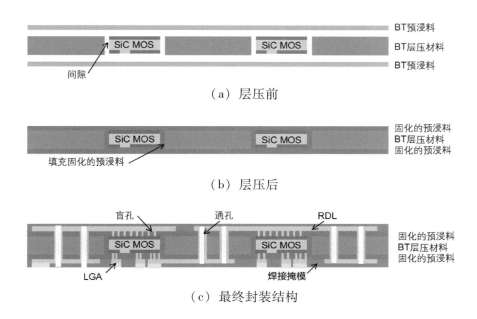

（a）层压前

（b）层压后

（c）最终封装结构

图 7-3　扇出型 PCB 板级嵌入碳化硅 MOSFET 封装

商业碳化硅模块已开始应用柔性印制线路板（Flexible Printed Circuit，FPC）结合烧结银工艺的封装方式。图 7-4 为 Semikron 公司利用直接压合芯片（Direct Pressed Die，DPD）封装技术制作的 1 200 V/400 A 的 SKiN 型碳化硅模块。该技术采用 FPC 取代键合线实现了芯片的上下表面电气连接，模块内部回路寄生电感仅有 1.4 nH，开关速度为 ~53 kV/μs（dv/dt）和 ~53 kV/μs（di/dt），损耗相比于传统的 Si IGBT 模块可降低 80%。

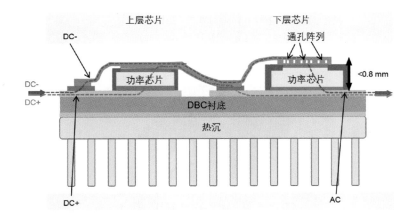

图 7-4　包含工作电流流向的 SKiN 型封装模块

芯片正面平面互连封装

用平面互连的连接方式实现芯片正面的连接不仅可以减少电流回路，进而减少杂散电感、电阻，还拥有更出色的温度循环特性以及可靠性。Narazaki 等研究了一种直接引线键合（Direct Lead Bonding，DLB）技术，如图 7-5 所示，铜引线作为直接引线焊接在顶部的侧连接中，顶部表面（发射极/阴极）的连接则直接将铜片无铅焊接到芯片表面。顶部大面积的铜可形成 3D 电源回路，减少寄生电感。但是，此设计不能够很好地解决模块的散热问题。在此基础上，三菱（Mitsubishi）开发了 T-PM DLB 模块，相比于引线键合模块，它的内部电感降到 57%，内部引线电阻降到 50%，此外，该模块的寿命延长了 10 倍以上。由于焊接面积更大，芯片表面的局部温度耗散造成的热膨胀也更小。虽然该技术尚未应用于碳化硅功率模块的封装中，但由于具有优异的性能，其有希望得到更广泛的应用。基于这种 DLB 技术，硅能公司（Silicon Power Corporation）设计了碳化硅 1 200 V/300 A 半桥模块，与宝英（POWEREX）商用 1 200 V/100 A 模块相比，其体积缩小了 2/3，电流值却达到了原来的 3 倍。

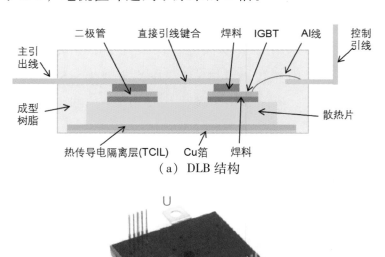

（a）DLB 结构

（b）三菱 T-PM DLB IFBT 模组

图 7-5　DLB 技术示意图

用于碳化硅芯片封装的另外一种正面直连封装方式为埋入式封装。如图 7-6 所示，该方法首先将芯片置于陶瓷定位槽中，再用绝缘介质填充缝隙，最后覆盖掩模，两面溅射金属铜实现电极连接。通过选择合理的封装材料，可以降低模块在高温时的层间热应力，并能在 279 ℃ 的高温下测量模块的正反向特性。在 Semikon 平面互连技术（Semikon Planar Interconnect Technology，SiPLIT）结构中（如图 7-7 所示），整个模块涂上了一层软的真空层压的环氧基绝缘膜，铜连接采用溅射和电沉积工艺（典型厚度为 50~200 μm，取决于芯片的额定电流与热阻抗要求）。由于铜连接是附着在 DBC 表面和芯片表面上，因此可以得到一个小的环路面积，这种功率模块结构的杂散电感可以降低 50%（约 5 nH）。由于铜与衬底表面的互连提供了额外的热路径，从而实现热阻降了 20%。此外，大面积的热接触显著提高了功率循环能力和浪涌电流的稳健性。

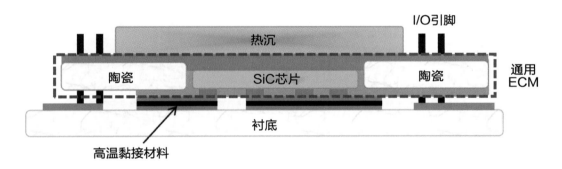

图 7-6　芯片埋入式封装模块

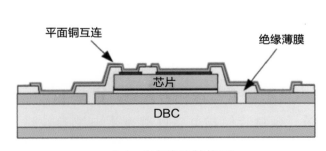

（a）功率模块结构图

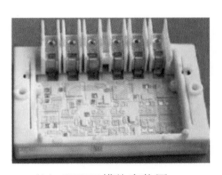

（b）SiPLIT 模块实物图

图 7-7　SiPLIT 技术示意图

平面互连的封装工艺通过消除金属键合线，将电流回路从 DBC 板平面布局拓展到芯片上下平面的层间布局，可以显著减少回路面积，实现低的杂散电感参数，与下面介绍的通过双面散热封装以及 3D 封装实现低杂散电感的思路基本相同，只是实现方式略有不同。

7.2.5 双面散热封装

双面散热封装工艺可以双面散热、体积小，已较多用于电动汽车 IGBT 的封装应用。图 7-8 为一典型的双面散热封装碳化硅模块，该模块上下表面均采用 DBC 板进行焊接，所以可实现上下表面的同时散热。

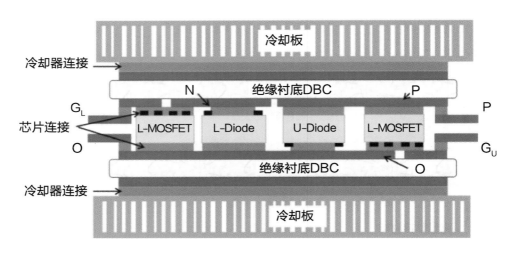

图 7-8 双面散热封装示意图

该工艺的难点在于，芯片上表面需要进行溅射或电镀处理使其变得可焊接，并且在芯片上表面需要增加金属垫片、连接柱等，以消除同一模块中不同厚度芯片间的高度差。再加上碳化硅芯片的面积普遍较小，如何保证上表面有限面积范围内的焊接质量是该工艺过程的关键。得益于上下 DBC 的对称布线与合理的芯片布局，该封装模式可将回路寄生电感参数降到 3 nH 以下，模块热阻相比于传统封装下降 38%。此类双面封装模块的热、电气、可靠性等性能也得到了相应的研究。

7.2.6 2.5D 和 3D 封装

为进一步降低寄生电感效应，研究人员陆续开发了使用多层衬底的 2.5D 和 3D 模块封装结构，用于功率芯片之间或者功率芯片与驱动电路之间的互连。在 2.5D 封装结构中，不同的功率芯片被焊接在同一块基板上，通过一层转接板中的金属连线使芯片实现互连，转接板与功率芯片的距离很近，因此需要使用耐高温材料，如低温共烧陶瓷（Low Temperature Co-Fired Ceramics，LTCC）。

3D 封装技术利用碳化硅功率器件垂直型的结构特点，将开关桥臂的下管直接叠在上管之上，消除了桥臂中点的多余布线，在这种结构中，两个功率芯片通过金属互连垂直连接，如使用通孔、铜凸点或焊料凸点等连接。3D 封装可将回路寄生电感降至 1 nH 以下。Vagnon 于 2008 年提出了利用金属片直连的模块单元，制作了整体的变换器模块。其为层压封装的芯片上（Chip-on-Chip，CoC）IGBT 结构，该原型显示出优越的开关性能与减少的寄生和电磁干扰辐射，如图 7-9 所示。实验测试表明，该 3D 封装模块基本消除了共源极电感，而且辐射电磁场相比于传统模块大大减少，共模电流也得到了很好的抑制。

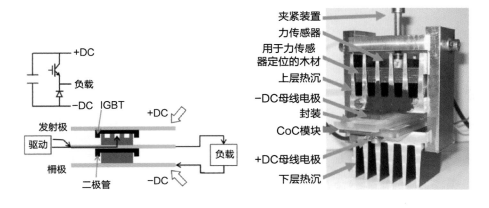

（a）用于 IGBT 的 3D 封装示意图　　（b）对应模块的整体变换器实物图

图 7-9　层压封装的 CoC IGBT 结构及其应用实例

Regnat 等提出了一种仅 0.25 nH 超低电感的 3D 嵌入式 CoC 结构设计，如图 7-10 所示。[80] Seal 等提出了另一种 3D 模块封装结构，该结构通过 LTCC 工艺，实现了功率芯片和驱动电路的垂直互连，该结构还可以方便地将被动元件集成在 LTCC 衬底上。

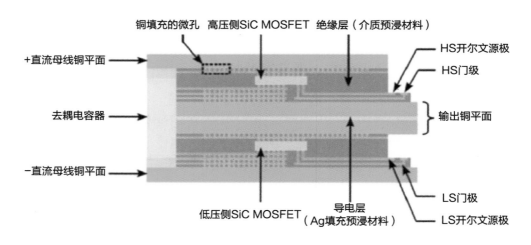

图 7-10　3D 嵌入式 CoC 结构模块示意图

晶圆级/芯片级封装技术可以将寄生电感降到最小，尤其适用于宽禁带器件的封装。晶圆级封装技术采用化学气相沉积、物理气相沉积、光刻及深反应离子蚀刻等半导体制造工艺在晶圆级水平上组装器件。N. Rouger 等将大电流铜接触直接附着在硅器件上，实现了晶圆级铜键合过程。[81] 在模块级别，高侧和低侧功率器件可以通过金属触点垂直互连。另一种晶圆级封装概念是使用硅通孔（Through Silicon Vias，TSV）来连接栅极驱动芯片和功率芯片。[82,83] 这种方法为栅极驱动芯片与功率芯片的晶圆级集成提供了潜在的解决方案。虽然这些技术目前只在硅功率模块封装中被实际使用，但它们为碳化硅功率模块的封装提供了吸引人和鼓舞人的特性，未来的碳化硅先进封装可能也将大量使用该技术。

典型的碳化硅器件封装结构及相关封装方式的杂散电感参数大小列于表 7-1 中。由表 7-1 可知，消除金属键合线可以有效降低杂散电感值，一般可控制在 5 nH 内。新型封装结构可提高碳化硅器件的功率密度、降低模块回路的寄生电感、缩小封装体积，这是推进电力电子走向高频、高效、高功率密度的保证。

表 7-1　碳化硅器件的一些典型封装结构及相应的结构特性

封装方式	金属键合线	器件类型	功率等级	杂散电感
TO247/220/263 等	有	分立元件	650～1 700 V/5～100 A	10～20 nH
翻转贴片	无	分立元件	650－1 200 V/15～35 A	<5 nH
传统引线键合	有	功率模块	1 200～1 700 V/20～500 A	20～30 nH
PCB 混合封装	有	功率模块（DBC + PCB）	1 200～1 700 V/20～100 A	<5 nH
	无	功率模块（SKiN）	1 200 V/400 A	<1.5 nH
平面直连	无	功率模块（DLB，Cu-Clip，SiPLIT）	650～1 200 V/100～300 A	<5 nH
双面散热	无	功率模块	650～10 kV/50～300 A	<5 nH
3D 封装	无	功率模块	1 200 V/80 A	<1 nH

IC 3D 堆叠等先进封装越来越多地用到铜柱、盲孔和通孔等金属互连技术，典型的如 TSV 等，其在碳化硅器件封装中的应用也越来越广泛。不论是前文所述 PCB 混合封装中的 PCB 及其他结构中的盲孔、通孔，3D 封装中用于金属垂直互连的通孔，还是在衬底中直接蚀刻出过孔填充金属等工艺都需使用金属填充技术。金属填孔的难点在于如何有效保证孔内金属填充后无孔洞或夹缝产生，要点在于选择合适的添加剂和电镀工艺，控制盲孔内金属以"自下而上（bottom-up）"方式生长，通孔内金属的沉积则需以先中间后两端的"类 X 型"（或蝴蝶型）方式进行，从而实现孔内金属的无空洞完美填充，图 7-11 列举了几种常见的盲孔、通孔填充图片。国内厂商已掌握铜柱、TSV、超级 TSV、通孔填铜、镍钯金等系列湿制程工

艺，先进封装及金属互连填充工艺可参阅相关著作。[84]

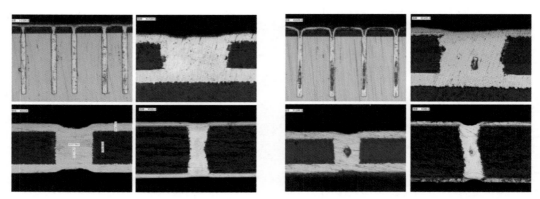

（a）完整填充的盲孔和通孔　　　　　　（b）中间有空洞的不良填充

图7-11　金属互连实物图

7.3 ▶▶▶ 碳化硅典型封装技术介绍

7.3.1 ▶▶ 高温封装技术

锡片或锡膏常用于芯片和 DBC 板的连接，其焊接技术非常成熟而且简单，通过调整焊锡成分比例、改进锡膏印刷技术、在负压环境中焊接（降低空洞率）、添加还原气体等可实现极高质量的焊接工艺。但焊锡热导率较低 [~50 W/（m·K）]，且会随温度变化，因此并不适用于在高温下工作的碳化硅器件。此外，焊锡层的可靠性问题也是模块失效的一大原因。银烧结连接技术凭借其热导率极高 [~200 W/（m·K）]、烧结温度低和熔点高等优势，有望取代焊锡成为碳化硅器件的新型连接方法。银烧结工艺通常是将银粉与有机溶剂混合成银焊膏，再印刷到基板上，通过预热除去有机溶剂，然后加压烧结，实现芯片和基板的连接。为了降低烧结温度，一种方法是增大烧结过程中施加的压力，但这会增加相应的设备成本，而且容易造成芯片的损坏；另一种方法是缩小银颗粒的体积，如采用纳米银颗粒，但颗粒的加工成本高，所以很多研究继续针对微米银颗粒进行，以得到合适的烧结温度、压力、时间参数来实现更加理想的烧结效果。图 7-12 给出了一些典型的焊锡和烧结材料的热导率及工作温度的对比。[85]此外，为确保碳化硅器件能够稳定工作，陶瓷基板和金属底板也需要具备良好的高温可靠性。材料的热导率越高，散热效果越好。热膨胀系数影响了封装体在高温工作时不同层材料之间的热应力大小，不同材料间的热膨胀系数差别越大，材料层间的热应力就越高，可靠性则越低。因此，寻找热导率高且热膨胀系数和碳化硅近似的材料是提高封装可靠性的关键所在。

氧化铝（Al_2O_3）由于具有成本低、机械强度高等优势，常被用作绝缘材料，但同时其热导率较低、热膨胀系数明显偏大，因此不适合碳化硅的高温工作条件。氮化铝（AlN）材料的热导率高，热膨胀系数与碳化硅接

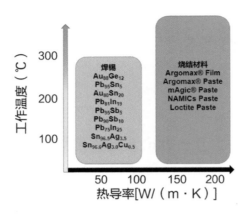

图 7 - 12　典型的焊锡和烧结材料的特性对比图

近，成本也较为合适，是目前较为理想的碳化硅器件封装的基板材料。氧化铍（BeO）虽然热导率更高，但其具有强毒性，这限制了其应用。氮化硅（Si₃N₄）的特性值最接近碳化硅材料，而且挠曲强度非常大，在热循环中不容易断裂，也是一种适合碳化硅器件高温工作条件的绝缘材料，但其热膨胀系数较低，加上成本较高，限制了其被广泛应用。

　　使用陶瓷覆铝（Direct Bonded Aluminum，DBA）以及活性金属钎焊（Active Metal Brazing，AMB）等工艺可以提高陶瓷基板覆铜层的可靠性，因此受到人们越来越多的关注。铜作为底板材料，其热导率最高，但与基板之间的热膨胀系数相差较大。铝作为底板，成本低，还可显著降低整体重量，但在热导率和热膨胀系数匹配方面均表现较差。铜基合金如 Cu/Mo、Cu/W、Cu/C 等在热导率和热膨胀系数方面性能均较为优越，但其密度和成本均较高。AlSiC 的成本和热膨胀系数均十分理想，但缺点在于其热导率较低。具体选择何种材料需要结合实际情况综合决定。

7.3.2 多功能集成封装技术

　　碳化硅器件的出现推动了电力电子朝着小型化的方向发展，其中集成化的趋势也日渐明显。驱动集成技术逐渐引起了人们的重视，三菱、英飞凌

（Infineon）等公司均提出了碳化硅智能功率模块（IPM），可将驱动芯片以及相关保护电路集成到模块内部，并用于家电等设备当中。如图7-13所示，国内一些研究团队通过将瓷片电容、驱动芯片和1 200 V碳化硅功率芯片集成在同一块DBC板上，使半桥模块的面积仅为TO-247单管的大小，同时极大地降低了驱动回路和功率回路的寄生电感参数。阿肯色大学则针对碳化硅芯片开发了相关的碳化硅CMOS驱动芯片以充分开发碳化硅的高温性能。此外，还有EMI滤波器集成，温度、电流传感器集成、微通道散热集成等均有运用到碳化硅的封装设计当中。[86]

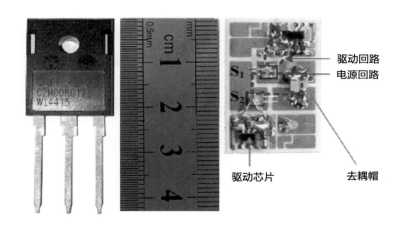

图7-13　集成母线瓷片电容和驱动的碳化硅半桥模块

7.3.3 》散热技术

散热技术也是电力电子系统设计的一大重点和难点。通常是将单管或模块贴在散热器上，再通过风冷或者液冷进行散热。一些研究人员将微通道集成在模块的基板内，使模块的整体热阻下降了34%。微通道散热技术也被用于芯片的直接散热，例如一些研究介绍了用于宽禁带器件的3种典型方式[87]：第1种是将微通道直接制作在芯片的衬底上；第2种则是将微通道集成在芯片下层的厚金属层中；第3种则通过金属镀层和热介质材料将芯片直接连接到硅基微通道结构上。这种直接作用于芯片的散热技术消除了模块多层结构的限制，可以极大地提高芯片的散热效率。相变散热技术如热管、喷雾等方式相比于单相的风冷、水冷等方式具有更高的热导率，非常高效，也为碳化硅器件的散热提供了一种解决思路。图 7-14 给出了目前常见的散热方式之间的散热系数的简单对比。

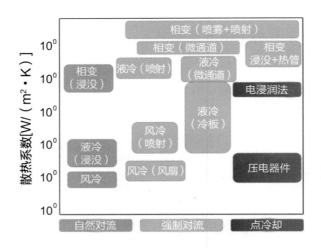

图 7-14　不同散热方式之间的对比

7.4 ▶▶▶ 碳化硅封装的发展趋势

7.4.1 ▶▶ 低热阻

碳化硅功率芯片的高压、大电流密度运行带来的电热效应是硅基芯片的数十倍，其单位面积热阻需要足够低才能使器件及时散热，因此低热阻的封装材料、封装结构以及高热通量的管理方法对提升封装的散热性至关重要，其中包括前道的碳化硅芯片的减薄工艺、新型封装材料的开发、新型封装结构的开发以及高通量散热器的集成等。

7.4.2 ▶▶ 低电热应力失配

大电流功率模块封装受到大容量变流器的需求驱动，主要应用于电动汽车、新能源、轨道交通、柔直电路等，其特点为大功率模块并联的芯片数量在持续增加。碳化硅功率模块并联芯片的最大数量可达相同容量硅基模块的 3 倍，因此需要解决电热应力失配的问题。通过优化芯片布局、调控栅极电阻、不对称键合和辅助调控电路等手段可帮助缓解电热应力失配。

7.4.3 ▶▶ 低寄生电感

从封装的尺寸上看，碳化硅的封装朝着两个极端方向发展：功率模块巨型化和分立器件小型化。而无论哪个方向，随着期间开关速度越来越快，应用电压裕量越来越低，降低封装的寄生电感成为应用的共性需求，低感封装可以通过优化封装结构来实现。同时需要探索不同封装的构效规律，如磁路相消、双面散热封装、3D 堆叠、嵌入式封装等。

7.4.4 ▶▶ 耐高压

高压封装主要应用于电气化交通，在轻量化的同时追求功率密度和续航里程的提升。此外，其另一个应用领域是新能源发电，在追求低成本的同时减少损耗、提高效率，并不断降低运行和维护成本，使全寿命周期综合成本更低。对硅 IGBT 而言，最高电压为 6.5 kV。而对碳化硅 IGBT 而言，其最高电压可达 40 kV，且在高压领域的发展趋势为电压等级每 5 年翻一番。对于高压封装来说，需要不断探索研究新的高压封装材料（如高绝缘灌封材料、非线性涂层材料等），通过封装结构的优化制作多层陶瓷衬底，增加爬电距离，以不断优化整体封装的耐高压性能。

7.4.5 〉 耐温

从耐温的角度上看，封装面临的环境温度视应用场景不同，其朝着极低温或极高温呈两极发展。极低温的应用如航空航天（ –180 ℃ ~ –50 ℃），极高温的应用如电动汽车（105 ℃）、航空航天（130 ℃ ~ 400 ℃）等。温度对封装材料，包括金属互连材料、衬底材料、灌封材料和外壳材料等提出了更高的要求，新型封装材料需要更好地解决高温和功率循环寿命之间的矛盾，以及和绝缘寿命之间的矛盾。

7.5 ▶▶ 小结

在电力电子技术朝着高效、高功率密度发展的方向前进时，器件的低杂散电感封装、高温封装和多功能集成封装等起着关键性作用。通过减小高频开关电流回路的面积实现低杂散电感是碳化硅封装的一种技术发展趋势。然而，要实现碳化硅封装技术的突破并大规模应用，还需要开展大量的工作，以下列举一些核心挑战以及前景展望：

（1）低杂散电感封装结构综合性能的进一步研究验证。例如，封装结构的功率循环能力、温度循环能力、实际散热效果、制造难度和成本，以及实现大功率模组的串并联难易程度等。

（2）适用于高温工作条件的封装材料的研究。开发耐高温、导热系数优良、热膨胀系数相互匹配的封装材料始终是提升封装的高温工作可靠性的关键；同时，改进工艺、降低现有优良封装材料的生产成本和工艺难度也是封装朝着高温工作方向发展的重要因素。

（3）多功能集成封装模块的内部干扰、共同散热等关键问题的研究。模块的多功能集成是电力电子的发展趋势，但瓷片电容、传感器、栅极驱动等还无法完全匹配碳化硅的高温高频性能，同时存在散热和电磁兼容的问题。开发高温电容、功率芯片片内集成传感器，研究碳化硅 CMOS 驱动芯片或者采用 SOI 技术等工艺方案都有待进一步探索。

（4）新型散热方式的探索。减小芯片散热路径上的热阻是封装散热技术的关键，一方面，可以采用高导热系数的材料，另一方面，可以减少封装的层叠结构，如 DBC 直连散热、微通道液冷散热以及芯片直接散热等均为碳化硅器件的散热提供了更多的可能。可以预见，碳化硅器件和封装技术的发展已经为电力电子技术打开了一扇更广阔的大门，助力电力电子技术持续朝着高频、高效、高功率密度的方向发展。

8 碳化硅应用前景及发展趋势

8.1 ▶▶ 概述

　　电力电子技术一直朝着更高效率、更高功率密度以及更高系统集成的方向演化和推进。功率半导体器件是电力电子系统的核心。其中，硅基功率器件在该系统中占有主要地位，在过去 50 多年发展历程中，逐渐成熟的各种硅基功率器件促进了功率半导体器件的发展。在 600 V 以下电压的应用领域，基于沟槽栅结构的传统 MOSFET 统治了市场。而在 600 V 至 6.5 kV 电压的应用领域，硅超结（super junction）MOSFET 和 IGBT 占主导地位。然而随着电力电子器件的节能需求及其他各项性能要求的提高，硅基功率器件由于其固有的材料物理属性在诸多领域的应用都遇到了很多瓶颈，使它们难以满足未来发展的需求，特别是在高电压、高效率和高功率密度领域中的应用。硅基 IGBT 的最大阻断电压低于 6.5 kV，而且实际工作温度需低于 175 ℃。硅基 IGBT 的双极电流传导机制也导致其开关速度相对较慢，因此只能在较低的开关频率下使用，这大大地限制了其发展。

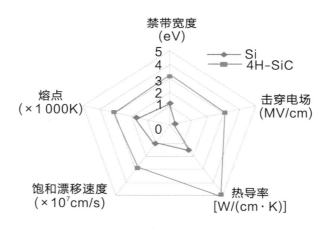

图 8-1　硅和碳化硅材料性能的比较

　　近年来，碳化硅等宽带隙材料的引入给功率器件带来了革命性的发展。

碳化硅是下一代功率半导体器件材料的更优选择，它具有更宽的禁带宽度、更高的热导率和更大的临界电场，使碳化硅功率器件可以比硅基功率器件在更高的温度、更大的电流密度和更高的阻断电压下工作。其优异的材料特性更加有利于功率器件的设计，这些特性与硅的特性比较汇总如图 8-1 所示。

碳化硅由等量的硅和碳通过共价键构成。这种构型的特点是高度有序，因此单晶碳化硅非常坚硬，事实上，它是地球上已知的第三坚硬的物质。碳化硅有 200 多种不同的晶型，晶型结构的不同使碳化硅的禁带宽度从 2.2 eV 到 3.3 eV 变化。其中 4H 和 6H 晶型碳化硅的应用最为常见，因为这种晶型的碳化硅可以制造出较大直径的晶圆，满足器件生产的产能及成本要求。表 8-1 概述了 4H-SiC、6H-SiC 器件、硅器件及金刚石器件的不同特点。如表 8-1 所示，碳化硅更大的禁带宽度给功率电子器件带来了一系列优异的特性：

（1）更高的临界电场：碳化硅的临界电场大约为硅的 8 倍，所以碳化硅是功率半导体器件的优质材料。由于碳化硅半导体裸片具有更大的介电强度，因此可以将其做得很薄，并可以通过掺杂达到更优的性能，使功率损耗更低。

（2）更高的热导率：碳化硅的热导率大约为硅的 3 倍。因此，由损耗引起的热量能够以更快的速度均匀地分散在整个封装体中，使其中各个区域间的温差更小，帮助器件更好地散热。

（3）更高的工作温度：因为碳化硅具有高熔点，所以碳化硅器件的工作温度可以超过 400 ℃，这比标准硅工艺中的最大容许结温（150 ℃）高得多。这一特性可以显著降低冷却系统的成本，因为可以选择使用更便宜的冷却材料和冷却方法。由于碳化硅器件容许的工作温度很高，所以即使在极高的环境温度（可以高达 100 ℃）下，仍有足够的温差可以使封装体内的热量被有效带出。

（4）更高的电流密度：碳化硅器件的电流密度是硅器件最大电流密度

的2~3倍。这一特性可以帮助其提高使用效率、延长使用寿命，从而降低成本，抵消碳化硅器件制造的成本劣势。

表8-1　不同材料器件的不同特性

电学性能	Si	4H-SiC	6H-SiC	金刚石
禁带宽度（eV）	1.12	3.28	2.96	5.5
临界电场（MV/cm）	0.29	2.5	3.2	20
电子迁移率 [cm^2/（V·s）]	1 200	800	370	2 200
空穴迁移率 [cm^2/（V·s）]	490	115	90	1 800
热导率 [W/（cm·K）]	1.5	3.8	3.8	20
最高结温（℃）	150	600	600	1 927

由于4H-SiC材料具有比硅材料更宽的禁带宽度，其本征载流子密度相对较小，从阻断稳定性来看，它具有在高温下工作的能力。另外，碳化硅具有10倍于硅的临界电场，这使其在超高压（>10 kV）功率器件上的应用变得实际可行。碳化硅单极器件比相应的硅器件的传导电阻（$R_{on,sp}$）更小，因此在同等条件下碳化硅芯片的尺寸可以做得更小，并且可实现更小的寄生电容和更快的开关速度。由此可见，在较宽范围的阻断电压和截止频率下是可以同时实现低开关损耗和低传导损耗的。这种低损耗对结构设计来说是一种巨大的优势，能够大大简化功率转换器的结构设计。在大多数应用场景下，可以采用简单的两级拓扑结构。所以，碳化硅功率器件能够使电力电子系统朝更高频率和更高功率密度的方向进一步快速发展。尽管碳化硅材料能够在更高温度下工作，但是封装体的外围元件诸如封装材料、外壳和电容器等发展相对滞后，这些也影响了电力电子系统向更高电压和更高频率发展的进度。

碳化硅已经在光伏、照明、太阳能、铁路牵引和不间断电源（Uninterruptible Power Supply，UPS）等领域实现商业应用，并将很快进入驱动、风力和电动汽车等应用领域，如图8-2所示。除了技术设计的挑战外，如何在提高系统性能的同时降低碳化硅器件制造的高成本，使二者达到性价比的平衡是最关键的问题。从用户的角度来看，每瓦的成本是最值得关注的经济指标。而从整个应用系统来看，更高的器件成本不一定会导致更高的系统成本，这将在后面的内容中解释。可见，碳化硅器件和功率转换系统已经进入商业化阶段。产业的主要关注点取决于应用需求、成本和工艺流程的成熟度。从技术发展的角度来看，碳化硅材料的潜力还没有得到充分的开发，还需要更多的努力。

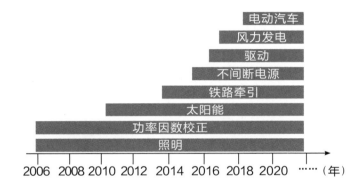

图 8 - 2　Yole 预测的碳化硅器件应用路线图

8.2 ▶▶▶ 碳化硅功率半导体器件

碳化硅功率半导体器件分为功率整流器件和功率开关器件两大领域[88,89]。其中，功率整流器件包括单极器件如肖特基二极管（SBD）和结势垒肖特基二极管（Junction Barrier Schottky Diode，JBS），以及双极器件如PIN 二极管；功率开关器件包括单极器件如功率金属氧化物半导体场效应晶体管（MOSFET）和结型场效应晶体管（Junction Field Effect Transistor，JFET），以及双极器件如绝缘栅双极晶体管（IGBT）、门极可关断晶闸管（Gate Turn-off Thyristor，GTO）和双极结型晶体管（Bipolar Junction Transistor，BJT）。

作为一个理想的功率开关器件，在导通的状态下，其导通电流应无穷大，导通压降为 0；在关断状态下，则阻断电压无穷大，泄漏电流为 0。并且转换过程时间极短，动态损耗为 0。但是实际中的半导体开关性能只能接近这些理想特性，其最终性能由各项性能参数决定，如阻断电压、最大导通电流、开关损耗等。器件所用的基底材料特性、器件结构设计、封装等都是影响器件性能的关键指标。

单极功率器件的性能主要受器件面积、导通电流密度和最大功率损耗决定。其中器件面积受材料质量和制造工艺所限，最大功率损耗则受封装的热容量和器件最大结温所限，因此使用物理性能更佳的基材以及使用热阻更低的封装材料对进一步提升功率器件的性能至关重要。

在双极功率器件中，电流包括多数载流子电流和少数载流子电流，以 PIN 二极管为例，它的结构包含 P^+ 区/I 区/N^+ 区，中间的 I 区（Intrinsic，本征区）既有 P^+ 区注入的空穴又有从 N^+ 区注入的电子，因此在 I 区有两种载流子的存在，这也有效地降低了电阻率，大大地降低了导通损耗。然而在双极器件中，功率损耗在开关瞬间的状态下和正常工作的情况下是不一样的。因为在器件关断时，存储在轻掺杂区的少数载流子需要被抽走，这个过程包括复合、漂移和扩散，并且只要载流子的密度保持得很高，电阻率就会很低。但是这时，低电阻率会允许一个较大的反向泄漏电流通过，这就会导致功率损耗在开关瞬间很大。在低频应用中，开关损耗可以忽略不计，但是在高频应用中，开关损耗会成为最主要的损耗。

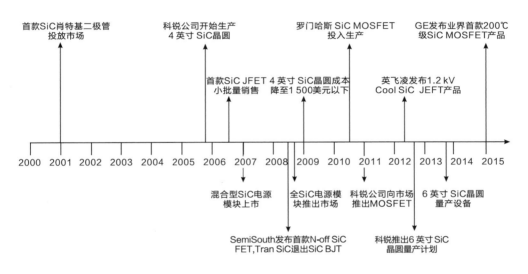

图 8 - 3　碳化硅器件发展里程碑

（注：1 英寸 ≈ 25.4 mm）

　　自 2001 年英飞凌公司推出首款商业化的碳化硅 SBD 以来，碳化硅的技术发展和市场增长势头强劲。如今，已有 20 多家器件制造商能够生产击穿电压高于 600 V 的碳化硅 SBD。图 8 - 3 列举了近年来碳化硅器件发展的里程碑事件。碳化硅 SBD 首先沿着改善器件结构的方向发展，如加厚漂移区和结终端设计，成功得以商业化并能够满足 3 kV 以上的整流器应用领域的要求。随后通过器件结构的改善，研究人员将高耐压的 PN 结与低开启电压的 SBD 相结合，成功推出了第二代碳化硅 SBD 技术，即 JBS。随着技术的发展，结构的改良已经难以进一步提升器件的性能，商用产品的研发方向进而朝着封装技术设计的改良与优化发展。第三代碳化硅 SBD 采用背面金属化来代替传统的焊锡和打线工艺，从而大大地提高了封装的可靠性，并且使整个封装体积更小，实现了轻量化。碳化硅功率二极管的另一发展方向是与其他硅器件，如硅基 IGBT，共同集成为电力电子开关混合模块，这样能够进一步缩短信号传输距离，提高工作效率、工作频率及可靠性。

在单极开关器件发展的早期阶段，碳化硅 JFET 更受青睐，因为其没有碳化硅 MOSFET 存在的比较严重的低反型层沟道迁移率和二氧化硅层可靠性低的问题，尽管它的常开或常关的特点使它在某些应用上不那么受欢迎，但是共源共栅结构的 JFET 可以弥补这个问题。成熟商业化的碳化硅 MOSFET 首先由科锐公司于 2011 年发布，对于碳化硅 MOSFET，1.2 kV 级成为市场的切入点和优势点，因为这是其与硅 MOSFET（包括超结 MOSFET）和硅 IGBT 的分水岭。其面积相较于相同耐压级别的硅基 IGBT 缩小了 33%，效率提高了 2%，顺应了器件小型化、高效化发展的趋势。碳化硅 MOSFET 在小于 2.5 ~ 3.3 kV 的阻断电压下，能够很好地平衡传导损耗和开关损耗。碳化硅 IGBT 根据沟槽极性的不同分为开关速度较快的 N-IGBT 和电流较大的 P-IGBT，二者均朝着更低导通电阻、更高耐压的方向发展。在碳化硅 IGBT 技术发展的过程中，外延层的质量至关重要，通过优化外延层的掺杂浓度、均匀性、厚度、载流子的寿命等因素，可以帮助解决器件导通电阻大、效率低、频率低等问题。碳化硅 BJT 的开关速度与 MOSFET 相近，因为在漂移区没有任何可见的少数载流子的存储。由于 BJT 没有沟槽区域，它的导通电阻低于碳化硅 MOSFET 的导通电阻，因此在开关频率大于 500 kHz 的应用中具有优势。

8.2.1 》碳化硅功率整流器件

碳化硅功率整流器件包括单极器件如 SBD、JBS 和双极器件如碳化硅 PIN 二极管，基本结构如图 8-4 所示。SBD 结构和碳化硅材料的结合使碳化硅 SBD 成为硅 PIN 二极管的理想替代品。在正向电流传导时，多数载流子的电流从阳极流向阴极，电压降由 N 层电阻和肖特基势垒高度决定，通常为 0.7 ~ 0.9 V。该器件从开（ON）到关（OFF）快速切换，基于多数载流子的传导机制，其中几乎不存在反向电流。唯一需要反向电流流动的情况是向结电容（Junction capacitance）进行充电。这种极快的反向恢复特性是碳化硅 SBD 相对于硅 PIN 二极管的最大优势。除了能够提高效率，低反向电流也大大减轻了在二极管断开时转换器存在的振荡和电磁干扰问题。

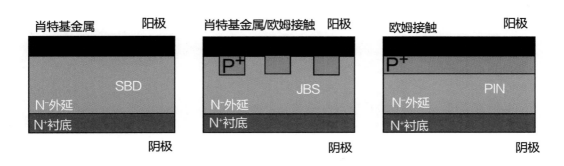

图 8-4　三种碳化硅二极管的典型结构

碳化硅 SBD 是首个成功商业化的碳化硅功率器件。SBD 是多数载流子器件，不存在反向恢复现象，这对高压应用来说是一个非常有利的特性。同时因为没有少数载流子的注入，SBD 具有更高的关断速度和更低的开关损耗，所以，特别是在一些开关损耗问题显著的高频应用中，如功率开关电源，这一优势尤为明显。SBD 的击穿电压可以提高到 1 000 V 以上，而硅技术的击穿电压局限在 200 V 以下。表 8-2 总结了英飞凌的一款碳化硅 SBD（Infineon-IDW15S120）的主要特性。由于具有更大的禁带宽度，碳化硅 SBD 的正向电压降为 1 ~ 2 V，大于相应的硅二极管。因此，碳化硅 SBD 在高压应用中有优势，较大的压降对损耗的影响可以忽略不计。与硅二极管相反，碳化硅 SBD 的另一个重要特性是正向压降与导热系数正相关（随着温度的升高而增大），这使 SBD 的并联能够处理更大的电流。碳化硅 SBD 在 150 ℃ 时的正向压降几乎是室温时的 2 倍，因此碳化硅 SBD 的散热器设计应留有足够的余量，以避免热量失控。另外，在 SBD 中，较高温度下肖特基势垒会降低，这会导致泄漏电流迅速增大，进而引起反向电流增大，甚至使器件发生击穿。因此，商用碳化硅 SBD 的阻断电压被限制在

600 V 以内。碳化硅 SBD 的沟槽结构可以进一步降低泄漏电流。最近的一项研究还表明，现代碳化硅 SBD 已经能够很好地防止泄漏电流的热逸散，因为其泄漏电流加倍所需的温升高于硅 PIN 二极管。

表 8 - 2　英飞凌的一款碳化硅肖特基二极管（Infineon-IDW15S120）的主要特性

参数	数值			单位	测试条件
	最小值	标准值	最大值		
连续正向电流	—	—	15	A	$T_C < 135 ℃$
直流阻断电压	1 200	—	—	V	$I_R = 0.3\ mA$, $T_J = 25\ ℃$
工作温度	−55	—	175	℃	
二极管正向电压	—	1.5	1.8	V	$I_F = 15\ A$, $T_J = 25\ ℃$
	—	2.4	—	V	$I_F = 15\ A$, $T_J = 150\ ℃$

大多数商用碳化硅二极管采用 JBS 结构。在碳化硅 JBS 中，P 型格栅区被集成到了肖特基金属下面。这样的区域能够降低反向关断时的肖特基势垒电场以及降低器件的泄漏电流。由于器件传导仍然是通过多数载流子，所以 JBS 的速度没有受到影响。因此，JBS 在大范围的电压下（如 600 V ~ 3.3 kV）都具有优异的性能。15 kV 级的 JBS 也在高频传输领域中得到了应用及测试，由于测试样品的阻断电压仅约为 13 kV，因此仍需验证其能否达到更高的且稳定可靠的阻断电压。这种结构的另一种运行模式称为混合 PIN 肖特基二极管（Merged PIN Schottky Diode，MPS），其内部的 PIN 二极管只有在较大的正向偏压下才能导通，从而提高了电流的处理能力。在功率半导体产业中，碳化硅 JBS/MPS 已经取得了众多产品迭代的进展。2014 年，英飞凌发布了其采用更薄的晶圆制作的第五代碳化硅 MPS，这种更薄的形式提供了更高的励磁涌流能力和更低的热阻抗。

碳化硅 PIN 二极管通过电导调制可以有效降低漂移区电阻，这使它有希望在超高压范围，如 10 ~ 20 kV 领域得以应用。在图 8 - 5（a）中，对相同芯片尺寸下的 10 kV 的碳化硅 JBS 和 10 kV 的 PIN 二极管的 $I\text{-}V$ 曲线进行了比较。碳化硅 PIN 二极管虽然具有较高的拐点电压，但由于可以电导调制，它的差动电阻仍比 JBS 的差动电阻小得多。与 JBS 或 SBD 相比，碳化硅 PIN 二极管的另一个优点是它的泄漏电流更低，这使它成为能够在高温条件下工作的理想器件。然而由于碳化硅的材料性质所限，其 PN 结的拐点电压约为 3 V，这使碳化硅 PIN 二极管在阻断电压低于 3.3 kV 时无法导通。在低电压范围内，碳化硅 JBS 是首选。由于器件中存储的少数载流子，在图 8 - 5（b）中可以清晰看到，碳化硅 PIN 二极管中也存在相当大的反向恢复电流，因此应用在逆变器中会产生较大的反向恢复损耗。

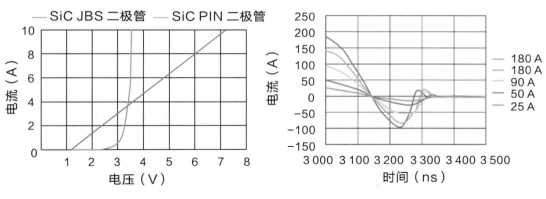

（a）10 kV 的碳化硅 JBS 和碳化硅 PIN　　（b）反向恢复电流测试：15 kV 的碳化硅
　　 二极管的 $I\text{-}V$ 曲线图　　　　　　　　　 PIN 二极管，$V_r = 7$ kV（$T = 25$ ℃）

图 8 - 5　碳化硅器件的 $I\text{-}V$ 曲线测试和反向恢复电流测试

对于高压碳化硅器件，必须要解决的关键技术挑战之一是降低器件边缘的表面电场。许多结终端技术已在碳化硅二极管中得到验证，其中大多数与硅功率器件中使用的概念类似。常用的结终端技术包括结终端扩展（Junction Termination Extension，JTE）、浮动场限环（Floating Field Limiting Ring，FFR）、场板、台面结构、斜面结构以及运用多种技术的组合解决方案。JTE 和 FFR 被认为是降低高压碳化硅器件表面电场最有效的方法。[90]

JTE 的思路是在水平方向上扩展连接，以减少在扩展边缘的电场拥挤。虽然单区域 JTE 在概念上是可行的，但要达到所需电压，其电场优化范围的操作窗口较窄。作为改进，图 8-6（a）展现了多区域 JTE 分布的情况，在这种情况下电场朝着 JTE 边缘的方向逐渐下降。这样做可以使电场分布区域更广，有效地降低肖特基结边界处的电场，从而提高击穿电压。多区域 JTE 的困难是需要单个植入 JTE 区域，导致过程比较复杂。不过已有几种单个植入形成多区域 JTE 的方法，包括在区域之间创建不对称的图形分布或者相隔距离。在一种方法中，JTE 区域的垂直深度从中心向外延边缘逐渐下降。在另一种方法中，通过控制区域宽度和间距，可以使电场趋于平滑。图 8-6（b）为 FFR 结终端技术的截面示意图。单个植入既可用于环也可用于主要连接，从而减少了工艺步骤。然而，场限环的电位浮空区的间距优化是复杂并且具有挑战性的。

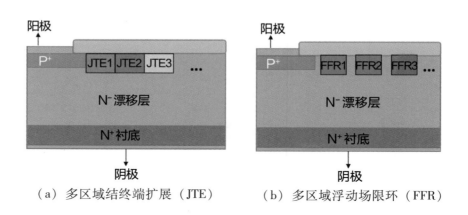

（a）多区域结终端扩展（JTE）　　（b）多区域浮动场限环（FFR）

图 8-6　高压碳化硅器件的结终端技术

8.2.2 碳化硅功率开关器件

8.2.2.1 碳化硅 JFET

碳化硅 JFET 比其他碳化硅开关更早实现商用，因为它的制作相对容易，且没有碳化硅 MOSFET 存在的栅氧化层的可靠性问题。碳化硅 JFET 作为电控开关或电控电阻时不需要电流的输入，所以可以避免泄漏电流的产生和空间电荷区因电流输入而带来的改变，并且可以防止 JFET 进入双极注入模式。JFET 通常为常开型（ON-type）开关，可以由垂直或水平的沟槽结构实现开关功能。一般常开型 JFET 也称作耗尽型 JFET，当栅极电压低于阻断电压（大约 -15 V）时会完全关闭。如图 8 - 7 所示，JEFT 在打开时具有恒定的导通电阻，当栅极电压略高于 0 时，其导通电阻值最小。

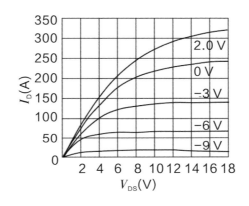

图 8 - 7　常开型 JFET 开关在不同栅极电压下的 I_D 和 V_{DS} 的典型值

　　开关常开的特性会带来一些潜在风险，因为栅极电压失去控制会导致开关有额外的电流存在，从而产生击穿电流，破坏电力系统。解决此问题的一种常见技术是采用共源共栅驱动电路，如图 8 - 8 所示，在这种驱动电路中，低压、大电流的硅 MOSFET 连接到了碳化硅 JFET 的源极上。通常将 30 V 的硅 MOSFET（<10 mΩ 导通电阻）用于共源共栅结构。在正常工作状态下，低压的硅 MOSFET 是导通的，不会增加电路中的总导通电阻，此时 JFET 由硅 MOSFET 的栅极电压驱动，JFET 的栅极电压变为 0，从而实现导电。在启动和故障的情况下，常关型的硅 MOSFET 是不导通的，JFET 的源极相对于栅极具有正电位，从而使 JFET 进入安全关闭的状态。共源共栅电路的另一种驱动方法是，只要确保驱动电源存在，MOSFET 就始终处于导通状态，那么该电路在正常运行时就像一个独立的 JFET，避免了与 MOSFET 相关的开关损耗和传统共源共栅电路因开关时延带来的局限性。当使用垂直沟槽结构时，还

可以通过调整垂直沟槽的厚度和掺杂水平来使 JFET 具有常关特性。常关型 JFET 也被称为增强型 JFET，在栅极电压为 0 时保持关断状态，在栅极电压为 2~3 V 时完全开启，这种类型的 JFET 的缺点之一是其电阻率较大。

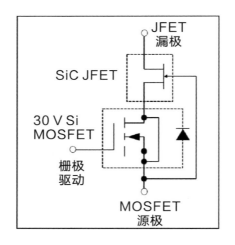

图 8-8　常见的共源共栅驱动电路

8.2.2.2　碳化硅 MOSFET

　　碳化硅 MOSFET 的结构有两种基本类型，分别是平面型碳化硅 MOSFET 和沟槽型碳化硅 MOSFET，如图 8-9 所示。平面型碳化硅 MOSFET 的导通电阻主要由 3 个方面的电阻组成：沟槽电阻、JFET 区域电阻和漂移区电阻。对于低压器件（<1.2 kV），衬底的电阻很大，对器件的导通电阻具有一定的影响，不过可以使用晶圆减薄技术来降低导通电阻。碳化硅 MOSFET 另一个长期存在的问题是它的沟道迁移率较低，这导致该部分的电阻在器件的总电阻中有着较高的占比，提高沟槽密度可以缓解这一问题。沟槽型碳化硅 MOSFET 的结构中消除了 JFET 区域，提高了沟槽密度，从而降低了导通电阻。

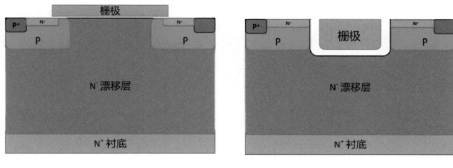

（a）平面型　　　　　　　　　　　　（b）沟槽型

图 8-9　碳化硅 MOSFET 结构的两种基本类型

　　碳化硅 MOSFET 比碳化硅 JFET 实现商用的时间更晚，其中一个主要原因是传统的碳化硅 MOSFET 存在半导体界面处氧化物质量不够高的问题，这导致了其阈值电压存在较大的不稳定性，而且栅氧化层会在低于碳化硅器件最高结温的温度下发生降解。然而，碳化硅 MOSFET 相比于 JFET 仍然具有很大的吸引力，因为它是一种由电压控制的，并且不需要靠连续驱动电流来维持导通状态的常关型器件。与硅 MOSFET 相比，碳化硅 MOSFET 具有非常独特的工作特性，可以应用在栅极驱动电路的设计中。碳化硅 MOSFET 具有更低的传导特性，所以在线性（欧姆）区域到饱和区域的转变不像硅 MOSFET 表现得那么清晰可辨。硅 MOSFET 的阈值电压在 2.5 V 左右，器件在 $V_{GS} > 16$ V 时才完全导通。表 8-3 列举了科锐的碳化硅 MOSFET（CREE-CMF20120D）的一些关键参数。与硅 MOSFET 的特性相比，碳化硅 MOSFET 的导通电阻的温度系数小于硅 MOSFET，当结温从 25 ℃ 增加到 135 ℃ 时，碳化硅 MOSFET 的导通电阻增加约 20%，而硅 MOSFET 的导通电阻则会增加 250%，这是碳化硅的宽带隙带来的优势。另一个与温度相关的重要特性是碳化硅 MOSFET 的趋近于 0 的栅极泄漏电流随结温的升高变化不大，结温从 25 ℃ 增加到 135 ℃ 时只增加了 1.5 倍，而硅 MOSFET 的栅极泄漏电流随着结温的升高则会增加约 100 倍。碳化硅 MOSFET 的体二极管是一个 PN 结二极管，其正向压降为 3.5 V，大约是硅 PN 结二极管的 5 倍。而且，碳化硅 MOSFET 的反向恢复时间比硅 PN 结二极管小得多。

表 8 - 3 科税的碳化硅 MOSFET（CREE-CMF20120D）的关键参数

参数	数值			单位	测试条件
	最小值	标准值	最大值		
栅极阈值电压	—	2.65	4	V	$V_{DS} = V_{GS}$, $I_D = 1$ mA, $T_J = 25$ ℃
	—	3.2	4.8		$V_{DS} = V_{GS}$, $I_D = 10$ mA, $T_J = 25$ ℃
	—	2.0	—		$V_{DS} = V_{GS}$, $I_D = 10$ mA, $T_J = 135$ ℃
	—	2.45	—		$V_{DS} = V_{GS}$, $I_D = 10$ mA, $T_J = 135$ ℃
零栅电压漏极电流	—	1	100	μA	$V_{DS} = 1\ 200$ V, $V_{GS} = 0$ V, $T_J = 25$ ℃
	—	10	250		$V_{DS} = 1\ 200$ V, $V_{GS} = 0$ V, $T_J = 135$ ℃
漏—源导通电阻	—	80	100	mΩ	$V_{GS} = 20$ V, $I_D = 20$ A, $T_J = 25$ ℃
	—	95	120		$V_{GS} = 20$ V, $I_D = 20$ A, $T_J = 135$ ℃
体二极管正向电压	—	3.5	—	V	$V_{GS} = -5$ V, $I_F = 5$ A, $T_J = 25$ ℃
	—	3.1	—		$V_{GS} = -5$ V, $I_F = 5$ A, $T_J = 135$ ℃
体二极管反向恢复时间	—	138	—	ns	$V_{GS} = -5$ V, $I_F = 10$ A, $T_J = 25$ ℃

碳化硅 MOSFET 很好地满足了许多工业应用中对 1.2~3.3 kV 阻断电压的要求，电压通过多数载流子进行传导，与硅 IGBT 相比大大降低了开关损耗。在一定条件下，甚至可以实现电压趋近于 0 的开关损耗，例如，2015 年，S. Guo 研究团队发布的在 3.38 MHz 运行的 1.2 kV 级碳化硅 MOSFET 模块。[91]此外，碳化硅 MOSFET 作为同步整流器在第三象限工作，可以显著降低第三象限的导通损耗，同时其反向恢复损耗几乎为 0，因而不再需要反向并联 JBS。碳化硅 MOSFET 面临的主要挑战之一是在低导通电阻与栅极氧化层的可靠性之间进行有效权衡。ROHM 在 2010 年发布了首款商用的沟槽型碳化硅 MOSFET，提出了一种新的双沟槽结构来解决沟槽底部的氧化层击穿问题。应用碳化硅 MOSFET 时要考虑的另一个问题是它需要更高的栅极电压驱动（18~20 V），这使其不能与传统的栅极驱动器兼容，这对一些混合开关的应用尤其不利。为解决这个问题，英飞凌发布了新的沟槽型碳化硅 MOSFET，其具有 15/-5 V 的栅极电压和非常低的导通电阻（3.5 mΩ）。

　　除了进一步改善电气性能，碳化硅 MOSFET 的另一项技术创新的动力来自不断完善其可靠性的需求，这也是终端用户最重要的考量。其中，高温偏置电压、高温反向偏置电压及高温高湿条件下的反向偏置电压是 3 个最主要的衡量可靠性的标准。多种高可靠性的碳化硅器件已经成功投放市场。2014 年，通用电气公司发布了该行业第一个可靠的 200 ℃ 结温的碳化硅 MOSFET，解决了之前的栅极氧化物的稳定性问题，并具有良好的可靠性。另一团队报道了失效率（Failures In Time，FIT）小于 10 的 1.2~3.3 kV 的碳化硅 MOSFET，这个 FIT 比率与硅 IGBT 的比率相近。在 3.3~6.5 kV 的高压应用中，高压碳化硅 MOSFET 可以取代硅基器件，其可以在高压高频应用中大大简化电路的拓扑结构，例如，用于固态变压器时。尽管高压碳化硅 MOSFET 相比硅基器件具有更低的开关损耗，其压降仍是一个需要解决的问题，特别是当电压超过 10 kV 时。因此，碳化硅和双极器件组合的结构（如碳化硅 IGBT）更受青睐。

8.2.2.3　碳化硅 BJT

双极结型晶体管（BJT）于 1947 年由贝尔实验室发明，特别是在高功率和高开关速度等应用领域，其具有广阔的应用前景。碳化硅 BJT 是电流驱动的控制型三端器件，需要一定的基极驱动电流来实现集电极和发射极之间的流动，从而保持器件的导通状态。其工作模式有共发射极和共基极之分，前者更为常见。无论是在哪种工作状态中，BJT 的集电极和发射极之间的流动都是由基极驱动电流来实现的，因此电流增益是其最重要的特性，它体现了 BJT 的电流驱动能力。仙童半导体（Fairchild Semiconductor）公司推出的碳化硅 BJT 在室温下具有 50 ~ 70 倍的高电流增益特性。通过在发射区重掺杂高于基区的掺杂浓度以及在扩散区增大基极宽度可以提高电流增益。除了电流增益，存在于基区末端的寄生电容充放电速度的快慢也决定了碳化硅 BJT 器件的开关性能。理论上，碳化硅 BJT 可以提供最低的导通电阻，在给定的电压和电流下产生的芯片级寄生电容最小，从而具有比其他碳化硅功率开关器件更高的开关速度。除此之外，碳化硅 BJT 还具有短路（Short Circuit，SC）容量和无二次击穿的性质，没有碳化硅 JFET 器件的栅极驱动，比其他碳化硅开关具有更高的可靠性。而且碳化硅 BJT 没有氧化层，避免了碳化硅 MOSFET 的栅氧化层界面不稳定和沟道迁移率低的影响，从而可以在更高的温度下工作。图 8 – 10 为室温下碳化硅 BJT 的 *I-V* 特性曲线，在饱和区，碳化硅 BJT 表现出可变电阻特性。由于碳化硅 BJT 具有正的导热系数，因此可以承载高强度的电流。

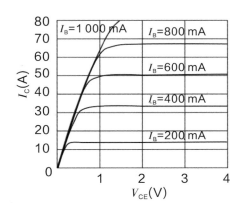

图 8 – 10 室温下碳化硅 BJT 的 *I-V* 特性曲线

8.2.2.4 碳化硅 IGBT

IGBT 由美国 GE 公司和 RCA 公司于 1983 年首次研制，由于存在栅失控等问题，直到 1986 年才正式生产并逐渐系列化。碳化硅 IGBT 的设计主要着眼于提高击穿电压、控制少数载流子的注入效率和寿命，以缓解击穿电压、导通电阻和开关速度之间的矛盾关系。在随后的 30 多年里，IGBT 在工艺方面得到了不断的技术改进，出现了分层辐射、拨片加工等特殊的加工工艺，在结构设计方面也得到了很多的优化。

碳化硅 IGBT 具有 MOSFET 的电压驱动特性和 BJT 的低导通电阻的双重优势，N^+ 层、P 阱和 P^+ 层、N 阱等结构分别构成了 N 型和 P 型 IGBT，其主要应用于开关电源中的变流变压模块，具有耐高压、耐高温、功率大和开关特性好等优势，在高压、高温、高功率的应用领域中表现出更强的竞争力。

图 8 – 11 展示了典型的 N 型和 P 型高压碳化硅 IGBT 的截面图。通常情况下，为了防止泄漏电流急剧增大，不让漂移区的电子完全耗尽，同时为了保证高耐压和低导通电阻，需要在漂移区和集电极区之间引入一个缓冲层或场阻挡层来防止场穿孔，并从衬底中获得高的注入效率。由于 4H-SiC 中电子的迁移率比空穴的高 10 倍，因此 N-IGBT 的开关速度比 P-IGBT 的更快。然而，P-IGBT 有其他的优势，如具有更高的跨导和更容易制作的 N^+ 衬底。

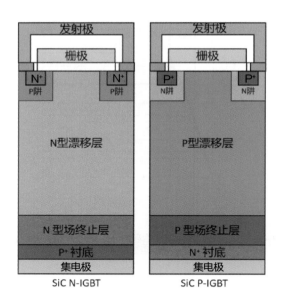

图 8 - 11　N 型和 P 型高压碳化硅 IGBT 的截面图

目前已报道了多种高压碳化硅 IGBT 的设计。报道的 N-IGBT 的最高阻断电压为 27 kV，通过使用 230 μm 的漂移层获得，该设计还采用了延长寿命的工艺来减少压降。报道的 P-IGBT 的最高阻断电压为 15 kV。大多数报道的碳化硅 IGBT 的导通电阻差值在几十毫欧范围内。

碳化硅 GTO 也有相应的研究，在所有已报道的高压碳化硅功率器件中，它以极低的正向压降获得了最佳的电流承载能力，这要归功于其双侧载流子的注入和较强的电导调制特性。[92] 图 8 - 12 清楚地说明了这一点，其中测试并比较了 15 kV 的 P-GTO、IGBT 和 MOSFET 的正向电导特性，所有这些高压器件均采用科锐公司的 4H-SiC 材料制造。为了减少不同芯片尺寸带来的影响，在图 8 - 12 中将有源芯片面积归一化为 0.32 cm²。在 3 种类型的器件中，碳化硅 P-GTO 的电压降最小，其次是碳化硅 IGBT 和碳化硅 MOSFET。此外，碳化硅 MOSFET 和碳化硅 IGBT 与电压降的温度系数为正，而碳化硅 GTO 的温度系数为负。基于碳化硅 P-GTO 技术，2015 年推出了 15 kV 的碳化硅发射极可关断晶闸管（Emitter Turn-off Thyristor,

ETO）。[93]值得注意的是，由于 P 型器件的存在，15 kV 的碳化硅 P-ETO 的峰值功率密度达到了 1.13 MW/cm²，表明碳化硅双极器件具有非常大的反向偏置安全操作空间，这一特性在逆变器和断路器的应用中非常重要。

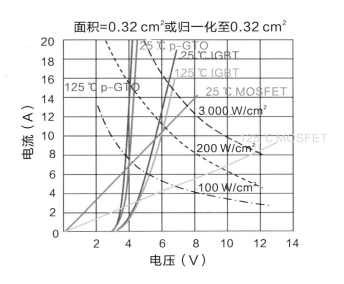

图 8 – 12　15 kV 的 P-GTO、IGBT 和 MOSFET 的正向电导特性曲线

8.3 ▶▶ 碳化硅器件的系统应用

如前所述，与硅 IGBT 和 PIN 二极管相比，碳化硅 MOSFET 和 JBS 具有更好的动态性能，因此，它们可以显著提高器件的功率效率和功率密度。与硅功率器件相比，碳化硅 MOSFET/IGBT/GTO/PIN 器件能够显著扩大可用电压等级范围，这样做将可以极大地提高新电力电子系统的性能，这在以前是难以实现的。然而，碳化硅功率转换系统的广泛应用仍然具有挑战性。首先，碳化硅不是一种即插即用技术，将碳化硅技术集成到电气系统中需要对系统设计（包括电磁干扰和散热问题）有深刻的理解。其次，碳化硅器件相对较高的成本也是终端用户关心的问题所在。事实上，碳化硅器件的成本问题可以从两个方面来看待：第一，碳化硅 MOSFET 的成本会随着量产的实现而降低。随着产量的增加、更大直径晶圆生产工艺的改善以及器件性能的提升，碳化硅器件的每安培成本将会降低。第二，虽然碳化硅材料的固有成本更高，导致碳化硅器件的绝对成本高于硅器件，但是整个系统的每瓦特成本可以通过辅助设备更好的系统设计来降低。图 8-13 显示了使用碳化硅功率转换系统可能节省的系统成本，节省的部分可能来自使用更小的无源元件、更低的冷却要求和更高的绝对额定功率。

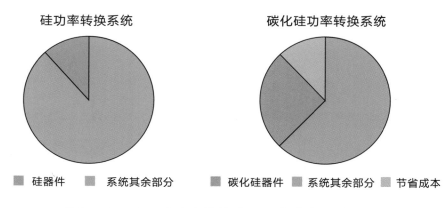

图 8-13 碳化硅功率转换系统可能节省的系统成本

一些研究显示，使用碳化硅 JFET 和碳化硅二极管可以使 17 kW 的太阳能逆变器的成本降低 20%。最后，由于效率提升以及运营成本的降低，碳化硅器件的综合成本并不高。例如，在不间断电源的应用中。下面将综述碳化硅器件的一些关键和新兴的、具有代表性的工业应用，如在太阳能、不间断电源、牵引、电动汽车和感应加热等领域中的应用。

8.3.1 光电能源系统

碳化硅功率半导体器件在光电能源系统中的应用可以有效解决目前由于硅材料的限制而存在的几个问题。商用高压碳化硅功率 MOSFET 可以作为硅 IGBT 的直接替代品，用于太阳能电力电子的发展。以下将重点介绍为光伏应用提供高功率密度解决方案的在电力电子工业中使用的各种全碳化硅转换器和逆变器。

8.3.1.1　交流升压转换器

为了充分开发利用碳化硅在高功率密度光伏转换器中的潜力，科锐公司设计开发了全碳化硅 10 kW 双通道升压转换器。该转换器的设计包括一个 Gen. Ⅱ 1 200 V、80 mΩ MOSFET（C2M0080120D）和一个 5 kW 通道的 1 200 V/10 A 的 SBD（C4D10120D），其减少了组件的数量和材料的使用。对于任何电力电子转换器，系统能量密度的交换频率是决定磁性元件（电感器）大小的关键。对于相同的额定功率值，与低频电感相比，高频电感的形状因子（form factor）要小得多。[94]

碳化硅 MOSFET 的单极特性有利于高频功率转换器的发展，从而能够降低系统的尺寸、重量和成本，同时能够具有比硅 IGBT 更好的性能。有研究人员使用碳化硅 MOSFET 和硅 IGBT 设计了额定输入电压为 450 V，额定输出电压为 650 V，转换频率分别为 100 kHz 和 20 kHz 的升压转换器。通过研究比较不同半导体材料制作的转换器随器件切换条件变化的效率与负载的关系可知，尽管碳化硅转换器的转换频率为硅转换器的 5 倍，但其最高效率仍达99.3%，这表明碳化硅 MOSFET 的开关损耗较低，这正是高频开关运行的关键因素。半导体内部的损耗会转化为热量，从而提高器件的结温。满载运行时碳化硅 MOSFET 和硅 IGBT 的热图像显示（数据收集的环境温度为 25 ℃，没有散热器冷却情况下），碳化硅 MOSFET 的运行温度（90.6 ℃）比硅 IGBT 的运行温度（131.5 ℃）低约 40 ℃。由于具有高的热传导效率，碳化硅的器件损耗很低、传热能力优良，因此不需要笨重的散热片冷却，从而降低了综合使用成本。

富士电机公司开发了一种额定功率为 83 kW 的四相交流升压转换器用于光伏应用。该转换器基于全碳化硅设计以增加功率密度，其转换频率为 20 kHz。即使增加了升压滤波电路，系统的体积仍然只增大为原来的 1.6 倍，功率却增加了 1 倍，功率密度增加了 25%。升压转换器的加入也使系统的效率从 98.4% 提高到了 98.8%，该转换器的 12 个单元可串联用于 1 MW 光伏应用。

8.3.1.2　光伏逆变器

APEI 和科锐公司开发了 5 kW 的三相全碳化硅逆变器，该逆变器采用了 XT-1000 半桥 MOSFET 模块，额定参数为 1 200 V/160 A。虽然该逆变器不是专门为光伏应用而设计的，但它能够证明碳化硅功率器件可以在缩小系统规模的同时提高其效率，该系统的转换频率为 50 kHz。图 8 - 14 为 5 kW 三相逆变器完成后的样机及其内部组件。碳化硅逆变器相比硅基逆变器的损耗降低了 27%。图 8 - 15 为硅基和碳化硅基逆变器系统之间的关键性能参数的对比。

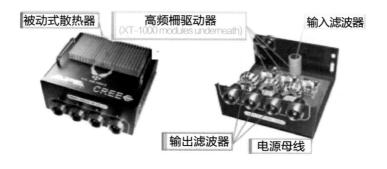

图 8 - 14　5 kW 三相逆变器及其内部结构

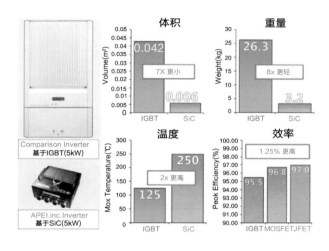

图 8 - 15　硅基和碳化硅基逆变器的关键性能参数对比

富士电机开发了 20 kW 的三相逆变器，该逆变电路采用三电平中性点钳位法实现。转换频率为 20 kHz，主电路效率为99%，由于设计采用了全碳化硅器件，最终的原型机的物理尺寸比它的硅基器件版本缩小了 25%。该逆变器的电路板和成型样机如图 8 - 16 所示。

图 8 - 16　富士电机用铜线键合的用于光伏应用的碳化硅20 kW逆变器电路板及成型样机

商用光伏装置的额定功率通常为 100 kW ~ 1 MW，其中包括屋顶应用，为了迎合大功率光伏系统的使用需求，科锐公司开发了一个 50 kW 的光伏逆变器样机系统，这是市场上为数不多的具有 1 kW/kg 能力的全碳化硅逆变器，大多数商业逆变器单位重量功率（比功率）为 0. 38 kW/kg 或更少

（如 KACO 的蓝星 50 kVA TL3 MI 逆变器系统仅为 0.29 kW/kg），且均为基于硅 MOSFET 或 IGBT 设计的。

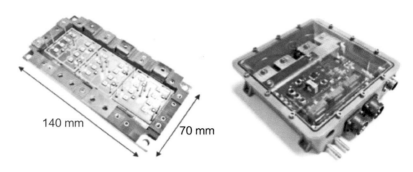

图 8-17　基于碳化硅 JFET 封装的电源模块及带液冷的 50 kW 碳化硅逆变器

科罗巴电力科技集团（GPTG 公司）同样开发了一种三相全碳化硅逆变器，适用于包括光伏系统在内的各种场合应用。该逆变器的额定功率为 30 kW，峰值功率为 50 kW。该逆变器基于碳化硅 JFET 功率模块设计，额定参数为 1 200 V/100 A，如图 8-17 所示，其最高耐受温度可达 200 ℃。功率模块封装集成了碳化硅 SBD，并配置了液冷（水/乙二醇）散热，最大冷却温度为 95 ℃，运行可靠。该逆变器系统在 10 kHz 的转换频率下，输出功率为 10 kW，效率为 98.5%。高转换频率和系统的液冷配置，帮助逆变器的重量和体积分别下降为 3.53 kg 和 3.6 L，这相当于 8.5 kW/kg 的比功率和 8.35 kW/L 的功率密度，使其可适用于有严格空间限制的场合。

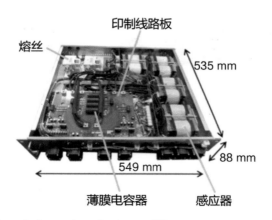

图 8-18　富士电机公司开发的用于 IV 级应用的 83 kW 升压转换器

富士电机公司利用碳化硅 MOSFET 和碳化硅 SBD 研制了一台全碳化硅的用于 IV 级应用的 83 kW 升压转换器光伏逆变器样机，如图 8 – 18 所示。

另有团队研制了 50 kHz 转换频率的 3 级 T 型逆变器，该逆变器由 1 200 V/50 A（C2M0025120D）、1 200 V/20 A（C4120120D）的碳化硅 SBD 和 600 V/16 A 的 SBD（C3D160G0D）以及 25 mΩ 的碳化硅 MOSFET 组成。即使这个逆变器配置类型需要的零件数量高于两级配置的零件数量，但其在高转换频率应用时具有更高的效率。

光伏系统的逆变器部分，包括栅极驱动器、控制器和散热器。为了研究全碳化硅光伏系统相比于硅基光伏系统的优点，开发人员比较了基于两种材料设计的完整的带有外壳的光伏系统和 48.7 kW 负载条件下逆变器的输出波形。从美国科锐公司的碳化硅逆变器与德国 KACO 公司的蓝星 50.0 TL3 逆变器的比较结果（见表 8 – 4）中可以看出，碳化硅光伏逆变器相比于硅光伏逆变器只有不到其 1/3 的重量和 1/2 的外形尺寸，却具有更高的工作效率。

表 8 – 4   科锐公司与 KACO 公司的逆变器的关键性能参数对比

逆变器类型	KACO 公司 Blueplanet 50.0 TL3	科锐公司 SiC PV 逆变器
样式		
全功率 MPPT 电压范围	480 ~ 850 V DC	450 ~ 800 V DC
运行 MPPT 电压范围	200 ~ 850 V DC	400 ~ 950 V DC
独立的 MPPT 输入	1	2

逆变器类型	KACO 公司 Blueplanet 50.0 TL3	科税公司 SiC PV 逆变器
额定输出功率	50 kW	50 kW
CEC 效率	97.50%	97.80%
峰值效率	98.30%	98.70%
功率因子	>0.99	>0.99
输出电压	480 V AC	480 V AC
运行温度范围	−30 ℃～60 ℃（降额 >45 ℃）	−30 ℃～60 ℃（无降额）
冷却	强制对流	强制对流
重量	173 kg	50 kg
隔离变压器	无	无
体积	$0.41\ m^3(840×355×1\ 360mm^3)$	$0.21\ m^3(700×300×1\ 000mm^3)$

上述的升压转换器和逆变器模块都使用了碳化硅功率器件进行开发，这些模块同时也使用了专门的封装技术。这项新封装技术使用铜互连层取代传统的引线键合，使高温和高功率密度的操作成为可能。此外，使用厚铜和氮化硅形成 DBC 基板，可以降低模块的热阻。新封装技术下的额定 1 200 V/100 A 的二合一型碳化硅模块的结构示意图和实物图如图 8 – 19 所示。

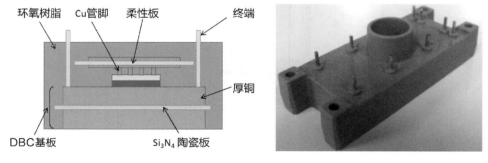

图 8 – 19　无键合线电源模块的结构示意图与 1 200 V/100 A 碳化硅电力模块

在过去的 10 多年中，太阳能逆变器已经朝着更高效率、更高集成度和更低成本的方向发展。碳化硅器件在不同类型的太阳能逆变器中都有被研究并应用。基于碳化硅 SBD 的太阳能微逆变器被证明具有更低的反向恢复损耗和更高的效率。对于应用在屋顶上的太阳能逆变器，有必要控制其比功率在合适的范围内，如 1 kW/kg。而大多数商业化的硅 IGBT 产品不能满足这一要求，它们的比功率通常小于 0.38 kW/kg。为了解决这一难题，Mookken 等提出了一种 50 kW 的碳化硅 MOSFET 光伏串级逆变器，该逆变器显著提高了开关频率，减轻了重量，使之达到了设计目标。目前，开发人员也研制出了基于碳化硅器件的大功率集中式逆变器。如 K. Fujii 等提出了一个 1 MW 的太阳能转换器系统，该系统由全碳化硅功率器件模块的升压转换器和基于硅的三电平 T 型与中点钳位结构组成。在 850 V 条件下，其最大效率达到了 98.8%，这是最大功率范围的上限。与传统的硅基单级逆变器相比，其总效率提高了约 0.5%。2016 年，通用电气在全碳化硅器件单级兆瓦级光伏逆变器上取得了新的突破，根据加州能源委员会（CEC）的报告，该逆变器采用了业界领先的碳化硅 MOSFET 模块和创新的系统工程设计，900 V 条件下的直流输入效率接近 99%。[95]

8.3.2 铁路牵引逆变器

对于在铁路牵引中的应用，具有低功率损耗、轻重量、高额定电压、高耐温性的逆变器是首选。缩小牵引系统的重量和尺寸，可为乘客留下更多的空间。根据逆变器的电压等级和采用的器件，铁路牵引逆变器可配置为两级或三级结构。传统上，由于硅 IGBT 的开关频率范围有限，因此三级结构是较好的选择。日立公司（Hitachi）开发了基于 3.3 kV/1 200 A 的硅 IGBT/碳化硅 JBS 的两级牵引驱动系统，减少了 35% 的总损耗，并且使系统的重量和体积缩小了 40%。三菱公司已成功开发出全碳化硅器件的 3.3 kV/1 500 A 牵引逆变器，包括用于大阪电气化铁路的 1.5 kV 直流输入系统的两级逆变器和用于日本中部铁路的 2.5 kV 交流输入系统的三级逆变器。图 8 - 20 展示了世界上第一个全碳化硅器件的牵引系统，该系统是为日本中部铁路 N700 新干线高速列车开发的。与原有的设计相比，该逆变器重量减少了 35%，同时体积缩小了 55%。

图 8-20　世界上第一个全碳化硅器件的牵引系统

8.3.3 不间断电源

不间断电源（UPS）的高效率、高功率质量和高功率密度特性是其系统创新的主要驱动力，特别是双转换在线式 UPS。UPS 位于用户（电力采购）端，这意味着电力转换阶段的电力损失成本（如电费）是生产端资本损失成本的 2~3 倍，这对高效碳化硅转换器来说是一个很大的优势。更高的效率意味着更少的用电量和更低的冷却要求，因此，总成本可以更低。UPS 的另一个优势是，该系统通常用于办公大楼、工厂大楼或数据中心，这些地方的建筑空间非常昂贵，因此极其需要一个紧凑的、高功率密度的系统。对于采用硅基三级转换器结构的 250 kVA UPS 系统，其在 50% 负载（正常工作点）下可达到 96% 的效率。当系统采用碳化硅器件时，高效的两级解决方案即可满足使用要求。研究表明，在两级碳化硅 UPS 中，32 kHz 开关频率下可获得 97.6% 的效率，而在三级硅 UPS 中，16 kHz 开关频率的效率为 96%。东芝（Toshiba）在 2015 年发布了其全碳化硅器件的 UPS G2020。G2020 比前一代 G9000 系列的封装尺寸缩小了 17%，重量减轻了 18%，最高效率达到了 98.2%，这在业界的双转换 UPS 中是最高的，其转换损耗降低了近 50%，在 30%~75% 的宽负载范围内可提供 98% 的效率。三菱公司也推出了性能相近的 500 kVA UPS（顶峰系列），并且正在开发更高额定功率（如 750 kVA）的 UPS 系列。

8.3.4 电动汽车

碳化硅器件是高功率密度的推动者，高功率密度在电动汽车电力电子电路中是最重要的要求，其重要性几乎与成本相当。2013 年 EV Everywhere Challenge 宣布可以使用碳化硅功率器件使电动汽车的尺寸缩小 35%，重量减轻 40%。随着这些器件成本的下降，越来越多的电动汽车制造商将使用碳化硅器件。丰田公司展示了一种全碳化硅器件动力控制单元（Power Control Unit，PCU），在近期可能应用在汽车上，目标是将 PCU 的尺寸缩小 80%。图 8-21 展示了丰田生产的高度紧凑的碳化硅 PCU 原型。福特汽车公司的研究结果表明，使用碳化硅 MOSFET 可以减少 40% 的开关损耗，整体燃油效率可以提高 5%。电力电子电路的电气驱动系统通常包括用于增加蓄电池电压（目前达 700 V）的降压/升压和直流—直流转换器（目前仅用于混合动力电动汽车），用于辅助负荷的直流—直流转换牵引逆变器（14 V 和 42 V 的高压总线转换）和一个车载充电机（On-board Charger，OBC）。

图 8-21　丰田生产的高度紧凑的碳化硅 PCU 原型

降压/升压转换器可以在几万赫兹的高频下工作且具有更高的额定电压

（1.2 kV），例如，在 100 kHz 下运行的 20 kW 降压/升压转换器。目前碳化硅器件是这种应用的理想选择，在高频工作下的滤波器元件可以做得更小，从而具有更高的功率密度。为了使其在高频下工作，功率器件的封装设计必须达到使最小寄生电感的数量级小于 10 nH 的要求。丰田公司表示，只要用碳化硅 SBD 替换硅 PIN 二极管，升压转换器的损耗就可以减少 30%，从而使效率提高 0.5%。

牵引逆变器不需要较高的开关频率，但如果其具有较低的开关损耗和导通损耗，将带来较低的损耗和散热要求。额定电压为 900 V 和 1 200 V 的碳化硅器件是理想的牵引逆变器功率器件。有观点认为，要获得更低的损耗和更高的效率，牵引逆变器的直流母线电压要比目前的 700 V 更高，为匹配原有的应用场景，牵引电机的体积变化不能太大，因此其结构需要更紧凑以提高功率密度，获得同等的功率水平。

辅助负荷的直流—直流转换器有高电压接口和低电压接口（14 V 或 42 V，或两者都有），这需要有与之相连的高压和低压器件。高压器件的最佳选择是基于碳化硅的电源开关。直流—直流转换器使用碳化硅制作，可使器件在更高频率下工作，且最终的体积比目前可用的非碳化硅器件体积小得多。

现在的 OBC 是为有线连接设计的，但未来版本将有有线和无线两种选择，或两者都有，典型的 OBC 需要高频开关器件。丰田公司和 APEI 展示了一种 6 kW 的碳化硅 OBC 系统，在 250 kHz 时其转换效率为 95%，功率密度相比硅基器件提升了 10 倍。在另一研究中，作者展示了一个 6.8 kW 的碳化硅基集成充电机，其效率提高了 2%，组件数量减少了 50%。由于碳化硅器件比相应的硅器件要小得多，因此很难根据需要对它们进行可靠的封装和冷却。在电动传动系统技术中，双面封装是发展趋势，这样可以消除导线黏结，提高冷却效率，减少寄生电感，如图 8－22 所示。最新版本的丰田混合动力电动汽车和第二代雪佛兰沃蓝达就使用了双面封装。与双面封装制造相关的可靠性和可重复性问题仍需要关注。

图 8-22　针式散热的双面封装器件

8.3.5 感应加热

感应加热（Induction Heating，IH）技术可以通过使用碳化硅器件来提高其性能和应用范围。谐振功率转换器通常需要在数万赫兹到兆赫兹的频率范围内工作，功率范围从家庭和医疗应用的数千瓦到工业应用的数兆瓦不等。广泛、复杂的使用需求使转换器在恶劣环境下面临阻断电压、开关损耗和操作等方面的挑战，碳化硅器件的特性要与这些需求完全匹配，这为高性能转换器和创新的 IH 应用打开了设计窗口。2014 年以来，多个研究小组报道了一些利用 WBG 器件的优点进行设计的 IH 系统，包括使用碳化硅器件作为升压逆变器（如图 8-23 所示）、交流—交流转换器和双频 IH 系统。[96,97,98] 有研究对采用 BJT、JFET 和 MOSFET 等不同技术的应用进行了比较，证明了 IH 应用的潜在好处。未来 IH 系统面临的挑战主要是基于碳化硅器件设计具有更大额定电压和额定电流的可靠系统。

图 8 - 23　采用碳化硅 JFET 的 6 kW 双输出升压谐振逆变器 IH 设备

8.3.6 高压应用

　　高压碳化硅器件可在更高的电压频率下工作，因此可以实现中压和高频功率的转换。其中一个应用就是固态变压器。图 8 - 24 为基于 15 kV/120 A 的碳化硅 MOSFET 模块设计的 1 MVA 固态变压器。与具有相同额定值的传统变压器相比，其体积缩小了 50%，重量减轻了 75%，且效率达到了 98%。高压碳化硅器件的另一个潜在应用是断路器，碳化硅 ETO 已经应用在中压电网的断路器和混合断路器上。此外，高压碳化硅电力电子集成模块（Power Electronic Building Block，PEBB）正被研究用于一般用途的中高电压应用。[99]

图 8 - 24　基于 15 kV/120 A 的碳化硅 MOSFET 模块设计的 1 MVA 固态变压器

8.4 >>> 碳化硅的量子应用

碳化硅作为一种复合半导体，既包含碳空位（V_C）、硅空位（V_{Si}）缺陷，也包含反位缺陷（Si_C 和 C_{Si}）。研究表明，在富含碳元素的生长环境中容易形成 C_{Si} 反位缺陷，即硅晶格被碳原子占据，而在硅元素比例较高的环境中则容易形成另外一种反位缺陷，即 Si_C 反位缺陷。这些缺陷可以占据由硅碳双原子层堆积而产生的不对称的立方或六方的晶格点，并且具有略微不同的能级，因此可以被频谱分离。对于占据一个以上晶格位置的缺陷，如双空位 $V_{Si}V_C$ 缺陷，这种能级的差异会变得更大。V_{Si} 和 $V_{Si}V_C$ 的光谱特性已被广泛研究，可以得到清晰确认。然而对于许多其他的缺陷来说，其光谱特征和原子特性之间的联系常常难以清楚地确定。

光致发光的研究在优化碳化硅的材料性能和促进其成功商业化方面发挥了重要作用。尽管碳化硅为间接带隙半导体，但其仍具有出色的光学透明性，可以观察到其发射的从紫外波长到电信波长的各种光学活性点缺陷。这些缺陷有许多可被用于电阻率和载流子寿命的控制，或者是用于晶体生长和器件制造副产物的控制。

在单缺陷水平上进行光学处理的各种碳化硅缺陷，包括 V_{Si} 和 $V_{Si}V_C$，可以表现出单光子源（Single Photon Source，SPS）的特性。[100,101] 在新兴量子技术领域中，这对制造具有量子功能的器件有重要的作用。对碳化硅使用化学气相沉积或离子注入，随后使用退火工艺对其进行掺杂，使纳米器件的制造变得可行。碳化硅正在成为实现量子测量和量子技术的主要材料，因为它是 SPS 和量子比特的一种优良的宿主材料。

8.4.1.1 单光子源和量子技术

SPS 发出的光与激光或热辐射产生的光有根本性的不同，其可以用新颖的方式进行调控，因此 SPS 在新兴的量子技术领域中有许多应用，如量子通信、量子密钥分配（Quantum Key Distribution，QKD）、光量子计算、量子计量、量子传感和生物医学成像等。特别地，其可以进行光学处理的自旋可应用于量子计算、量子传感等领域，如高灵敏度磁测、纳米磁共振成像等。在一定条件下，SPS 还可以产生超极化核自旋，用于增强对比磁共振成像。图 8-25 汇总了单光子源和量子技术的一些主要应用。

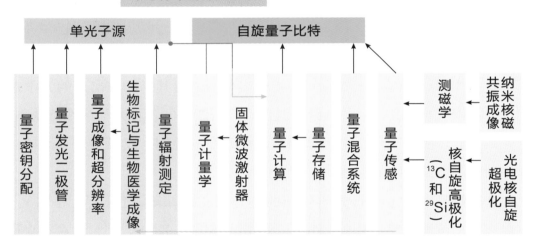

图 8-25　单光子源和量子技术的应用

这些量子技术的核心是处理和控制孤立的量子系统。孤立的量子系统与半导体中的点缺陷之间可以进行类比，因为电活性缺陷的能级位于半导体的禁带内。缺陷的能级可以很浅，靠近导带底或价带顶，例如，用来掺杂半导体的施主和受主杂质所引入的能级。如果能级比这更深，则称为深能级。这些缺陷的量子态代表了量子比特，量子比特是信息的基本单位。

而光子，即所谓的飞行量子比特，是量子密钥分配传输信息和构建/传输纠缠态所需的基本单位。[102]与传统比特相反，它们可以用两个量子态之间的任一相干叠加来描述。

QKD 是一个以 SPS 为中心的领域，它使用安全密钥加密信息，保证了数据通信的内在安全性。密钥在发送方和接收方之间共享，量子编码则基于一些量子特性，比如单光子的偏振态。QKD 基于这样一个事实，即光子的量子态必须在破坏存储信息的情况下才能被复制（无克隆定理）。这一原理不仅被理论化，甚至可以实现商业化，在全球范围内已经进行了 QKD 网络的测试。这些测试中有许多都依赖于强度减弱的激光产生的弱相干脉冲，因为这些弱相干脉冲产生的单光子质量最高。然而当产生的为多光子时，QKD 的安全性就会受到质疑，因为从理论上讲，窃听者可以分离出一个光子进行监测而不被发现，这被称作光子数分裂攻击。虽然这一问题可以通过设置一些协议来对抗，如诱饵脉冲和量子密钥分配协议 SARG04，但是这些会在通信过程中产生更大的损耗。为了避免这种情况，需要使用一个理想的 SPS，同时提供较高的数据传输速率和较高的安全级别。

SPS 的另一个主要应用是线性光量子计算（Linear Optical Quantum Computation，LOQC），其要求更严格，要使发射的光子彼此间不可区分，以确保它们之间的强相互作用。"Hong-Ou-Mandel 可见性"是一个重要指标，即两个光子通过分束器能相互作用和干扰。[103]在 LOQC 中，量子比特逻辑门除了 SPS 和检测器外，还包括分束器。目前，大多数应用依赖于参量下转换产生的 SPS，其中光子对由双折射晶体中的泵浦激光形成。当在微腔中产生 SPS 时，这表明单光子在频率上高度纠缠。如果单光子能够被区分，则晶体缺陷产生的单光子也可用于这一应用。目前具有应用前景的研究是在柱状微腔中产生的 InGaAs 量子点。半导体中的缺陷对于 SPS 的开发具有一定的优势，因为通常在室温下，固态的主矩阵具有极好的稳定性，这些 SPS 可以被集成到纳米光子器件中。因此，它们是非常有希望实现单光子发射的系统之一。

SPS 已经在包括金刚石、碳化硅和氧化锌在内的许多宽禁带半导体中实现。硅材料、碳化硅材料与金刚石的相关性能比较列于表 8 – 5 中。金刚石和碳化硅都具有宽波长范围的光学透明性以及较高的导热性和硬度。值得注意的是，碳化硅材料和金刚石均可通过各向同性纯化来提高自旋相干时间。宽带隙和高德拜温度使这些材料的缺陷性质稳定并具有光学活性，这些材料特性使它们对晶格声子具有很强的抵抗能力。金刚石和碳化硅材料已被证明具有宽波长范围的光学活性缺陷，且有少数表现出 SPS 特性。

表 8 – 5　硅材料、碳化硅材料与金刚石的相关性能参数

参数名称	Si	SiC	金刚石
带隙（eV）	1.1	2.3 ~ 3.2	5.5
硬度（Mohs）	6.5	9.5	10
热导率 [W/（cm·K）]	1.1	3.60 ~ 4.90	10 ~ 25
晶体常数（Å）	5.43	4.36、3.07、10	3.57
密度（g/cm^3）	2.33	3.166 ~ 3.21	3.53
德拜温度（K）	640	1 200 ~ 1 300	2 200
杨氏模量（GPa）	98	390 ~ 450	1 100
击穿场强（$10^5 V^{-1}$）	3	40 ~ 60	
折射率	3.5	2.5 – 2.7	2.4
透光范围（μm）	1.1 ~ 5.5	0.2 ~ 2	0.22 ~ 20

这些宽禁带材料的应用也得到了大型工业的支持，特别是碳化硅材料。碳化硅缺陷由于其发射波长位于近红外波段，非常适合应用于生物传感器或量子通信，因而受到人们的关注。有缺陷的碳化硅是 SPS 的少数候选材料之一，可与金刚石的氮空位（Nitrogen Vacancy，NV）发光中心相媲美，在量子传感中可作为量子比特和量子计算的构建模块集成到发光二极管中。然而，开发一个可行的量子计算和量子通信平台仍然面临重大挑战。

以下将简要介绍 SPS 的相关信息及一般特性，并重点介绍碳化硅半导体缺陷的来源。

8.4.1.2　单光子源的形成

SPS 的形成是其能被有效使用并被集成到器件中的一个重要因素。特定的缺陷基 SPS 的形成方法涉及最优化处理，点缺陷可以通过生长或辐射过程引入材料中。缺陷既可以随机放置，也可以在一定程度上精确放置，以下将简要介绍其中的一些方法。

如上文所述，生长制备的碳化硅含有低密度的点缺陷以及杂质的外延复合物，这些缺陷在晶体生长过程中会不可避免地出现，但可以通过工艺改造改变材料的电学性能。这些低密度的缺陷非常适合作为 SPS 使用。有研究人员综述了碳化硅点缺陷的主题研究，包括碳化硅点缺陷的形成和特征。[104]

通过高能电子或离子的辐射可以更精确地控制缺陷的位置和密度。加速粒子通过独立的电子或核的相互作用将能量传递给目标晶格。后者是离子与目标原子核的小角度散射碰撞引起原子位移的主要原因。被移动的原子随后可能会处于一个非晶格的位置上，成为一个间隙缺陷；如果给予的能量足够，将会依次置换其他原子。被移动原子的初始位置将留下一个空位缺陷。因此，一个位移可能产生一个空位—间隙缺陷对。

粒子轰击材料的过程是随机的，因此像 SRIM 这样的程序必不可少，通过该程序可以估计离子的范围和浓度分布。[105] 然而，离子注入对离子的浓度、质量、能量及衬底类型和温度等参数有很强的依赖性，因此，预测离子注入过程中产生的损伤的性质是一个更复杂的问题。缺陷形成后可能还需要进行相应的退火工艺，以促进缺陷的扩散和相互作用，形成特定的缺陷。关于各种缺陷的上述参数的探讨正在不断地发展和完善，对于某些缺陷，在硅、金刚石和碳化硅中形成单个缺陷方面的研究已经取得了显著进展，并有了相关报道。

8.4.2　碳化硅单光子发射种类

单光子发射可以通过单个原子或分子、量子点或半导体中的单个缺陷实现。已有越来越多的缺陷被分离并显示出 SPS 特性。值得注意的是，目前在室温下最亮的 SPS 是在碳化硅中形成的。许多在近红外光谱（Near Infrared，NIR）中发射的其他 SPS 也是具有应用前景的自旋量子比特。表 8-6 比较了碳化硅与其他一些重要材料中的 SPS。

表 8-6　碳化硅与其他一些重要材料中的 SPS 的比较

缺陷种类	材料	λ（nm）	光谱宽度（nm）	寿命（ns）	计数率（cs⁻¹）
$C_{Si}C_V$（体材料）	4H-SiC	670 ~ 710	>100	1.8	2 M
$C_{Si}C_V$（纳米颗粒）	3C-SiC	600 ~ 800	>100	2.1	7 M
表面相关的光致发光	3C-,4H-,6H-SiC	520 ~ 800	可变	1 ~ 3	340 ~ 820 k
表面相关的电致发光	4H-SiC	545 ~ 850	可变	2 ~ 5	>300 k
V_{Si}	4H-, 6H-SiC	860 ~ 910	>100	5.3	10 ~ 40 k
$(V_{Si}V_C)^0$	4H-SiC	1 079 ~ 1 131	2	14	3 ~ 5 k
NV^-	金刚石	638	100	12	170 k
SiV	金刚石	740	10	1.5	4.8 M
Cr 相关的	金刚石	749	4	0.9	0.8 M
N_BV_N	六方氮化硼	623	4 ~ 50	3.1	4.3 M

8.4.2.1　可见光单光子源

碳化硅中 SPS 的发现和制备是单光子源的一项重要进展，而且直到 2014 年才实现。[106] 该方法采用高能电子辐射加上退火工艺在高纯半绝缘（High Purity Semi-Insulating，HPSI）4H-SiC 中生成了缺陷，形成了从集合体到单个缺陷（缺陷可以用共聚焦显微镜单独观察）范围的缺陷密度。$g^{(2)}(\tau)$ 的测量表明，当 $0 \leqslant \tau < 0.5$ 时，这些单光子发射体表现出良好的光子统计性能，典型寿命为 1.2 ns，加上 70% 的高内部量子效率，这些缺陷的 SPS 亮度最高，SPS 饱和计数率高达 2 Mcps。在可见光区域光谱内发现的光子发射类似于金刚石的 NV 中心。尽管具有这些良好的性能，许多

缺陷仍然会出现闪烁现象，该现象可以通过在 800 ℃ 高温下进行退火得到部分抑制，且大多数 SPS 在此温度下是稳定的。该缺陷的零声子线（Zero Phonon Line，ZPL）问题不能在室温下解决，但可以使用不同的激发波长选择性地激发缺陷，绿光激发下的缺陷密度要大于红光激发下的缺陷密度。

虽然单光子源的高发射率和量子效率具有很好的应用前景，但是光谱的可变性使其集成到光子电路或腔体中仍然面临挑战。最近提出的一种类似 SPS 的现象是一项重要进展，在该工作中，缺陷在氮气和氢气的气体环境中于 600 ℃ 高温退火条件下产生，由此产生的单光子发射表现出的特性与表面氧化后观察到的非常相似，而且重要的是，其光谱变化更小。

8.4.2.2 碳化硅四脚体

在碳化硅中实现单光子发射且不依赖于特定缺陷产生的一个方法是使其生长为碳化硅四脚体（tetrapods）。[107] 这种纳米结构由 1 个 3C-SiC 核组成，核被 4 个 4H-SiC 脚包围。首先，将碳基金刚石结构中最小形式的金刚烷种子嵌入二氧化硅衬底上的含硅溶胶—凝胶的基质中，然后通入甲烷氢等离子体，通过等离子体增强化学气相沉积生长就可以合成四脚体，如图 8 - 26 所示。

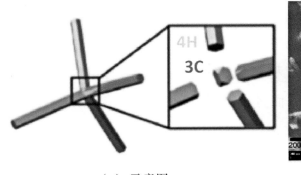 

（a）示意图　　　　　　　　　　（b）电子图像

图 8 - 26　碳化硅四脚体的结构示意图和电子图像

在光激发下，在碳化硅四脚体的导带和价带中会分别产生一个电子和一个空穴，从而形成一个局限于四脚体核心区域的激子，激子的复合会在可见光谱区产生一个光子。碳化硅四脚体电子结构类似于块体 4H-SiC 中的 3C 夹杂物，产生了预测的在可见光谱区的发射，该发射取决于核心区域（或夹杂物区域）的大小。

事实上，已有研究测试了单个四脚体的单光子发射。在可见光谱区，大多数发射特性与前面提到的可见光单光子发射体相似。其激发态寿命 $t_L = 4 \pm 2$ ns，发射完全极化，位于红色波段光谱区域的光谱发生了很大的红移。四脚体和可见光单光子源在块状和纳米晶体之间的主要区别是其发射线宽即使在室温下也很窄。狭窄的线宽具有很大的价值，因为这使单个四脚体具有可分辨性，可以被用作可追溯的、高分辨率的生物标记。

虽然合成碳化硅四脚体是一种很有前景的新工艺，但尚不清楚其发射是与缺陷处发生的复合过程有关，还是与量子限制效应有关。

8.4.2.3　硅空位缺陷

带负电荷的硅空位缺陷 V_{Si} 由于具有可寻址的自旋态，受到了很多关注，它可以用于高灵敏度、纳米级的磁测和温度传感，以及室温下的固态微波激射的应用。此外，如果是分立的量子态，它也可以作为具有长相干时间的单缺陷自旋量子比特使用。硅空位缺陷电子能级的基态和激发态具有四重的自旋多重性（自旋角动量 $S = 3/2$），在 4H-SiC 和 6H-SiC 中，会在 860 ~ 910 nm 的近红外处发生辐射跃迁，跃迁波段取决于它占据的晶格位置。此外，还存在从激发态到亚稳态的非辐射跃迁。这种倾向搁置状态的系际交叉强烈依赖于自旋状态，而且可以实现光学读取并控制缺陷的自旋。

近红外的光子发射可以有效穿透有机组织，因此有望将其用作单光子源，用于生物成像和传感。而且其激发态寿命较短，为 5.3 ~ 6.1 ns，因此可以实现高频单光子发射。此外，其发射波长较长，因此制造要求可放宽，将该单光子源集成到腔体中是可行的。也有研究表明，该缺陷在电致发光

（Electroluminescence，EL）中同样具有光学活性。

尽管孤立的 V_{Si} 缺陷的寿命很短，但其饱和计数率仅为 10 kcps，在用固体浸没透镜增强时也只有 40 kcps。考虑到 Fuchs 等报道的跃迁概率，V_{Si} 缺陷的低饱和计数率表明其辐射跃迁的内部量子效率较低，不能满足量子信息技术中对 SPS 的高保真要求。然而，由于其发射波长较长和已经在整体水平上获得了单个缺陷，这使将 SPS 集成到光子晶体腔中成为可能，并且可以通过 Purcell 增强进一步提高其辐射跃迁概率。[108]

8.4.2.4　双空位缺陷

有望作为自旋量子比特的另一种缺陷是中性电荷的双空位缺陷$V_{Si}V_C$。与 V_{Si} 缺陷相似，双空位缺陷也具有可进入的自旋次能级。它已被分离到单缺陷水平，从而能够作为单光子源使用。单缺陷的光学分离首先通过电子辐射形成空位，然后在氩气中于 750 ℃ 的温度下退火，使空位迁移形成双空位。市售的晶片中也存在这种缺陷，其 SPS 发射大约位于 1 100 nm 处的近红外区域，这取决于缺陷在多型体和晶格中占据的位置。发射波长处于近红外区域使双空位缺陷也有望用于细胞内的传感应用。最重要的是，该发射波长相对接近于光纤的最小吸收值范围，这与可见光单光子发射体相比具有很大的优势。

SPS 在近红外波长发射的一个不足是在这个光谱区域内缺乏低成本、高效率的单光子探测器。当波长超过 1 000 nm 时，硅基单光子计数器基本没有检测效率。唯一能够使检测效率接近统一并同时具有低的暗计数率的探测器必须被冷却到低温时使用。此外，由于存在多声子弛豫过程，近红外的非辐射衰减率可能更高。在室温下，还没有观察到双空位缺陷的单光子发射。此外，与碳化硅中的其他发射体相比，双空位的激发态寿命相对较长（$t_L = 14 \pm 3$ ns），因此其计数率非常低，只有 3 ~ 5 kcps。目前尚不清楚这是由非辐射衰变的强烈竞争还是在近红外波长区域的实验条件导致的。

重要的是，由于发射波长较长，将单个 $V_{Si}V_C$ 缺陷集成到腔体中是非常可行的，而且已经在整体水平上得到了证明。用于近红外发射的光子晶体腔的制备在碳化硅中已经取得了很大的进展。[109]

8.4.2.5　单光子发射二极管

如果可以用电来驱动，那么 SPS 的实用性将得到极大的增强，并且可以将其集成到复杂的体系结构中。缺陷基 SPS 的电激发原理是基于在施加正向偏压下，注入 PN 结复合区的电子和空穴间接复合产生的电致发光（EL）。对于位于该区域的缺陷，其带隙电子和空穴具有足够深的能级，可以形成稳定的缺陷束缚激子（Defect-bound Exciton，BE），这些 BE 在缺陷位置可能发生辐射复合。如果单缺陷的电驱动发射可以通过空间或光谱滤波的方法从光学上进行隔离，那么这种器件可以称为单光子发射二极管（Single-photon Emitting Diode，SPED）。在 SPED 的制造方面，碳化硅具有成熟的制造工艺，因此在这方面具有优势，可以超越其主要的竞争者金刚石。值得注意的是，在20世纪90年代氮化镓 LED 引入之前，碳化硅是第一个观察到 EL 的材料，而且商用碳化硅二极管已被用于蓝光 LED 领域。

SPED 可以利用狭窄的电脉冲来产生近乎确定的单光子。第一个发布的脉冲室温 SPED，是通过使用脉冲发生器在峰值电压为 10 V 的正向偏压下施加 10 MHz 的 20 ns 电压脉冲来注入载流子的。典型的 $g^{(2)}(\tau)$ 脉冲发射由周期性的相关峰指示，零级峰值的高度 $g^{(2)}(t=0)<0.2$，明确显示了单光子发射特征。$t=0$ 时峰值的非零值可能由上文所述的离子注入损伤产生的 D_I（Ion Implantation Damage）中心的背景 EL 导致，该值可能可以通过优化器件的几何形状得到进一步降低。在这些条件下测得的计数率为 12.2 kcps。系统中的检测效率、收集效率和缺陷光子生成效率分别表示为 η_{det}、η_{col} 和 η_{def}。η_{def} 的估计值为 48%，η_{det} 为 53%，η_{col} 为 3%。由于该器件尚未处于饱和状态，因此该效率可能与缺陷的有效复合率更相关，而不是其固有的量子效率。410 MHz 的激发重复频率降低了计数率，但如果集成到腔体中或固体浸没透镜中则可能会得到改善，因为 η_{col} 决定了整个系统的

效率。

　　为了将 SPS 集成到大规模的光子电路中，与泵浦激光和光子收集相关的外部光学器件必须最小化或消除，以实现有效的放大。这是因为驱动 SPS 需要高的光密度，以及在电路的其他区域需要抑制这些泵浦光子。

　　电驱动的室温下的单光子发射可以由有机分子、量子点、金刚石和碳化硅等材料实现。在这些材料中，金刚石的电中性的 NV 中心值得一提，因为它的电子和原子结构已被熟知。在碳化硅中实现 SPED 的概念最早由 Fuchs 等人提出，他们研究了在 6H-SiC 二极管结构中电激发缺陷的可能性，并且发现了两种具有前景的能够产生 EL 信号的缺陷，即硅空位缺陷 V_{Si} 和 DI 中心。然而到目前为止，这些缺陷还没能通过电激发被分离到单个缺陷水平上。迄今，碳化硅中 SPED 唯一的成功实现是由 Lohrmann 等人完成的。他们通过将离子注入轻度掺杂的 4H-SiC 和 6H-SiC 高质量外延层中，制备了垂直堆积的 PIN 结。如果使用良好的制造工艺，生产的 PIN 结可以具有低起始电压和高整流比等高质量。当施加大于 3.1 V 的偏压时，可以观察到高掺杂区附近的碳化硅表面单缺陷的强电致发光。

　　尽管 SPED 与其他 SPS 相比具有良好的属性，但在许多与量子信息技术相关的应用中，其自发辐射率和光子产率与传统光源相比仍然很低。因此，必须进一步将这些 SPED 与纳米/微米腔或等离子体结构相结合，这样不仅可以提高发射效率，还可以提高收集效率。这种方法的主要缺点是发射源的光谱会发生变化。因此，如果要与现有的技术相竞争，就需要改进这些缺陷的性质，使它们能够在更窄的波长范围内产生，并制造针对这些缺陷进行优化的光学腔。

通过空腔量子电动力学（Cavity Quantum Electrodynamics，c-QED）可以描述一个色心或量子点在与发射波长相当体积内的单光子自发发射。c-QED 的一个基本结果是会使自发发射率 γ 如 Purcell 因子描述的那样得到增强。SPS 在块状材料中的发射特点为具有因材料固有特性导致的低定向性，因此不可将其直接用于具有高收集率和耦合率特点的长距离量子通信光纤网络。但是，利用纳米或微米腔体可以将单光子发射增强为一个单一的、良好的空间模态，提高光子的发射速率，并在强耦合状态下实现光跃迁和腔模之间的相干作用。

如上文所述，碳化硅缺陷（如 V_{Si} 和 $V_{Si}V_C$）的自发发射率较低，不利于高频 QKD 的应用，这也给基于单缺陷的量子传感应用带来了重大的挑战。迄今为止，在将单缺陷集成到光学器件方面，碳化硅还没有取得多少进展。然而，碳化硅光子晶体纳米腔（Photonic Crystal Nanocavity，PhC）已经实现了极高的品质因子（quality factors，Q 值），在 SPS 集成方面表现出巨大的潜力，如果将 SPS 集成到腔体中，将有利于自发发射率 γ 的增强。与硅和砷化镓等更常见的材料相比，碳化硅仍具有优势，其具有更大的带隙，在高输入功率下可以抑制双光子吸收。此外，由于具有良好的光谱透明度，碳化硅即使在可见光区域也可以提供宽频操作。

在本节中，将讨论碳化硅光子器件的制备进展，如光子晶体纳米腔和微谐振器，以及将 SPS 和单缺陷有效集成到这些器件中的可能的方法。

8.5.1 光子晶体纳米腔

纳米光子结构的形成关键在于产生高的 Q 值和小的腔模体积，以保证集成的缺陷和腔模之间具有强耦合作用。在硅材料中已获得光子晶体技术在电信波长下的最佳实验结果，其 Q 值超过 6×10^5。与此相比，碳化硅基纳米腔仍处于发展的早期阶段，但相关研究进展迅速，最近已进行了大量的研究。

实现腔结构的一个核心要求是要在水平面上形成抑制光的薄膜。在碳化硅中制备薄膜的方法有很多，选择何种方法取决于所用的碳化硅晶型。目前在这方面使用最多的晶型是 3C-SiC，因为在商业应用中它可以作为生长在硅上的高质量异质外延薄膜使用。这些薄膜的厚度通常只有 1 μm，并且可以通过 SF_6 和 Ar/Cl_2 的电感耦合等离子体蚀刻或通过氟基等离子体（CF_4/O_2）的电感耦合等离子体反应离子蚀刻将其进一步减薄到 200 ~ 300 nm。另外，通过传统的干法或湿法化学蚀刻，例如，在 HF/HNO_3 的溶液中，可以蚀刻薄膜的底部来制备独立的薄膜。

除了纳米腔的设计外，材料性质和制造方法也是需要重点考虑的因素。晶体内部的表面缺陷和吸收会增加光吸收和腔损耗，从而降低 Q 值。迄今为止碳化硅的最高光学 Q 值是在无定形碳化硅中获得的，是在单晶金刚石中获得的最佳值的 30% 左右。

PhC 一般通过电子束光刻（Electron Beam Lithography，EBL）或聚焦离子束（FIB）加工产生，在这过程中将有规则图案的孔洞蚀刻到衬底上，形成了折射率的强烈反差，制造流程如图 8 - 27 所示。EBL 图案可以首先通过湿法和干法蚀刻技术转移到金属或二氧化硅掩模上，再使用 RIE 工艺将图案转移到碳化硅薄膜上。设计孔的大小和位置会产生光子带隙，导致电场在特定方向上的传播中断。可以在无孔洞的结构中创建引导模，保持材料的完整性，从而允许光场沿着这条路径自由传播。光子晶体腔的质量很大程度上取决于制造的精度，即使是很小的意外错位或不规则也会导致腔体 Q 值的显著降低。

在可见光谱区制备碳化硅的 PhC 需要高分辨率的 EBL，且光子晶格常数范围应为 150 ~ 600 nm 以产生 550 ~ 1 450 nm 的共振波长。随后采用底切工艺制造独立的膜结构 ［图 8 - 27 （a）和（c）］ 或盘结构 ［图 8 - 27 （b）和（d）］，这对于在硅上生长的 3C-SiC 来说是相对容易实现的。对于其他的碳化硅晶型，制备 PhC 的一种方法是使用通过智能切割技术制作的绝缘体上碳化硅（SiC-on-insulator，SiCOI）晶片，但是此时需要注入氢或氦，然后进行高温退火以形成一个平行于表面的分裂面。注入过程会对晶片造成损伤，可能会影响 SPS 的集成。另一种可能的方法是对选择的区域进行 N 型或 P 型掺杂，随后进行光电化学蚀刻，这样可以在垂直堆叠的 N-P 或 N-P-N 结中制备薄膜。近年来，在不同晶型的碳化硅中实现了不同类型 PhC 的制备，腔的共振波长在较宽范围内。

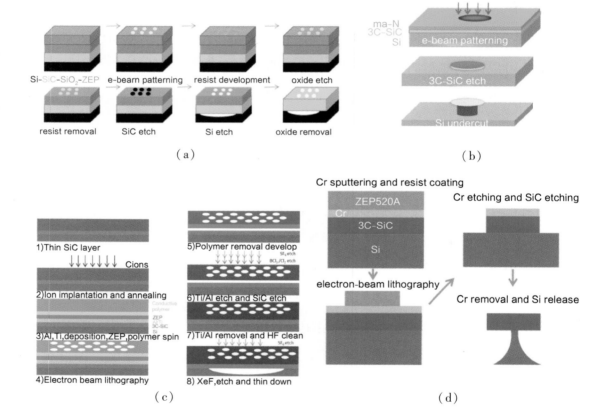

图 8-27　在 3C-SiC 中制造 PhC 的工艺流程［（a）和（c）为独立的膜结构，（b）和（d）为盘结构］

目前，在 6H-SiC 的 SiCOI 异质结构的纳米腔中实现了二维 PhC 在电信波长下最高的 Q 值，并且可以观察到二次谐波的产生。虽然该纳米腔的 Q 值仍然很低，但它们可以用于变频应用中。在 3C-SiC 和 4H-SiC 的一维 PhC

中可以获得更好的 Q 值和更小的模体积。在其中一种 PhC 中，纳米腔由椭圆孔和圆形孔组成，可在 700 nm 的可见光波段下工作，该波长与 4H 和 6H 晶型中观察到的明亮的 SPS 发光波长差异不大。此外，基于腔体的反应离子蚀刻和激光辐射工艺，已经开发出了调控腔体共振频率的方法。基于光电化学（PEC）的蚀刻方法，在 N 型 4H-SiC 中获得了其可见光范围内最高的 Q 值，是单晶金刚石的一维 PhC 的 23% 左右。由此可见，制造方法和材料都可能引入过多的光损耗。

高 Q 值的光学微谐振器对增强小体积内部的光场有重要作用。它们可以应用于量子光学领域，提高 SPS 的效率并实现芯片上的纳米光子学、非线性光学和腔体光学力学。特别在后两种应用中，底层材料起着至关重要的作用，因为这些效应依赖于材料的非线性光学性能和机械性能。碳化硅具有高的导热系数 [320~490 W/（m·K）]，因此它可以承载高的光学功率，同时还具有高达 450 GPa 的杨氏模量，这些特性十分有利于制造高频的光学—机械振荡器。

因为很容易在硅上生长 3C-SiC 并对其进行底切加工，所以大多数光学微谐振器均已在这种晶体中实现，且共振发生在电信窗口（~1 550 nm）。到目前为止，在 3C-SiC 中报道的最佳 Q 值为 5.12×10^4，并且已经在微盘架构中实现，通过优化蚀刻配方将侧蚀降至最低，该值可以得到进一步提高。悬浮环形谐振腔的 Q 值略低，为 1.4×10^4。需要注意的是，虽然这些设计的共振主要集中在电信波长，但是近红外发射缺陷（如双空位）的集成也是高度可行的。

针对可见光谱区的发射，通过 3C-SiC 制备微盘谐振器越来越容易受到加工缺陷（如粗糙的侧壁）的影响，同时也会受到表面质量和粗糙度的影响。因此，在可见光区域，3C-SiC 获得的最高 Q 值仅为 2.3×10^3。另外，它获得了目前模体积的最小值，理论计算值为 $V \in [1.8, 4.6] \times (\lambda /n)^3$。由于在红色光谱区具有最高的 Q 模，这些结构非常适合用于与表面相关的 SPS 的集成。

不同于 3C-SiC，基于 4H-SiC 的设计具有因同质外延生长带来的高结晶质量的优点。因此，通过 4H-P-N PEC 蚀刻制备的谐振器在可见光谱区的共振具有更高的 Q 值。有趣的是，不同于先进的 EBL 制作工艺，其制作过程使用微球作为掩模，位于可见光谱区 PL 的 Q 值为 9.2×10^3。当前的最高 Q 值（1.3×10^5）在 a-SiC 中实现，通过改进蚀刻工艺和材料，可以实现单缺陷和单光子源的高协同因子，a-SiC 在电信波长上可以具有比金刚石更高的 Q 值。

8.5.3 单缺陷集成

将 SPS 和单自旋缺陷集成到器件中有两种主要方法：一种是围绕缺陷构建器件，另一种是将单缺陷确切地放入器件中。以确定的方式将杂质引入晶格形成缺陷的方法可能更可行，尽管这一点还没有在碳化硅上得到证明，但很多关于金刚石和硅的研究表明这种方法可以很容易地用在碳化硅上。这些缺陷在光照条件下的光学探测磁共振（Optical Detection Magnetic Resonance，ODMR）或电子顺磁共振（EPR）实验中表现出光致自旋极化的特性，因此有望成为可扩展自旋电子学的研究对象。

将单缺陷以纳米精度集成到 PhC 中的方法可能包括经由光刻形成的纳米孔进行靶向植入，如在碳化硅中所研究的那样。在使用共聚焦显微镜定位缺陷后再进行 FIB 蚀刻或标准的光刻工艺，可在缺陷周围制造空腔。集成时不仅要关注缺陷的引入，还要考虑该方法的兼容性以及缺陷热稳定性对器件可能造成的影响。这些将单缺陷以确定的方式集成到 PhC 的方法已经获得了很大的发展，并且已经在金刚石中得到了证明，应该能够用一种简单的方式扩展到碳化硅上。[110]

目前，电子和中子辐射已被证明可以用于碳化硅中，形成基于 $V_{Si}V_C$ 和 V_{Si} 的 SPS。这些技术虽然适用于缺陷的确定放置，但同时由于这些缺陷是内部缺陷，因此限制了该技术在碳化硅中只形成一种缺陷的可能性。表面相关的 SPS 具有较低的面密度，因此无法达到一个高的精确度。尽管存在这些限制，仍然有可能使用低能聚焦离子束或 EBL 方法在缺陷位置的周围制造腔结构，这就需要精确地对准每个发射体。或者可以选择纳米晶体或碳化硅四脚体中的单缺陷，将其置于腔顶部，以达到精确控制的目的，这已经在纳米金刚石的 NV 中心中得到证实。

8.6 ▶▶ 碳化硅器件的可靠性与发展趋势

8.6.1 ▶▶ 碳化硅器件的可靠性

碳化硅功率 MOSFET 的技术发展迅速，使其在功率半导体器件领域能够实现商业化。在不同的电力电子系统中，这种器件正逐渐取代硅器件。它们的应用范围包括能源转换和分配、航空电子设备和汽车、可再生能源和电力牵引，主要的优点是其具有优于硅的材料特性。例如，碳化硅器件具有更高的临界电场、更低的泄漏电流和更高的热导率，使其导通电阻更低、开关频率更高并且具有更好的耐温性能。尽管这些年来碳化硅器件技术取得了快速的进步，可以生产出性能（如开关频率、功率效率、长期可靠性等）更优的商用器件，但在质量和成本方面仍有改进的余地。降低单一器件的成本尚不具有竞争力，但在可实现的紧凑和高效的系统应用水平上，效益将成为主导因素。

近年来，许多工作对碳化硅器件的可靠性进行了研究和测试，仍有许多问题需要充分解决。通过深入的调查，提出设计规则和工艺改进的建议，从而有可能提高器件的性能。

为了确定碳化硅器件工作条件的极限，通常在高压条件下对器件进行分析，也就是最常见的非钳位感性负载开关（Unclamped Inductive Switching，UIS）和短路（SC）测试，这是在硅功率器件中常用的两种测试技术。

短路事件在工业环境中有多种发生方式，对于电机驱动系统更甚。为了避免在逆变器上发生过载和短路的灾难性故障，许多研究提出了不同类型的保护电路。因此，在保护电路介入之前，设备应该设计合理的短路耐受时间（Short Circuit Withstand Time，SCWT），但是如果不了解导致器件失效的潜在物理机制，这是不可能实现的。

近年来，不同的论文讨论了碳化硅功率 MOSFET 的短路稳定性。对商用器件的稳定性进行的实验评估结果表明，在短路测试和不同的失效模式下，栅极存在一定的缺陷。对碳化硅功率 MOSFET 和 JFET 在 SC 故障条件下进行的实验研究结果表明，非常高的器件温度会导致铝熔化，并最终导致器件故障。其中一些研究人员利用不同商业器件的大量实验数据和电、热耦合模型的数值研究，分析了 SC 的耐温特性，使用了紧凑模型分析 SC 安全工作区（Safe Operating Area，SOA）的电热学模拟。另一研究给出了脉冲过流失效模式的数值和实验分析。然而这些结果并没有检验 SC 的可能失效模式，因为这必须通过测试和建模进行分析。已有很多研究对商用碳化硅 MOSFET 的不同 SC 失效模式进行了广泛的实验测试。下文将讨论影响碳化硅 MOSFET SC 能力的内部物理动力学。

8.6.2 器件短路失效模式

当器件发生故障时，可能会发生两种不同的现象，可将它们分别表示为失效模式 Ⅰ 和失效模式 Ⅱ。在第一种类型中，器件在热失控触发后，泄漏电流呈指数上升，导致了破坏性机制。第二种类型的故障涉及栅极结构的退化，从而导致器件无法启动，这种故障称为软故障。这两种故障类型都受器件内部温度升高的制约，更准确地说是受温度升高速率的制约。为了更好地阐明这一概念，定义两个温度值以帮助阐述：

（1） T_{DEG}：表面发生损坏时的温度。

（2） T_{TH_RNW}：发生热失控时的温度。

表层材料的破坏温度值与钝化层和金属化层的熔化温度或性质发生变化时的温度有关，该值明显低于热失控的触发点。

当然，温度的升高与器件所承受的功率总量有关，因此也与施加的电压有关。当施加的功率较低时，温度变化缓慢，可能达到 T_{DEG}，但不能达到 T_{TH_RNW}。如果表面暴露在 T_{DEG} 条件下足够长的时间，就会发生永久性损伤（失效模式 Ⅱ）。器件栅/源结构被破坏，会导致其失去部分的或全部的传导电流的能力。

功率的增大会导致温度的升高。当突然到达 T_{TH_RNW} 时，会产生大量的载流子；当泄漏电流达到一个值时，就会发生热失控。在泄漏电流不受控制上升且器件内崩溃（失效模式 I）的情况下，器件保持在 T_{DEG} 的时间很短，不足以使表面被完全损坏。在所有其他条件下，对于中等功率的应用，故障受损坏器件表面所需的时间和达到热失控点所需的时间影响。当 T_{TH_RNW} 较高时，即使温度值能够产生破坏性损坏，热失控也是主要的机制。

8.6.1.2 器件短路性能评估

用于短路性能评估测试的三种商用 TO-247 封装的 1 200 V 碳化硅 MOSFET 分立元件的主要参数如表 8 - 7 所示。这些器件具有相同的导通电阻，但它们的额定电流和芯片尺寸不同。器件将在不同的故障类型下进行测试，即硬开关故障（Hard-Switching Fault，HSF）和负载故障（Fault Under Load，FUL）。为了防止被测器件（Device Under Test，DUT）故障时损坏整个测试装置，在直流环节采用了具有合适短路保护阈值的固态断路器（Solid-State Circuit Breaker，SSCB）。此外，DUT 用测试板底部的一个受控热板来加热，以此评估其与温度相关的短路特性。器件外壳温度通过时间常数约 0.8 s（65 ft/s 空气流速下）/20 s（静止空气条件下）的 K 型热电偶监控。

表 8 - 7 不同的 1 200 V 碳化硅 MOSFET 分立元件的主要参数

参数	科锐（CREE）		罗姆（ROHM）
	第一代（1G）	第二代（2G）	
额定电压/电流	1 200 V/ 24 A(100 ℃)	1 200 V/ 20 A(100 ℃)	1 200 V/ 28 A(100 ℃)
导通电阻	80 mΩ	80 mΩ	80 mΩ
标准裸片面积	1.59	1.0	1.21

（1）科锐第一代碳化硅 MOSFET。

科锐第一代碳化硅 MOSFET 在 HSF 和 FUL 条件下的短路瞬态行为相

似，可以分为四个阶段：

阶段Ⅰ：在此阶段发生短路时，由于主电源回路中的电感很小，因此漏极电流快速增加。同时，该器件以接近直流母线电压的饱和漏源电压从线性区域进入有源区域。由于 MOS 沟道迁移率的正温度系数高达 600 K，因此在这一阶段电流不断增加。

阶段Ⅱ：当整个直流母线电压施加在器件上时，器件电导趋于饱和。这会产生相当大的功率损耗，导致半导体结温由于自热迅速升高。温度的升高导致 MOS 沟道和漂移区的载流子的迁移率降低，因此，短路电流为负斜率。如果半导体温度在安全范围内，则可以成功关闭器件。

阶段Ⅲ：随着结温的持续升高，短路电流波形的斜率变为正值。这可能是由于 MOS 沟道电子电流的下降速率低于热辅助碰撞电离引起的泄漏电流的上升速率。

阶段Ⅳ：在该阶段关断器件时，仍有拖尾漏电流在关断后存在，最终导致热失控现象和器件故障。这种在器件关闭后的延迟时间内发生的故障模式，在一些硅的场终止型（Field-stop）IGBT 中有所研究。其短路耐受时间在 HSF 条件下为 12 μs，在 FUL 条件下为 11.5 μs。FUL 条件下略低的 SCWT 值与故障瞬态栅级电压尖峰引起的更高故障电流峰值有关，在这两种情况下，其短路临界能量（Critical Energy，E_c）均为 1.18 J 左右。

对科锐第一代碳化硅 MOSFET 在直流母线电压 $V_{dc} = 600$ V，栅极电压 $V_{gs} = +20/-2$ V，外壳温度 $T_c = 200$ ℃ 时的高温短路能力进行评估，可以得到以下结论：

①在 HSF 条件下的 SCWT 由 12 μs（25 ℃）略微降低到 11 μs（200 ℃），在 FUL 条件下则由 11.5 μs（25 ℃）降到 10 μs（200 ℃）。

②故障电流峰值点会向故障启动时刻移动。

③故障延迟时间更短。

在更高的电压水平下对科锐第一代碳化硅 MOSFET 进行进一步测试，其中 $V_{dc} = 750$ V，栅极电压 $V_{gs} = +20/-2$V，外壳温度 $T_c = 200$ ℃。在

HSF 条件下的 SCWT 显著降为 7 μs，在 FUL 条件下的 SCWT 降为 6.6 μs。此外，器件在关闭后立即失效。

（2）科锐第二代碳化硅 MOSFET。

对科锐第二代碳化硅 MOSFET 的短路性能进行的评价结果显示，其在 HSF 和 FUL 条件下几乎具有相同的短路特性，以下只给出 HSF 的测试结果。在直流母线电压 $V_{dc} = 600$ V、栅极电压 $V_{gs} = +20/-2$ V 的条件下测试，改变外壳温度（25 ℃ 和 200 ℃）时，整体短路行为与科锐第一代碳化硅 MOSFET 相同，而 SCWT 变得更短。此外，SCWT 在不同外壳温度下保持不变，都为 8 μs 左右。在更高的应力且直流母线电压 $V_{dc} = 750$ V、外壳温度 $T_c = 200$ ℃ 的条件下进一步测试时，其 SCWT 低至 5 μs，这对保护电路的设计极具挑战性。

（3）罗姆碳化硅 MOSFET。

对罗姆碳化硅 MOSFET 进行的短路测试条件设置如下，正栅偏置电压为 18 V，直流母线电压 $V_{dc} = 600$ V，栅极电压 $V_{gs} = +18/-2$ V，温度 $T = 25$ ℃、200 ℃，器件关断前的短路行为与科锐碳化硅 MOSFET 相似，然而 SCWT 要长得多。与科锐的器件不同的是，罗姆碳化硅 MOSFET 虽然可以成功地切断泄漏电流，但栅极和源极在器件关断后经过一段时延会一起短路。

为了甄别关键的限制因素，在更高的直流母线电压（750 V）和正栅偏置电压（20 V）下进一步测试罗姆碳化硅 MOSFET，同时保持外壳温度在 200 ℃ 不变，器件在栅源连接处仍然存在延迟失效现象。SCWT 在 $V_{dc} = 750$ V 时约为 10 μs，高于科锐的第一代和第二代碳化硅 MOSFET。然而当正栅偏置电压增加到 20 V 时，其 SCWT 接近科锐的第一代碳化硅 MOSFET。

实验结果表明，科锐的第一代和第二代器件均存在延迟失效模式。为了进一步研究失效模式的演变，逐渐增加短路持续时间，直至功率器件失效。器件关断时，随着短路持续时间的延长，初始泄漏电流 I_{LK} 逐渐增大。

一旦泄漏电流足够大，器件关断后的内部热不稳定性会随着时间的延迟（取决于热扩散）而发生，最终导致热失控。此外，失效延迟时间 t_{df} 取决于短路持续时间（即能量）。随着短路持续时间的增加（即更高能量），失效延迟时间变短。

破坏性试验结束后，用数字万用表测量 DUT 3 个端子之间的阻抗和寄生二极管的正向电压。典型的测量值列于表 8 - 8。从表中可以看出，科锐的第一代和第二代碳化硅 MOSFET 的 3 个端子几乎同时短路。罗姆的碳化硅 MOSFET 则仅在栅源结处显示短路，栅漏结、漏源结和寄生二极管仍然显示正常。然而与全新器件进行详细比较后发现，这两个连接结和寄生二极管实际上都存在一定程度的退化，其阻抗和正向电压降都有下降的趋势。

表 8 - 8　不同 1 200 V 碳化硅 MOSFET 的阻抗和正向电压值

参数	科锐 (CREE)		罗姆 (ROHM)
	第一代 (1G)	第二代 (2G)	
R_{gs}/R_{sg} (Ω)	0.1/0.1	0.2/0.2	0.3/0.3
R_{gd}/R_{dg} (Ω)	10.4/10.4	17.2/17.2	800 k/∞
R_{ds}/R_{sd} (Ω)	10.5/10.5	17.4/17.4	∞/800 k
V_F (V)	0.015	0.018	1.222

8.6.1.3　器件短路失效模型

（1）温度模型。

在直流母线电压为 600 V，科锐器件的栅电压为 +20/-2 V、罗姆器件的栅电压为 +18/-2 V 的条件下，当器件处在低温状态时，器件达到临界失效温度点需要更多的能量，相应的 SCWT 也更长。科锐第二代器件的短路能力几乎与温度无关，短路 E_c 和 SCWT 几乎保持恒定。同样地，科锐第一代碳化硅 MOSFET 的短路能力也表现出对温度的轻微依赖性。与科锐器件相比，罗姆器件的短路 E_c 和 SCWT 均随外壳温度的升高而线性下降。

同样地，研究了不同直流母线电压水平下的 SCWT 和短路 E_c，外壳温度通过加热板保持在 200 ℃。结果表明，3 种碳化硅 MOSFET 的短路能力与电压有很强的相关性。随着直流母线电压的增加，造成热破坏所需的能量越来越少，器件的寿命也越来越短。

（2）电热模型。

为了评估整个器件组装的温度分布，从而进一步研究被测功率器件及其他碳化硅 MOSFET 的失效机理，可以建立一个电热模型（包括功率半导体模块、压模材料和外壳），如图 8 - 28 所示。

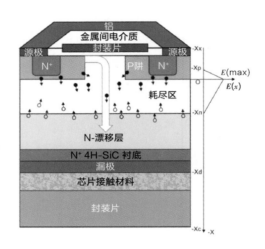

图 8 - 28　TO-247 封装的碳化硅 MOSFET 的电热模型

在短路瞬态过程中，整个直流母线电压 V_{dc} 作用于功率器件。对于这 3 种类型的碳化硅 MOSFET，击穿电压提供了一个厚度约 20 μm 的 N 型漂移层和 2×10^{15} cm^{-3} 的掺杂浓度。

根据文献所述，可以得到几个定性结论：

①直流母线电压增加的同时，短路饱和电流 I 也增加，导致结温快速升高。对于给定的故障温度，SCWT 将缩短。

②电流密度增加时，为了获得更大的沟道宽长比（W/L）和（或）更高的栅极电压，将以更低的短路能力为代价。目前，碳化硅 MOSFET 的低沟道迁移率要求比硅器件（ + 15 V）具有更高的正向栅极偏置电压

（+18 ～ +20 V）。在相同的直流母线电压下，温升速率实际上与电流密度成正比。

③通过裸片并联缩放的器件尺寸不应影响故障温度和 SCWT。

（3）泄漏电流模型。

由于实验中存在的泄漏电流似乎导致器件失效，因此利用推导出的电热模型对泄漏电流的温度依赖性进行评估。以下考虑了 3 种基本的泄漏电流机制，即热生电流、扩散电流和雪崩倍增电流。

①热生电流。

借助于复合中心的复合称为间接复合［也称为 Shockley-Read-Hall（SRH）复合］，这时非平衡载流子的寿命主要取决于复合中心的浓度和性质。热激活载流子的产生如 SRH 理论所描述，其产生电流实际上与电压和温度相关。随着直流母线电压的增加（如从 400 V 增加到 750 V），热生电流也会增加。这种泄漏电流的温度依赖性主要由 4H-SiC 材料的本征载流子浓度引起。尽管由于带隙能量的巨大差异，碳化硅的本征载流子浓度远小于硅，但其对高结温下碳化硅 MOSFET 的泄漏电流的影响不可忽视。载流子寿命不仅取决于温度，还取决于其他因素，如材料位错密度、表面效应、俘获截面和陷阱能级等。基于之前的测量结果，4H-SiC 外延层的载流子生成寿命范围从低于 1 ns 到约 1 μs 不等。

②扩散电流。

扩散电流在短路瞬态过程中，由于结温的升高，P 阱和 N 型漂移区中的本征少数载流子会迅速增加。这些少数载流子在电场 $E(x)$ 的作用下会扩散到耗尽区并漂移过 PN 结，导致在结的低掺杂侧的饱和电流与掺杂浓度成正比。

③雪崩倍增电流。

根据报道，短路条件下会产生雪崩电流，耗尽区的多数载流子电荷和热激发的少数载流子电荷都将被电场 $E(x)$ 加速。就像雪崩击穿机制一样，如果载流子的动能足够高，就能够产生新的电子—空穴对，就会在雪崩倍增的基础上逐渐形成额外的泄漏电流。

8.6.3 碳化硅器件的发展趋势

尽管碳化硅器件具有良好的发展优势，但是从器件应用的角度来看，其仍然面临许多挑战。以下几点可以大致概括未来的研究方向和发展趋势：

（1）证明碳化硅器件在各种应用场合的现场可靠性，需要建立一套压降设计准则。这对可靠性要求严格的应用场合（如航空系统）尤其重要。一方面，使用碳化硅器件的功率转换系统可能比使用硅器件的功率转换系统具有更高的额定电流，这将导致更大的热波动。另一方面，碳化硅器件的工作温度越高，对封装材料的要求也就越严格。

（2）需要提升制造工艺获取更好的收益，以使碳化硅器件的成本更适合系统应用。大多数碳化硅制造商正在向 150 mm 碳化硅外延片过渡。此外，还有一些关于采用无晶圆厂制造工艺的讨论，在这种工艺中，可以在硅晶圆厂制造碳化硅功率器件。此方法可以降低成本，因为现有设施和成熟的制造工艺能够保证生产质量。然而，目前仍存在工艺流程不够灵活和缺乏碳化硅工具的难题。

（3）碳化硅器件的开关速度远快于硅器件，这给栅极驱动器的设计带来了挑战。首先，碳化硅器件较高的 dv/dt 会通过密勒（miller）电容向栅极回路注入较高的共模电流，产生正的杂散栅极电压。设计采用 dv/dt 和 di/dt 控制的先进栅极驱动器是一种趋势。此外，更高的 dv/dt 会通过隔离栅向栅极驱动器的初级侧注入更高的共模电流，这限制了耦合电容的大小。其次，碳化硅器件除芯片尺寸更小外，在故障状态下的电流上升速度也更快。因此，对栅极驱动器的短路保护响应的要求更高。最后，碳化硅器件的并联或串联对时序失配也更加敏感。

（4）需要研究设计具有创新性的 EMI 滤波器。更快的开关瞬态加上更高的开关频率会产生 10～100 倍的 EMI 噪声，这对高电压和高功率的应用尤其具有挑战性。一方面，对碳化硅功率转换器的 EMI 噪声进行建模和预测是必不可少的。另一方面，也需要创新屏蔽技术和过滤器的设计。

（5）具有最小整流回路的新型系统布局至关重要，包括碳化硅器件封装和系统母线布局。虽然公认碳化硅功率转换器可以提供更高的电流，但这种说法只有在器件转换期间的电压应变小于其击穿电压时才成立。换句话说，系统的额定电流可能受到电压过冲的限制，而不是受到热量的限制。对于一些新兴的应用，如 1.5 kV 直流光伏系统，这个问题是至关重要的，选择叠层和多层叠层母线结构是目前的解决方案。此外，还需要对低电感电容器进行研究。

（6）更小的碳化硅芯片尺寸和更高的损耗密度为散热问题带来了新的设计挑战。此外，碳化硅芯片的热容更小导致了更大的温度波纹，增加了解决散热问题的难度。一些有效的冷却手段，如双面冷却、液体射流冲击冷却和相变冷却是潜在的有效解决方案。此外，新兴的三维（3D）打印技术也可以潜在地用于解决散热问题，是一种具有创造性的解决方案。

（7）提高碳化硅功率器件在高温下的工作性能需要在外围器件方面进行革新，如高温电容、封装、控制电子设备、栅极驱动器、传感器等。电容器的改进尤其具有挑战性，因为电容器的母线连接了高温器件，进而提高了其温度。为使之能与高温开关一起使用，可能需要对电容器进行冷却。此外，还需要有基于绝缘衬底上的硅（SOI）或碳化硅的高温额定栅驱动器，SOI 技术通常只能在 225 ℃ 或更低的温度下工作。基于碳化硅的集成电路设计非常具有挑战性，因为碳化硅具有的沟道迁移率更低，这使得它不适合电压非常低的应用。

（8）对于许多潜在的碳化硅用户而言，他们对这些新器件的了解有限，因此高昂的一次性工程成本也是一个问题。与硅 PEBB 类似，标准的碳化硅 PEBB 可以显著提高工程效率和降低开发成本，为碳化硅应用的商业化铺平道路。整个系统可以直接围绕这个 PEBB 构建，即可以将低电感的母线、高带宽且无噪声的控制器、稳定的栅驱动器和散热器集成在一起，并用于各种应用。

9 结语

近年来，随着对碳化硅领域的研究，相关技术不断取得突破。目前碳化硅产业已经日趋完善，包括原材料制备、衬底生产、外延片生长、器件加工、封装、测试在内的整条产业链已日趋成熟。本书从材料到器件再到应用，全面地介绍了碳化硅产业链相关技术和应用。包括碳化硅的发展历史、物理特性、晶体生长技术、外延生长技术、加工工艺、封装工艺、应用前景和发展趋势等。

目前，国外主流碳化硅晶体生长、衬底加工企业有美国科锐（CREE）公司、美国贰陆（Ⅱ-Ⅵ）公司、欧洲意法半导体（STMicroelectronics）公司、日本罗姆（ROHM）、新日本制铁（Nippon steel）公司等。国内相关产业虽然起步较晚，且受到外国的技术封锁，但经过科研人员多年刻苦攻关，也涌现了不少拥有自主知识产权、处于国际先进水平的公司，主要有山东天岳、烁科晶体、天科合达等公司。科锐公司作为碳化硅晶体生长行业的领导者，其碳化硅衬底的产量与质量都处于领先地位。目前科锐公司年产碳化硅衬底达30万片，占全球出货量的80%以上。2019年9月，科锐宣布在美国纽约州Marcy增建新工厂，该工厂采用最先进的技术生长直径为200 mm的功率和射频碳化硅衬底，这表明其200 mm碳化硅衬底晶片材料制备技术已日趋成熟。

目前市场上主流碳化硅衬底以2~6英寸的4H-SiC和6H-SiC导电型和半绝缘型为主。2015年10月，科锐率先推出了N型和LED用的200 mm碳化硅衬底晶片，标志着8英寸碳化硅衬底的市场化。当下，在晶体生长及衬底加工过程中还没有形成统一的行业标准，但不少公司在晶片质量方面提出了多型性、微管、位错、加工质量等指标。多型性问题已经得到解决，主流产品可实现无多型区。微管密度也得到了有效的控制，多家公司均推出了"零微管"产品，保证了碳化硅衬底质量。但目前位错的消除仍具有较大的技术难度。主流产品的位错密度依然较高，其基矢面位错和螺型位错的密度通常在$10^3/cm^2$量级，而刃型位错密度更高，通常在$10^3 \sim 10^4/cm^2$量级。未来随着碳化硅产业的不断发展与技术成熟，位错密度有望进一步下降。而晶片加工过程中的表征指标有总厚度变化、弯曲度、翘曲度、表面粗糙度以及可见划痕等，其中总厚度变化、弯曲度、翘曲度、表面粗糙度目前可以分别做到15 μm、40 μm、60 μm、0.5 nm以下，而可见划痕则可以完全消除。

2016 年，罗姆公司赞助 Venturi 车队，并在赛车中使用了 IGBT + SiC 的 SBD 组合取代传统 200 kW 逆变器中的 IGBT + Si 的快恢复二极管（Fast Recovery Diode，FRD）方案。改进后，逆变器在保持功率不变同时重量降低 2 kg，尺寸缩小 19%。2017 年进一步采用碳化硅的 MOS + SiC 的 SBD 方案，不但使重量降低了 6 kg，尺寸缩小了 43%，逆变器功率也由 200 kW 上升至 220 kW。2018 年特斯拉（Tesla）在其 Model 3 产品的主驱逆变器中采用了碳化硅基器件，示范效应被迅速放大，使 EV 汽车市场很快成为碳化硅市场的新宠。随着碳化硅的成功应用，其市场产值也快速崛起。2018 年全球碳化硅功率器件（主要是 SiC JBS 和 MOSFET）的市场接近 24 亿元人民币。预计到 2025 年，全球碳化硅功率器件市场规模将超过 220 亿元人民币，到 2030 年，全球碳化硅功率器件市场规模将超过 1 000 亿元人民币。国内碳化硅器件的市场约占全球市场的 40% ~ 50%，前景巨大。目前各个国家都在竞相发展碳化硅半导体技术，我国"十二五""十三五"战略性新兴产业发展规划、"中国制造 2025"均将发展第三代半导体列入国家战略，并进行了重点布局。

碳化硅材料技术的发展也日新月异。目前原材料、晶体生长、晶体加工、外延等方面的技术都在不断发展。从原材料角度，除了传统的高温合成法制备碳化硅原材料外，采用化学气相沉积的方法更具有成本低、晶粒尺寸大、材料转化率高等优点，特别适合制备高质量、大尺寸、大厚度的晶棒。

目前成熟的可量产化的晶体生长技术主要以 PVT（物理气相传输）技术为主。加热方式主要有感应加热和电阻加热。未来更大尺寸（8 英寸或以上）的晶体生长对温场、热场和流场的均匀性和控制精度要求更高，因此如何在 2 000 ℃ 的高温情况下，更好地控制晶体生长腔体内的温场、热场和流场，是对新一代大尺寸晶体生长腔的考验。与此同时，其他的晶体生长技术也在发展中，但是距离实现量产化还有比较大的差距。

目前晶体加工技术路线各家不一，国际主流美国科锐公司碳化硅衬底加工技术路线是：多线切割，双面粗研磨，双面细研磨，贴蜡，粗抛，精抛，下蜡，去蜡清洗，最终清洗等，此技术路线优点：单片真空吸附和蜡固定好控制，加工风险小；缺点：设备投资和设备备品备件成本高，单片消耗材料成本高，蜡较难清洗。美国贰陆公司在福建的碳化硅衬底加工技术路线是：多线切割，双面粗研磨，双面细研磨，双面精研磨，双面粗抛，双面精抛，硅面精抛光，最终清洗等，此技术路线优点：设备投资少，单台设备产出比高，消耗材料和设备配件成本低；缺点：单次加工风险比单片大，细节要求更高。国内主流山东天岳、烁科晶体、天科合达等公司碳化硅衬底加工技术路线是：多线切割，双面粗研磨，碳面贴蜡，碳面精研磨，碳面抛光，下蜡，去蜡清洗，硅面贴蜡，硅面精研磨，硅面抛光，硅面精抛光，下蜡，去蜡清洗，最终清洗，此技术路线优点：蜡固定风险小；缺点：工序多而烦琐，人工成本和设备投资高。目前国内主流企业为了降低成本，也在导入双面研磨、双面抛光加工技术路线。

目前，碳化硅外延的主流技术包括斜切台阶流技术和三氯氢硅（TCS）技术等。斜切台阶流技术即切割碳化硅衬底时切出一个8°左右的偏角。这样切出的衬底表面出产生很高的台阶流密度，从而容易实现晶圆级碳化硅外延。目前，斜切台阶流技术已经比较成熟。但是该技术也有两个缺陷：一是无法阻断基矢面位错；二是会对衬底材料造成浪费。

为了突破台阶流技术的限制，人们又尝试在反应腔中加入含氯元素的硅源，最终通过不断地完善，开发出 TCS 等技术。目前，碳化硅外延技术已与碳化硅外延设备高度融合。2014 年，TCS 等技术由意大利 LPE 公司最早实现商业化，2017 年德国 AIXTRON 公司对设备进行了升级改造，将这个技术移植到了商业的设备中。

目前，碳化硅外延设备主要被意大利 LPE 公司、德国 AIXTRON 公司以及日本 Nuflare 公司所垄断。

国内外的外延厂商都在努力降低衬底质量对外延和器件性能的影响。比如丰田开发出 Dynamic AGE-ing 技术，能够在不同质量的衬底上生长 SiC 外延，其基矢面位错可降低到 $1/cm^2$ 以下。国内的瀚天天成已成功突破了碳化硅超结深沟槽外延关键制造工艺。

总之，随着碳化硅产业技术的高速发展，其产品良率、可靠性将会得到进一步的提高，碳化硅器件的价格也将逐步降低，市场竞争力将逐步增强。未来，碳化硅器件将更广泛地被应用到新能源汽车、电网、通信等各个领域，其市场规模也会进一步扩大，成为国民经济的重要支撑以及国家发展的强大动力。

参考文献

［1］ WELLMANN P J. Power electronic semiconductor materials for automotive and energy saving applications—SiC, GaN, Ga_2O_3 and diamond ［J］. Zeitschrift für anorganische und allgemeine Chemie, 2017, 643（21）.

［2］ LELY J A. Darstellung von einkristallen von silicium carbid und beherrschung von art und menge der eingebautem verunreingungen ［J］. Ber. deut. keram. ges., 1955（32）.

［3］ TAIROV Y M & TSVETKOV V F. Investigation of growth processes of ingots of silicon carbide single crystals ［J］. Journal of crystal growth, 1978, 43（2）.

［4］ ZIEGLER G, LANIG P, THEIS D, et al. Single crystal growth of SiC substrate material for blue light emitting diodes ［J］. IEEE transactions on electron devices, 1983, 30（4）.

［5］ CHAUSSENDE D, WELLMANN P, UCAR M, et al. In-situ observation of mass transfer in the CF-PVT growth process by X-ray imaging ［C］. International conference on silicon carbide and related materials, 2006.

［6］ CHAUSSENDE D, WELLMANN P J, PONS M. Review article: status of SiC bulk growth processes ［J］. Journal of physics d-applied physics, 2007, 40（20）.

［7］ MERCIER F, DEDULLE J M, CHAUSSENDE D, et al. Coupled heat transfer and fluid dynamics modeling of high-temperature SiC solution growth ［J］. Journal of crystal growth, 2010, 312（2）.

［8］ ETO K, SUO H, KATO T, et al. Growth of P-type 4H-SiC single crystals by physical vapor transport using aluminum and nitrogen co-doping ［J］.

Journal of crystal growth, 2017 (470).

[9] TSAVDARIS N, ARIYAWONG K, DEDULLE J M, et al. Macroscopic approach to the nucleation and propagation of foreign polytype inclusions during seeded sublimation growth of silicon carbide [J]. Crystal growth & design, 2015, 15 (1).

[10] RENDAKOVA S V, NIKITINA I P, TREGUBOVA A S, et al. Micropipe and dislocation density reduction in 6H-SiC and 4H-SiC structures grown by liquid phase epitaxy [J]. Journal of electronic materials, 1998, 27 (4).

[11] 施尔畏. 碳化硅晶体生长与缺陷 [M]. 北京: 科学出版社, 2012.

[12] LILOV S K. Thermodynamic analysis of the gas phase at the dissociative evaporation of silicon carbide [J]. Crystal research and technology, 1993, 28 (4).

[13] BANG W, KITOU Y, NISHIZAWA S, et al. Rapid enlargement of SiC single crystal using a cone-shaped platform [J]. Journal of crystal growth, 2000, 209 (4).

[14] SANDFELD S, HOCHRAINER T, ZAISER M, et al. Continuum modeling of dislocation plasticity: theory, numerical implementation, and validation by discrete dislocation simulations [J]. Journal of materials research, 2011, 26 (5).

[15] KITOU Y, MAKINO E, IKEDA K, et al. SiC HTCVD simulation modified by sublimation etching [J]. Materials science forum, 2006.

[16] WANG S P, SANCHEZ E M, KOPEC A, et al. Study of polytype switching vs. micropipes in PVT grown SiC single crystals [J]. Materials science forum, 2004.

[17] MAEDA K, SUZUKI K, FUJITA S, et al. Defects in plastically deformed 6H-SiC single crystals studied by transmission electron microscopy [J].

Philosophical magazine A, 1988, 57 (4).

[18] KLAPPER H & KÜPPERS H. Directions of dislocation lines in crystals of ammonium hydrogen oxalate hemihydrate grown from solution [J]. Acta crystallographica. Section A, foundations of crystallography, 1973, 29 (5).

[19] HOFMANN D, SCHMITT E, BICKERMANN M, et al. Analysis on defect generation during the SiC bulk growth process [J]. Materials science and engineering: B, 1999.

[20] HOA L T M, OUISSE T, CHAUSSENDE D. Critical assessment of birefringence imaging of dislocations in 6H silicon carbide [J]. Journal of crystal growth, 2012, 354 (1).

[21] SASAKI S, SUDA J, KIMOTO T. Doping-induced lattice mismatch and misorientation in 4H-SiC crystals [J]. Materials science forum, 2012.

[22] STRAUBINGER T L, WOODIN R L, WITT T, et al. Increase of SiC substrate resistance induced by annealing [J]. Materials science forum, 2010.

[23] SKOWRONSKI M & HA S. Degradation of hexagonal silicon-carbide-based bipolar devices [J]. Journal of applied physics, 2006, 99 (1).

[24] CHIERCHIA R, BÖTTCHER T, HEINKE H, et al. Microstructure of heteroepitaxial GaN revealed by X-ray diffraction [J]. Journal of applied physics, 2003, 93 (11).

[25] LUKÁČ P & TROJANOVÁ Z. Hardening and softening in selected magnesium alloys [J]. Materials science and engineering: A, 2007, 462.

[26] SEMENNIKOV A K, KARPOV S Y, RAMM M S, et al. Analysis of threading dislocations in wide-bandgap hexagonal semiconductors by energetic approach [J]. Materials science forum, 2004, 457 (1).

[27] GRIVICKAS P, GRIVICKAS V, GALECKAS A, et al. Characterization of 4H-SiC band-edge absorption properties by free-carrier absorption technique

with a variable excitation spectrum ［J］. Materials science forum, 2002.

［28］ GLASS R C, HENSHALL D, TSVETKOV V F, et al. SiC seeded crystal growth ［J］. MRS bulletin, 1997, 22 (1).

［29］ FRANK F C. Capillary equilibria of dislocated crystals ［J］. Acta crystallographica, 1951, 4 (6).

［30］ TAKAHASHI J, OHTANI N, KANAYA M. Structural defects in α-SiC single crystals grown by the modified-Lely method ［J］. Journal of crystal growth, 1996, 167.

［31］ NAKAMURA D, GUNJISHIMA I, YAMAGUCHI S, et al. Ultrahigh-quality silicon carbide single crystals ［J］. Nature, 2004, 430 (7003).

［32］ GAO B & KAKIMOTO K . Dislocation-density-based modeling of the plastic behavior of 4H-SiC single crystals using the Alexander-Haasen model ［J］. Journal of crystal growth, 2014, 386.

［33］ BAKIN A S, LEBEDEV A O, KIRILLOV B A, et al. Stress and misoriented area formation under large silicon carbide boule growth ［J］. Journal of crystal growth, 1999.

［34］ KLEIN O & PHILIP P. Transient numerical investigation of induction heating during sublimation growth of silicon carbide single crystals ［J］. Journal of crystal growth, 2003, 247.

［35］ NISHIZAWA S I, KATO T & ARAI K. Effect of heat transfer on macroscopic and microscopic crystal quality in silicon carbide sublimation growth ［J］. Journal of crystal growth, 2007, 303 (1).

［36］ LEFEBURE J, DEDULLE J M, OUISSE T, et al. Modeling of the growth rate during top seeded solution growth of SiC using pure silicon as a solvent ［J］. Crystal growth & design, 2011, 12 (2).

［37］ FAINBERG J & LEISTER H J. Finite volume multigrid solver for thermo-elastic stress analysis in anisotropic materials ［J］. Computer methods in applied mechanics & engineering, 1996, 137 (2).

[38] SANDFELD S, HOCHRAINER T, ZAISER M, et al. Continuum modeling of dislocation plasticity: Theory, numerical implementation, and validation by discrete dislocation simulations [J]. Journal of materials research, 2011, 26 (5).

[39] POWELL A R & ROWLAND L B. SiC materials - progress, status, and potential roadblocks [J]. Proceedings of the IEEE, 2002, 90 (6).

[40] KORDINA O, HALLIN C, HENRY A, et al. Growth of SiC by "hot-wall" CVD and HTCVD [J]. Physica status solidi. B: basic research, 1997, 202 (1).

[41] ITO M, STORASTA L, TSUCHIDA H. Development of a high rate 4H-SiC epitaxial growth technique achieving large-area uniformity [J]. Applied physics express, 2008, 1 (1).

[42] KIMOTO T & MATSUNAMI H. Surface kinetics of adatoms in vapor phase epitaxial growth of SiC on 6H-SiC {0001} vicinal surfaces [J]. Journal of applied physics, 1994, 75 (2).

[43] LARKIN D J, NEUDECK P G, POWELL J A, et al. Site-competition epitaxy for superior silicon carbide electronics [J]. Applied physics letters, 1994, 65 (13).

[44] JR J A. Properties of silicon carbide [J]. EMIS datarev ser, 1995, 13.

[45] FERRO G, JACQUIER C. Growth by a vapor-liquid-solid mechanism: a new approach for silicon carbide epitaxy [J]. New journal of chemistry, 2004, 28 (8).

[46] ZORMAN C A, RAJGOPAL S, FU X A, et al. Deposition of polycrystalline 3C-SiC films on 100 mm diameter Si (100) wafers in a large-volume LPCVD furnace [J]. Electrochemical and solid-state letters, 2002, 5

(10).

［47］GONZÁLEZ-ELIPE A R, YUBERO F, SANZ J M. Low Energy ion assisted film growth ［M］. Sevilla: World scientific publishing Co. Pte. Ltd, 2003.

［48］JONES D G, AZEVEDO R G, CHAN M W, et al. Low temperature ion beam sputter deposition of amorphous silicon carbide for wafer-level vacuum sealing ［C］//IEEE international conference on micro electro mechanical systems. IEEE, 2007.

［49］FRAGA M A, MASSI M, OLIVEIRA I C, et al. Nitrogen doping of SiC thin films deposited by RF magnetron sputtering ［J］. Journal of materials science: materials in electronics, 2008, 19.

［50］REEBER R R & WANG K. Lattice parameters and thermal expansion of important semiconductors and their substrates ［J］. MRS online proceeding library archive, 2000 (622).

［51］TORVIK J T, PANKOVE J I & ZEGHBROECK B V. GaN/SiC heterojunction bipolar transistors ［J］. Solid state electronics, 2000, 44 (7).

［52］LAHRECHE H & LEROUX M. Buffer free direct growth of GaN on 6H-SiC by metalorganic vapor phase epitaxy. ［J］. Journal of applied physics, 2000, 87 (1).

［53］PONCE F A, KRUSOR B S, MAJOR J S, et al. Microstructure of GaN epitaxy on SiC using AlN buffer layers ［J］. Applied physics letters, 1995, 67 (3).

［54］SMITH D J, CHANDRASEKHAR D, SVERDLOV B, et al. Characterization of structural defects in wurtzite GaN grown on 6H-SiC using plasma-enhanced molecular beam epitaxy ［J］. Applied physics letters, 1995, 67 (13).

［55］TANAKA S, KERN R S & DAVIS R F. Initial stage of aluminum nitride film growth on 6H-silicon carbide by plasma-assisted, gas-source molecular beame pitaxy [J]. Applied physics letters, 1995, 66 (1).

[56] SVERDLOV B N, MARTIN G A, MORKOC H, et al. Formation of threading defects in GaN wurtzite films grown on nonisomorphic substrates [J]. Applied physics letters, 1995, 67 (14).

[57] CAPAZ R B, LIM H, JOANNOPOULOS J D. Ab initio studies of GaN epitaxial growth on SiC [J]. Physical reviews B, 1995, 51 (24).

[58] OKUMURA H, OHTA K, FEUILLET G, et al. Growth and characterization of cubic GaN [J]. Journal of crystal growth, 1997, 178.

[59] WANG D, HIROYAMA Y, TAMURA M, et al. Heteroepitaxial growth of cubic GaN on Si (001) coated with thin flat SiC by plasma-assisted molecular-beam epitaxy [J]. Applied physics letters, 2000, 76 (13).

[60] CHEN X, LI J, MA D, et al. Fine machining of large-diameter 6H-SiC wafers [J]. Journal of materials science & technology, 2006, 22 (5).

[61] SADDOW S E, SCHATTNER T E, BROWN J S, et al. Effects of substrate surface preparation on chemical vapor deposition growth of 4H-SiC epitaxial layers [J]. Journal of electronic materials, 2001, 30 (3).

[62] FLAMM D L, DONNELLY V M & MUCHA J A. The reaction of fluorine atoms with silicon [J]. Journal of applied physics, 1981, 52 (5).

[63] WILSON, SYD R, TRACY, et al. Handbook of multilevel metallization for circuits [M]. Westwood: Noyes, 1993.

[64] EPHRATH L M & PETRILLO E J. Parameter and reactor dependence of selective oxide RIE in $CF_4 + H_2$ [J]. Journal of the electrochemical society, 1982, 129 (10).

[65] KAINDL J, SOTIER S & FRANZ G. Dry etching of Ⅲ/Ⅴ-semiconductors: Fine tuning of pattern transfer and process control [J]. Journal of the electrochemical society, 1995, 142 (7).

［66］ ABERNATHY C R, VARTULI C B, ZAVADA J M, et al. Hydrogen incorporation in GaN, AlN, and InN during $Cl_2/CH_4/H_2/Ar$ ECR plasma etching ［J］. Electronics letters, 1995, 31 (10).

［67］ ZHUANG D & EDGAR J H. Wet etching of GaN, AlN, and SiC: a review ［J］. Materials science and engineering R, 2005, 48 (1).

［68］ OKOJIE R S, NED AA, KURTZ A D, et al. α (6H)-SiC pressure sensors for high temperature applications ［C］ //IEEE international workshop on micro electro mechanical systems. IEEE, 1996.

［69］ SONG J G & SHIN M W. Photoelectrochemical etching process of 6H-SiC wafers using HF-based solution and H_2O_2 solution as electrolytes ［J］. Materials science forum, 2002, 389.

［70］ SHOR J S. Laser-assisted photoelectrochemical etching of n-type beta-SiC ［J］. Journal of the electrochemical society, 1992, 139 (4).

［71］ RYSY S, SADOWSKI H, HELBIG R. Electrochemical etching of silicon carbide ［J］. Journal of solid state electrochemistry, 1999, 3.

［72］ MARSHALL R C, FAUST J W, RYAN C E, et al. Silicon carbide-1973 ［M］. South Carolina: University of South Carolina press, 1974.

［73］ BARTLETT R W & BARLOW M. Surface polarity and etching of beta-silicon carbide ［J］. Journal of the electrochemical society, 1970, 117 (11).

［74］ STEIN R A & LANIG P. Control of polytype formation by surface energy effects during the growth of SiC monocrystals by the sublimation method ［J］. Journal of crystal growth, 1993, 131.

［75］ BRANDER R W & BOUGHEY A L. The etching of α-silicon carbide ［J］. British journal of applied physics, 1967, 18 (7).

［76］ MEHREGANY M & ZORMAN C A. SiC MEMS: opportunities and challenges for applications in harsh environments ［J］. Thin solid films,

1999, 355.

［77］ BHAVE S A, DI G, MABOUDIAN R, et al. Fully-differential poly-SiC lame mode resonator and checkerboard filter ［C］//IEEE international conference on micro electro mechanical systems. IEEE, 2005.

［78］ SEAL S, GLOVER M D, MANTOOTH H A. 3D wire bondless switching cell using flip-chip-bonded silicon carbide power devices ［J］. IEEE transactions on power electronics, 2017, 33 (10).

［79］ HOU F, WANG W, LIN T, et al. Characterization of PCB embedded package materials for SiC MOSFETs ［J］. IEEE transactions on components, packaging, and manufacturing technology, 2019, PP (99).

［80］ RÉGNAT G, JEANNIN P O, LEFÈVRE G, et al. Silicon carbide power chip on chip module based on embedded die technology with paralleled dies ［C］. //Energy conversion congress and exposition. IEEE, 2015.

［81］ ROUGER N, WIDIEZ J, BENAISSA L, et al. 3D Packaging for vertical power devices ［C］ // International conference on integrated power systems. VDE, 2014.

［82］ SIMONOT T, CRÉBIER J C, ROUGER N, et al. 3D hybrid integration and functional interconnection of a power transistor and its gate driver ［C］//2010 IEEE energy conversion congress and exposition. IEEE, 2010.

［83］ 刘汉诚. 三维电子封装的硅通孔技术 ［M］. 秦飞, 曹立强, 译. 北京: 化学工业出版社, 2014.

［84］ 姚玉, 周文成. 芯片先进封装制造 ［M］. 广州: 暨南大学出版社, 2019.

［85］ PASSMORE B S & LOSTETTER A B. A review of SiC power module packaging technologies: attaches, interconnections, and advanced heat transfer ［C］//IEEE international workshop on integrated power packaging. IEEE, 2017.

［86］CAI C, FANG L & YONG K. A review of SiC power module packaging: layout, material system and integration ［J］. CPSS transactions on power electronics and applications, 2017, 2 (3).

［87］DEDE E M, FENG Z & JOSHI S N. Concepts for embedded cooling of vertical current wide band-gap semiconductor devices ［C］//2017 16th IEEE intersociety conference on thermal and thermomechanical phenomena in electronic systems (ITherm). IEEE, 2017.

［88］木本恒畅, 詹姆士. 碳化硅技术基本原理——生长、表征、器件和应用 ［M］. 夏经华, 潘艳, 杨霏, 等译. 北京: 机械工业出版社, 2018.

［89］赵正平. 宽禁带半导体高频及微波功率器件与电路 ［M］. 北京: 国防工业出版社, 2017.

［90］SUNG W. Design and fabrication of 4H-SiC high voltage devices ［D］. Dissertations & theses-gradworks, 2012.

［91］GUO S, ZHANG L, YANG L, et al. 3.38 MHz operation of 1.2 kV SiC MOSFET with integrated ultra-fast gate drive ［C］//Wide bandgap power devices & applications. IEEE, 2016.

［92］CHENG L, AGARWAL A, O'LOUGHLIN M, et al. Advanced silicon carbide gate turn-off thyristor for energy conversion and power grid applications ［C］//Energy conversion congress and exposition. IEEE, 2012.

［93］HUANG A, CHANG P, SONG X. Design and development of a 7.2 kV/200 A hybrid circuit breaker based on 15 kV SiC emitter turn-off (ETO) thyristor ［C］//2015 IEEE Electric ship technologies symposium (ESTS). IEEE, 2015.

［94］MANIKTALA S. DC-DC converter design and magnetics ［M］//Switching power supplies A – Z. Elsevier, 2012.

［95］M. H. TODOROVIC, et al. SiC MW solar inverter ［C］//PCIM

Europe，2016.

　[96] H. SARNAGO，O. LUCIA，A. MEDIANO&J. M. BURDIO，
Design and implementation of a high-efficiency multiple-output resonant converter
for induction heating applications featuring wide bandgap devices [J]. IEEE
Trans. Power Electron. ，2014，29 (5).

　[97] MISHIMA T，MORINAGA S，NAKAOKA M. All-SiC power
module-applied single-stage ZVS-PWM AC-AC converter for high-frequency
induction heating [C] //Conference of the IEEE industrial electronics society.
IEEE，2016.

　[98] V. ESTEVE，et al. Comparative study of a single inverter bridge for
dual-frequency induction heating using Si and SiC MOSFETs [J]. IEEE Trans.
Ind. Electron. ，2015，62 (3).

　[99] DIMARINO C，CVETKOVIC I，SHEN Z，et al. 10 kV，120A SiC
MOSFET modules for a power electronics building block (PEBB) [J]. 2014
IEEE workshop on wide bandgap power devices and applications，2014.

　[100] WIDMANN M，LEE S Y，RENDLER T，et al. Coherent control
of single spins in silicon carbide at room temperature [J]. Nature materials，
2015，14 (2).

　[101] CASTELLETTO S，JOHNSON B C，IVÁDY V，et al. A silicon
carbide room-temperature single-photon source [J]. Nature materials，2014，
13 (2).

　[102] PHYS D P. The physical implementation of quantum computation
[J]. Fortschritte der physik，2000 (48).

　[103] HONG C K，OU Z Y & MANDEL L. Measurement of
subpicosecond time intervals between two photons by interference [J]. Physical
review letters，1987，59 (18).

　[104] IWAMOTO N & SVENSSON B G. Chapter ten—Point defects in

silicon carbide［J］. Semiconductors and semimetals，2015，91.

［105］ZIEGLER J F，ZIEGLER M D，BIERSACK J P. SRIM-The stopping and range of ions in matter（2010）［J］. Nuclear instruments and methods in physics research section B：Beam interactions with materials and atoms，2008，268.

［106］CASTELLETTO S，JOHNSON B C，BORETTI A. Quantum effects in silicon carbide hold promise for novel integrated devices and sensors［J］. Advanced optical materials，2014，1（9）.

［107］MAGYAR A P，AHARONOVICH I，BARAM M，et al. Photoluminescent SiC tetrapods［J］. Nano letters，2013，13（3）.

［108］BRACHER D O & HU E L. Fabrication of high-Q nanobeam photonic crystals in epitaxially grown 4H-SiC［J］. Nano letters，2015，15（9）.

［109］LIU X，SHIMADA T，MIURA R，et al. Localized guided-mode and cavity-mode double resonance in photonic crystal nanocavities［J］. Physical review applied，2015，3（1）.

［110］TRIVEDI M & SHENAI K. Failure mechanisms of IGBTs under short-circuit and clamped inductive switching stress［J］. IEEE transactions on power electronics，1999，14（1）.

附录 本书主要名词英汉对照表

英文缩写	英文全称	中文释义
AMB	Active Metal Brazing	活性金属钎焊
APCVD	Atmospheric Pressure Chemical Vapor Deposition	常压化学气相沉积
BE	Defect-bound Exciton	缺陷束缚激子
BGA	Ball Grid Array	球栅阵列
BJT	Bipolar Junction Transistor	双极结型晶体管
BPD	Basal Plane Dislocation	基矢面位错
CDD	Continuum Dislocation Dynamics	连续位错动力学
CF-PVT	Continuous Feed Physical Vapor Transport	连续进料物理气相传输
CMOS	Complementary Metal Oxide Semiconductor	互补金属氧化物半导体
CMP	Chemical Mechanical Polishing	化学机械抛光
c-QED	Cavity Quantum Electrodynamics	空腔量子电动力学
CSS	Critical Shear Stress	临界剪切应力
CT	Computed Tomography	计算机断层成像
DBA	Direct Bonded Aluminum	陶瓷覆铝
DBC	Direct Bonded Copper	陶瓷覆铜
DLB	Direct Lead Bonding	直接引线键合
DPB	Double-positioning Boundary	双定位边界
DPD	Direct Pressed Die	直接压合芯片
DRIE	Deep Reactive Ion Etching	深反应离子蚀刻
DSSFs	Double-layer Shockley-type Stacking Faults	双层 Shockley 型层错
DUT	Device Under Test	被测器件
EBL	Electron Beam Lithography	电子束光刻
E_c	Critical Energy	临界能量
ECR	Electron Cyclotron Resonance	电子回旋共振
EL	Electroluminescence	电致发光
EMI	Electro Magnetic Interference	电磁干扰

英文缩写	英文全称	中文释义
ENDOR	Electron Nuclear Double Resonance	电子—核双共振
EPR	Electron Paramagnetic Resonance	电子顺磁共振
ETO	Emitter Turn-off Thyristor	发射极可关断晶闸管
FFR	Floating Field Limiting Ring	浮动场限环
FIB	Focused Ion Beam	聚焦离子束
FIT	Failures In Time	失效率
FPC	Flexible Printed Circuit	柔性印制线路板
FRD	Fast Recovery Diode	快恢复二极管
FUL	Fault Under Load	负载故障
FWHM	Full Width At Half Maxima	半峰全宽
GTO	Gate Turn-off Thyristor	门极可关断晶闸管
HCVD	Halide Chemical Vapor Deposition	卤化物化学气相沉积
HE-XRD	High Energy X-ray Diffraction	高能 X 射线衍射
HP	Helicon Plasma	螺旋等离子体
HPSI	High Purity Semi-Insulating	高纯半绝缘
HSF	Hard-Switching Fault	硬开关故障
HTCVD	High Temperature Chemical Vapor Deposition	高温化学气相沉积
IBAD	Ion Beam Assisted Depositon	离子束辅助沉积
ICP	Inductively Coupled Plasma	电感耦合等离子体
IGBT	Insulated Gate Bipolar Transistor	绝缘栅双极晶体管
IH	Induction Heating	感应加热
IPM	Intelligent Power Module	智能功率模块
JBS	Junction Barrier Schottky Diode	结势垒肖特基二极管
JFET	Junction Field Effect Transistor	结型场效应晶体管
JTE	Junction Termination Extension	结终端扩展
LOQC	Linear Optical Quantum Computation	线性光量子计算
LPCVD	Low Pressure Chemical Vapor Deposition	低压化学气相沉积
LPE	Liquid Phase Epitaxy	液相外延
LTCC	Low Temperature Co-Fired Ceramics	低温共烧陶瓷
MBE	Molecular Beam Epitaxy	分子束外延
MEMS	Micro Electro Mechanical System	微机电系统

（续上表）

英文缩写	英文全称	中文释义
MOCVD	Metal Organic Chemical Vapor Deposition	金属有机化学气相沉积
MOSFET	Metal-Oxide-Semiconductor Field-Effect Transistor	金属氧化物半导体场效应晶体管
MP	Micropipe	微管
MPPT	Maximum Power Point Tracking	最大功率点跟踪
MPS	Merged PIN Schottky Diode	混合 PIN 肖特基二极管
M-PVT	Modified Physical Vapor Transport	改良版的物理气相传输
NIR	Near Infrared	近红外光谱
NV	Nitrogen Vacancy	氮空位
OBC	On-board Charger	车载充电机
ODMR	Optical Detection Magnetic Resonance	光学探测磁共振
PCB	Printed Circuit Board	印制线路板
PCU	Power Control Unit	动力控制单元
PEBB	Power Electronic Building Block	电力电子集成模块
PEC	Photoelectro chemistry	光电化学
PECVD	Plasma-Enhanced Chemical Vapor Deposition	等离子体增强化学气相沉积
PhC	Photonic Crystal Nanocavity	光子晶体纳米腔
PL	Photoluminescence	光致发光
PSC	Porous SiC	多孔碳化硅
PVT	Physical Vapor Transport	物理气相传输
QKD	Quantum Key Distribution	量子密钥分配
QWA	Quantum Well Action	量子阱效应
RAF	Repeated a-face	重复 a 面
RHEED	Reflection High-energy Electron Diffraction	反射式高能电子衍射
RIE	Reactive Ion Etching	反应离子蚀刻
SBD	Schottky Barrier Diode	肖特基二极管
SC	Short Circuit	短路

英文缩写	英文全称	中文释义
SCWT	Short Circuit Withstand Time	短路耐受时间
SE	Sublimation Epitaxy	升华外延
SF	Stacking Fault	堆垛层错
SiCOI	SiC-on-insulator	绝缘体上碳化硅
SiPLIT	Semikon Planar Interconnect Technology	Semikon 平面互连技术
SMB	Stacking Mismatch Boundary	堆叠失配边界
SOA	Safe Operating Area	安全工作区
SOI	Silicon on Insulator	绝缘衬底上的硅
SPED	Single-photon Emitting Diode	单光子发射二极管
SPS	Single Photon Source	单光子源
SRIM	Stopping and Ranges of Ions in Matter	物质中离子的停止和范围（一种软件名称）
SSCB	Solid-State Circuit Breaker	固态断路器
SSSFs	Single Shockley-type Stacking Faults	单层 Shockley 型层错
SST	Seeded Sublimation Technique	籽晶升华生长技术
SWBXT	Synchrotron White-beam X-ray Topography	同步辐射白光 X 射线形貌
TCP	Transformer Couple Plasma	变压器耦合等离子体
TED	Threading Edge Dislocation	刃型位错
TO	Transverse Optical	横向光学
TSD	Threading Screw Dislocation	螺旋位错
TSSG	Top-Seeded Solution Growth	顶部籽晶液相生长
TSV	Through Silicon Vias	硅通孔
UIS	Unclamped Inductive Switching	非钳位感性负载开关
UPS	Uninterruptible Power Supply	不间断电源
VB	Vertical Bridgman	垂直桥式
VGF	Vertical Gradient Freeze	垂直梯度冻结
VLS	Vapor Liquid Solid Epitaxy	气液固外延
VPE	Vapor Phase Epitaxy	气相外延
WBG	Wide Bandgap	宽禁带
ZPL	Zero Phonon Line	零声子线